U0231373

龚俊波　天津大学，教授

贺高红　大连理工大学，教授

胡　杰　中国石油天然气股份有限公司石油化工研究院，教授级高工

胡迁林　中国石油和化学工业联合会，教授级高工

胡曙光　武汉理工大学，教授

华　炜　中国化工学会，教授级高工

黄玉东　哈尔滨工业大学，教授

蹇锡高　大连理工大学，中国工程院院士

金万勤　南京工业大学，教授

李春忠　华东理工大学，教授

李群生　北京化工大学，教授

李小年　浙江工业大学，教授

李仲平　中国运载火箭技术研究院，中国工程院院士

梁爱民　中国石油化工股份有限公司北京化工研究院，教授级高工

刘忠范　北京大学，中国科学院院士

路建美　苏州大学，教授

马　安　中国石油天然气股份有限公司规划总院，教授级高工

马光辉　中国科学院过程工程研究所，中国科学院院士

马紫峰　上海交通大学，教授

聂　红　中国石油化工股份有限公司石油化工科学研究院，教授级高工

彭孝军　大连理工大学，中国科学院院士

钱　锋　华东理工大学，中国工程院院士

乔金樑　中国石油化工股份有限公司北京化工研究院，教授级高工

邱学青　华南理工大学／广东工业大学，教授

瞿金平　华南理工大学，中国工程院院士

沈晓冬　南京工业大学，教授

史玉升　华中科技大学，教授

孙克宁　北京理工大学，教授

谭天伟　北京化工大学，中国工程院院士

汪传生　青岛科技大学，教授

王海辉　清华大学，教授

王静康　天津大学，中国工程院院士

王　琪　四川大学，中国工程院院士

王献红　中国科学院长春应用化学研究所，研究员

国家出版基金项目
NATIONAL PUBLICATION FOUNDATION

中国化工学会成立100周年纪念精品专著
The 100th Anniversary of the Founding of CIESC

先进化工材料关键技术丛书

中国化工学会 组织编写

有机-无机复合分离膜

Organic-Inorganic Composite Membranes

金万勤 刘公平 等 著

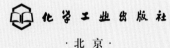

·北京·

内容简介

《有机-无机复合分离膜》是"先进化工材料关键技术丛书"的一个分册,旨在系统、全面地介绍当前有机-无机复合分离膜领域的最新研究成果和工业应用现状,进一步加快膜材料的技术创新和规模化应用。

本书是多项国家和省部级成果的系统总结。全书共8章,以材料类别为主线,介绍了多种有机-无机复合分离膜的制备、表征及应用。具体包括绪论、膜分离原理、聚合物/陶瓷复合膜、金属有机骨架膜、石墨烯膜、混合基质膜、新型表征技术和膜的大规模制备与工业应用。本书所涉及的部分技术面向国家重大需求,特别是在传统行业升级,水资源、能源和环境保护等领域,为我国工业发展和产业升级提供了技术保障。

《有机-无机复合分离膜》适合化工、材料领域尤其是从事膜技术的科研人员、高校师生与工程技术人员阅读与参考。

图书在版编目(CIP)数据

有机-无机复合分离膜/中国化学会组织编写;金万勤等著.—北京:化学工业出版社,2021.11
(先进化工材料关键技术丛书)
国家出版基金项目
ISBN 978-7-122-39810-9

Ⅰ.①有… Ⅱ.①中… ②金… Ⅲ.①有机材料-膜材料-研究②无机材料-膜材料-研究 Ⅳ.①TB32

中国版本图书馆CIP数据核字(2021)第178962号

责任编辑:任睿婷 杜进祥
责任校对:王 静
装帧设计:关 飞

出版发行:化学工业出版社(北京市东城区青年湖南街13号 邮政编码100011)
印 装:中煤(北京)印务有限公司
710mm×1000mm 1/16 印张22½ 字数428千字
2022年5月北京第1版第1次印刷

购书咨询:010-64518888 售后服务:010-64518899
网 址:http://www.cip.com.cn
凡购买本书,如有缺损质量问题,本社销售中心负责调换。

定 价:198.00元 版权所有 违者必究

作者简介

金万勤，南京工业大学化工学院教授，材料化学工程国家重点实验室常务副主任，"973 计划"首席科学家，国家自然科学基金重大项目、教育部创新团队负责人，英国皇家化学会会士。主持 10 余项国家级科研项目，在 *Nature*、*Nature Commun.*、*Angew. Chem. Int. Ed.*、*Adv. Mater.*、*AIChE J.*、*J. Membr. Sci.*、*Chem. Soc. Rev.* 等期刊上发表 SCI 论文 300 多篇，被引用 14000 多次，出版中英文专著各 1 部，获授权发明专利 37 件。担任膜领域权威期刊 *Journal of Membrane Science* 编委。以第一完成人获教育部自然科学奖一等奖，2019 年获英国化学工程学会（IChemE）颁发的分离科学领域的 Underwood 奖章。

刘公平，南京工业大学化工学院教授，国家优秀青年基金获得者。2013 年在南京工业大学化工学院获工学博士学位，之后留校工作至今，2015 ～ 2017 年前往美国佐治亚理工学院从事博士后研究。主要研究方向是设计制备面向分子尺度分离的混合基质膜和二维材料膜。在 *Nature Mater.*、*Nature Commun.*、*Angew. Chem.*、*AIChE J.*、*J. Membr. Sci.* 等期刊发表 SCI 论文 110 余篇，担任 *BMC Chemical Engineering* 编委。

丛书序言

材料是人类生存与发展的基石，是经济建设、社会进步和国家安全的物质基础。新材料作为高新技术产业的先导，是"发明之母"和"产业食粮"，更是国家工业技术与科技水平的前瞻性指标。世界各国竞相将发展新材料产业列为国际战略竞争的重要组成部分。目前，我国新材料研发在国际上的重要地位日益凸显，但在产业规模、关键技术等方面与国外相比仍存在较大差距，新材料已经成为制约我国制造业转型升级的突出短板。

先进化工材料也称化工新材料，一般是指通过化学合成工艺生产的、具有优异性能或特殊功能的新型化工材料。包括高性能合成树脂、特种工程塑料、高性能合成橡胶、高性能纤维及其复合材料、先进化工建筑材料、先进膜材料、高性能涂料与黏合剂、高性能化工生物材料、电子化学品、石墨烯材料、3D打印化工材料、纳米材料、其他化工功能材料等。

我国化工产业对国家经济发展贡献巨大，但从产业结构上看，目前以基础和大宗化工原料及产品生产为主，处于全球价值链的中低端。"一代材料，一代装备，一代产业"，先进化工材料具有技术含量高、附加值高、与国民经济各部门配套性强等特点，是新一代信息技术、高端装备、新能源汽车以及新能源、节能环保、生物医药及医疗器械等战略性新兴产业发展的重要支撑，一个国家先进化工材料发展不上去，其高端制造能力与工业发展水平就会受到严重制约。因此，先进化工材料既是我国化工产业转型升级、实现由大到强跨越式发展的重要方向，同时也是我国制造业的"底盘技术"，是实施制造强国战略、推动制造业高质量发展的重要保障，将为新一轮科技革命和产业革命提供坚实的物质基础，具有广阔的发展前景。

"关键核心技术是要不来、买不来、讨不来的"。关键核心技术是国之重器，要靠我们自力更生，切实提高自主创新能力，才能把科技发展主动权牢牢掌握在自己手里。新材料是国家重点支持的战略性新兴产业之一，先进化工材料作为新材料的重要方向，是化工行业极具活力和发展潜力的领域，受到中央和行业的高度重视。面向国民经济和社会发展需求，我国先进化工材料领域科技人员在"973 计划"、"863 计划"、国家科技支撑计划等立项支持下，集中力量攻克了一批"卡脖子"技术、补短板技术、颠覆性技术和关键设备，取得了一系列具有自主知识产权的重大理论和工程化技术突破，部分科技成果已达到世界领先水平。中国化工学会组织编写的"先进化工材料关键技术丛书"正是由数十项国家重大课题以及数十项国家三大科技奖孕育，经过 200 多位杰出中青年专家深度分析提炼总结而成，丛书各分册主编大都由国家科学技术奖获得者、国家技术发明奖获得者、国家重点研发计划负责人等担任，代表了先进化工材料领域的最高水平。丛书系统阐述了纳米材料、新能源材料、生物材料、先进建筑材料、电子信息材料、先进复合材料及其他功能材料等一系列创新性强、关注度高、应用广泛的科技成果。丛书所述内容大都为专家多年潜心研究和工程实践的结晶，打破了化工材料领域对国外技术的依赖，具有自主知识产权，原创性突出，应用效果好，指导性强。

　　创新是引领发展的第一动力，科技是战胜困难的有力武器。无论是长期实现中国经济高质量发展，还是短期应对新冠疫情等重大突发事件和经济下行压力，先进化工材料都是最重要的抓手之一。丛书编写以党的十九大精神为指引，以服务创新型国家建设，增强我国科技实力、国防实力和综合国力为目标，按照《中国制造 2025》、《新材料产业发展指南》的要求，紧紧围绕支撑我国新能源汽车、新一代信息技术、航空航天、先进轨道交通、节能环保和"大健康"等对国民经济和民生有重大影响的产业发展，相信出版后将会大力促进我国化工行业补短板、强弱项、转型升级，为我国高端制造和战略性新兴产业发展提供强力保障，对彰显文化自信、培育高精尖产业发展新动能、加快经济高质量发展也具有积极意义。

中国工程院院士：薛群基

前言

　　膜分离技术具有高效节能等特点，在水处理、食品加工、医药、过程工业等领域得到了广泛的应用，用于分子分离的膜技术近年来受到越来越多的关注。水处理膜材料是解决海水淡化、废水治理问题的有效手段，对于保障饮用水安全具有重大意义；气体分离膜在天然气纯化、烯烃／烷烃分离领域具有广阔的应用前景，有助于实现工业分离中的节能减排。

　　分子分离技术的重要需求之一是具有高渗透系数、高选择性和长期稳定性的膜材料。到目前为止，研究者发现在传统膜材料中普遍存在渗透系数和选择性之间的权衡。克服这种性能限制的工作通常是基于材料化学或纳米结构的设计和调控，以实现对目标渗透分子的优先吸附和扩散。有机－无机复合分离膜结合了有机材料和无机材料的特性，被认为是膜技术和化学工程领域的研究热点，但目前还缺少这种复合分离膜相关的中文专著。为此，在我们已出版的英文专著（*Organic-inorganic composite membranes for molecular separation*, World Scientific, 2017）基础上，结合本课题组在有机－无机复合分离膜的最新研究成果，我们撰写本书，旨在全面介绍用于分子分离的有机－无机复合分离膜的设计、制备和应用。

　　第一章概述了有机－无机复合分离膜的提出及其发展历程，第二章简要介绍了渗透汽化和气体分离膜的基本原理，第三章介绍了以亲水或亲有机聚合物为分离层的聚合物／陶瓷复合膜，第四章讨论了金属有机骨架膜的新型制备方法和应用进展，第五章介绍了具有快速、选择性的水和气体传输通道的石墨烯膜的研究进展，第六章介绍了基于沸石、二氧化硅、金属有机骨架、氧化石墨烯等不同纳米粒子的混合基质膜的设计与制备，第七章介绍了一些原位表征有机－无机复合分离膜纳米结构的新技术，第八章介绍了有机－无机复合分离膜的放大制备及其实际应用。

　　本课题组在徐南平院士的指导下，于 2003 年开始了有机－无机复合分离膜的研究。这项工作得到了国家"973 计划"（2003CB615702、2009CB623406）、教育部研究团队项目（IRT13070）、国家自然科学基金（21776125、21490585、21176115、21476107、21406107）等项目的支持，相关研究成果获得了教育部自然科学奖一等奖（2018 年）、江苏省科学技术奖一等奖（2018 年）。同时，我们要感谢南京工业大学膜科学技术研究所的所有同事的支持和帮助。

　　最后，我们谨向为本书中的研究和编辑工作做出贡献的团队成员表示衷心感谢。

金万勤

南京工业大学

2021 年 8 月

目录

第三章
聚合物/陶瓷复合膜 033

第七章
新型表征技术

第八章
膜的大规模制备与工业应用

第一章

绪　论

第一节
膜技术在工业分离领域中的应用

膜技术是当代新型高效分离技术，以其节约能源和环境友好的特征，成为解决人类面临的资源、能源、环境等领域重大问题的共性技术之一，受到各国政府和企业界的高度重视。膜材料是膜分离技术的关键，在促进我国国民经济发展、国家科技进步与增强国际竞争力等方面，发挥着重要作用。膜材料产业年增长速度在 15% 左右，其中水处理膜材料已实现产业化及规模化应用，进入相对成熟期，占据绝大部分的市场份额，市场增长速度有所放缓；特种分离膜材料正处于产业快速发展阶段，膜品种与应用规模不断增加，销售额进入高速增长期；气体分离膜材料得到初步产业化，随着环境保护要求的提高，气固分离膜、挥发性有机物回收膜等发展迅速。

在水处理膜材料方面，用于脱盐过程的反渗透膜材料，已形成高压、中压及低压系列化产品并在市场上占据主导；用于水质净化的膜材料，超微滤膜材料已在海水淡化及中水回用预处理、污水处理等大型水处理工程中得到广泛应用并趋于成熟，纳滤膜材料已规模化生产，在自来水深度净化领域实现工程化应用；用于废水处理的膜生物反应器已实用化，内衬增强型膜生物反应器膜组件市场份额得到快速发展。在特种分离膜材料方面，陶瓷超微滤膜已实现工业化生产，并且在过程工业领域得到广泛使用，陶瓷纳滤膜已推向市场；渗透汽化膜材料已在醇水分离中实现了大规模应用，并逐步应用于有机物的分离。在气体分离膜材料方面，二氧化碳分离膜、氢气分离膜、有机蒸气回收膜、气固分离膜等已实现工业化生产，并在天然气净化、氢气回收、有机蒸气回收、气体除尘等领域得到应用，但用于纯氧分离的高温混合导体透氧膜、用于二氧化碳分离的固定载体膜、用于高温氢气分离与纯化的钯膜及合金膜等尚处于产业化初期。当前，膜材料正向高性能、低成本及绿色化方向发展，与上下游产业的结合日趋紧密，对节能减排、产业结构升级的推动作用日趋显著。

开发同时具备高通量和高选择性的膜材料一直是膜领域研发人员孜孜以求的目标之一。对于特定的分离系统和操作条件，膜的性能取决于膜材料和结构。本书中所探讨的有机 - 无机复合分离膜[1]，不仅包括膜分离层中有机基质与无机填充物的复合（体相复合），同时还包括膜构型中有机分离层与无机支撑层之间的复合（界面复合），书中各章将进行详细的介绍。

第二节
有机-无机复合分离膜的定义及特点

　　根据材料的性质，分子分离膜主要分为三类：有机膜（聚合物膜）、无机膜和混合基质膜。目前，聚合物膜以其低成本、易制备等优点在分离膜的发展中占据主导地位。无机膜，如沸石膜和二氧化硅膜，展现出比聚合物膜更好的性能，但其实际应用受到放大制备和生产成本的限制。近年来，多功能的有机-无机材料——金属有机骨架（MOF）膜被认为是一种新型的分子筛膜，显示出优异的分离性能。此外，以石墨烯为典型的二维材料，凭借其独特的原子级厚度，有望实现传质阻力的最小化[2,3]，引起了研究者的极大兴趣。但是这些新型膜材料同样面临生产成本高、难以大规模制备等问题。研究者发现，将沸石、金属有机骨架和石墨烯等功能性填料掺杂到聚合物基质中，形成有机-无机体相复合的混合基质膜，是提升聚合物膜性能的有效途径（图1-1）。此外，混合基质膜能够充分利用聚合物膜易加工的特性，有利于实现膜的放大制备。

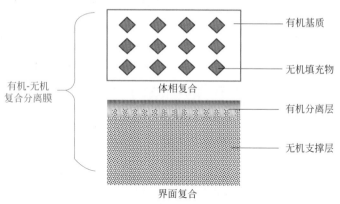

图1-1　有机-无机复合分离膜的主要内涵

　　根据分离膜的结构，膜材料又可以分为对称膜和复合膜。对称膜通常用于实验室中研究膜材料的固有特性，但它的低通量和机械强度限制了其工业应用；而复合膜通常是在多孔支撑体上形成一层薄且致密的表皮层，因此其通量显著增加。与有机支撑体相比，无机支撑体的传质阻力可忽略，具有优异的化学、力学性能，且热稳定性好。商品化的有机膜大多采用有机支撑体，但是在含溶剂、高温等条件下，由于分离层和支撑层的对称溶胀，导致膜的选择性低、稳定性差。

通过设计无机陶瓷支撑体支撑的聚合物复合膜新结构（即界面复合，图1-1），利用刚性无机支撑体构筑受限溶胀界面，可以显著提升复合膜的分离性能[4,5]。因此，聚合物/陶瓷复合膜为渗透汽化和气体分离领域的发展提供了机遇。更重要的是，中空纤维陶瓷支撑体具有很高的填充密度，为有机-无机复合分离膜的工业放大提供了有力的支持。

近年来，在有机-无机复合分离膜领域出现了大量的突破性研究成果。特别是石墨烯膜，因其片层的原子级厚度及膜中的亚纳米传质通道，使其在有机溶剂脱水、纳滤、气体分离等领域展现出极其优异的性能。通过进一步精密调控层间通道的物化性质，有望在更具挑战性的领域，如反渗透脱盐、天然气纯化、烯烃/烷烃分离等过程中，取得突破性的进展。基于体相复合的混合基质膜，可以进一步对多维度的无机填料进行功能化改性，并成功引入到现有的聚合物材料中，进一步提升膜的分离性能。与此同时，基于复合分离膜易于放大制备的特性，混合基质膜有望实现规模化应用。基于新型表征技术，可以对有机-无机复合分离膜的结构及界面行为进行深入的研究，更好地理解复合膜的结构-性能之间的关系。此外，需要通过分子模拟技术，进一步研究有机-无机复合分离膜中的分子传质行为，特别是对亚纳米尺度空间和界面中的限域传质机理，需要建立普适性的传质模型，进而更好地指导有机-无机复合分离膜的结构设计及性能优化。

第三节
有机-无机复合分离膜的类型及制备方法

基于体相复合与界面复合的概念，可以设计出多种有机-无机复合分离膜。除了传统的聚合物膜材料外，新兴的金属有机骨架材料和石墨烯等材料被用于制备高性能膜材料。此外，将功能化的纳米材料作为填料引入到聚合物基质中制备的混合基质膜，也是有机-无机复合分离膜材料之一。下面将简要介绍各类膜材料的特点及制备方法。

一、聚合物/陶瓷复合膜

用于渗透汽化过程的典型聚合物膜材料包括聚二甲基硅氧烷（PDMS）[6-9]、聚醚嵌段酰胺（PEBA）[10,11]、聚乙酸乙烯酯（PVAc）[12]、聚乙烯醇（PVA）[13]及壳聚糖（CS）[14]等，这些聚合物在生物燃料回收、有机溶剂脱水等领域展现出优异的性能。但是，采用有机支撑体制备的复合膜在高温下分离有机物体系时，有机支撑体的溶胀、分离层与支撑体的剥离等问题会导致分离性能下降。因此，选择陶瓷支撑体制备聚合物/陶瓷复合膜可以提升膜在高温下的稳定性。

聚合物/陶瓷复合膜的分离性能主要由分离层决定，在膜的制备过程中，需要在保证分离层无缺陷的前提下尽可能地降低膜厚，以提升膜的渗透性。聚合物/陶瓷复合膜的制备方法主要包括刮涂法、浸渍提拉法、层层自组装法、界面聚合法和接枝聚合法，这些方法将在第三章进行详细介绍。金万勤等采用浸渍提拉法在管式陶瓷支撑体上制备了有机分离层[8,14]，包括PDMS、PEBA和亲水性的PVA膜，所制备的5～10μm的聚合物/陶瓷复合膜被用于生物发酵-渗透汽化耦合、溶剂脱水等过程，展现出优异的分离性能。金万勤等也研究了PDMS分子量对PDMS/陶瓷复合膜渗透汽化性能的影响[4]，发现采用高分子量的PDMS预聚体，不仅能够有效抑制缺陷的形成，而且能提高膜的抗溶胀性。此外，与传统的聚合物支撑体相比，陶瓷支撑体在抑制分离层溶胀方面表现出独特的优势，特别是高分子量PDMS制备的复合膜显著提升了膜的稳定性。

二、金属有机骨架膜

金属有机骨架（metal-organic framework，MOF）材料是一种由无机金属离子（簇）与有机配体配位自组装形成的微孔晶体材料。通过选择合适的功能化的有机配体以及具有不同配位能力的金属离子（簇），不但可以控制MOF的孔道结构，而且能有效地调节其孔道的化学性质，如对不同气体分子的吸附特性等。

制备金属有机骨架膜的关键是形成完整的分离膜层，一些针孔或微裂纹的存在都会导致分离性能急剧下降。MOF膜的制备条件，如溶剂、温度和压力等，将对膜的生长产生巨大的影响。目前主要采用的制备方法包括原位生长法、二次生长法、反应晶种法及对扩散法等。原位生长法是将预处理过的多孔载体与合成溶液直接放入反应容器中进行加热合成的方法。尽管原位生长方法简单、成本低且方便，但由于这一过程缺乏足够的成核位点，难以制备连续均匀的膜层。二次生长法是先制备合适的晶种并将其预先沉积在载体表面，经由二次生长形成连续的晶体膜。由于在MOF生长过程中具有良好的成核位点，有利于制备完整的MOF膜层。为了提高MOF分离层与无机支撑体的结合力，金万勤等开创性地提出了反应晶种法，将选用的多孔支撑体作为无机金属源与有机配体反应，进而生长出晶种层，再通过二次生长形成完整的膜层。通过反应晶种法可以形成与支撑体结合性较好且分布均匀的晶种层，从而有助于制备高质量的金属有机骨架膜。金万勤等采用反应晶种法成功制备了无缺陷的 MIL-53 膜[15]，具体过程为：选用 α-Al$_2$O$_3$ 支撑体代替硝酸铝作为铝源，在温和水热条件下与对苯二甲酸反应生成晶种层，随后二次生长形成 MIL-53 膜。所制备的 MIL-53 膜展现出优异的乙酸乙酯/水分离性能，证明了反应晶种法在多孔支撑体上制备高质量 MOF 膜的有效性。随后通过反应晶种法制备了一系列 MOF 膜材料，例如 MIL-96[16]、ZIF-78[17] 和 Zn-CD[18] 等。此外，研究者报道了通过对扩散法制备 MOF 膜的新方法。通过支撑体分隔底物或采用两种不混溶的溶剂界面，在支撑体上或在溶剂界面处结晶以形成连续 MOF 膜，因为缺陷为 MOF 前驱体的扩散提供了路径，使得 MOF 优先在缺陷处结晶，有利于形成完整连续的 MOF 膜。

对于具有层状结构的 MOF 材料，研究者尝试将其剥离为超薄的纳米片并制备成膜。中国科学院大连化学物理研究所杨维慎教授课题组在二维 MOF 纳米片膜领域开展了开创性工作[19]。他们通过结合球磨与超声法成功将 Zn$_2$(bim)$_4$（bim：benzimidazole，苯并咪唑）剥离为 1nm 的纳米片。采用热滴涂法制备了超薄 MOF 膜，该膜展现出优异的分子筛分性能，H$_2$ 渗透性极高，H$_2$/CO$_2$ 选择性超过 200。新加坡国立大学赵丹教授课题组提出通过冷冻融化法（freeze-thaw method）制备结构完整的 MAMS-1 纳米片[20]。他们采用热滴涂法制备了超薄（约 12nm）的 MOF 纳米片膜，并且研究了温度对 MOF 膜结构及膜间气体分子传输的影响规律。

三、石墨烯膜

2004 年英国曼彻斯特大学 Andre Geim 教授团队成功剥离得到单层碳原子的石墨烯材料（graphene），其在凝聚态物理、材料化学、生命科学等众多领域均展现出巨大的潜力[21,22]。由于石墨烯材料具有单原子级厚度，可以将其制备为超薄膜，以降低膜的传质阻力，最大限度地提升膜的传质速率。石墨烯片层的面内孔或者堆叠形成的亚纳米层间通道为分子（离子）提供了快速传输的路径。通过精密构筑氧化石墨烯（GO）膜的面内孔及层间纳米通道的理化环境，可以提升石墨烯膜的分子筛分性能和优先透过性质，从而实现混合物的高效分离。

根据膜结构的差异，石墨烯膜主要分为多孔石墨烯膜和叠层石墨烯膜两大类。具有精确尺寸纳米孔的多孔石墨烯膜展现了出色的分离性能[23-25]，其关键在于高质量石墨烯纳米片的制备，而精确、大面积且高密度的造孔方法也是技术难点之一[2]。因此研究者提出将石墨烯组装为叠层结构的策略，为石墨烯膜的放大制备提供了新的思路。Geim 课题组开创性地报道了气体和液体几乎不能透过 GO 叠层膜，而仅允许水的无阻渗透[26]。随后，两项 GO 叠层膜用于气体分离的工作同步发表于 *Science* 期刊上[27,28]，证明了 GO 叠层膜用于分子分离的巨大潜力。GO 叠层膜的制备方法主要包括压滤法、旋涂法、层层自组装法以及喷涂法等。

压滤法指的是在压差的驱动下，超薄的 GO 纳米片相互堆叠形成层状结构，进而在支撑体上形成连续的膜层。与平板膜相比，中空纤维陶瓷具有许多优势，例如高堆积密度、低成本以及结构稳定等。但是，由于曲率高且细长，用传统方法难以在中空纤维陶瓷上制备连续的 GO 膜。金万勤等首次采用真空抽吸法在中空纤维陶瓷支撑体上成功制备致密无缺陷的 GO 叠层膜，构建了对水分子具有超快传递效应的孔道结构，在有机溶剂脱水方面展现出优异的性能[29]。为了更充分地利用 GO 叠层内部的二维通道，实现水分子的快速选择性透过，金万勤等提出在 GO 叠层表面沉积超薄聚合物捕水层，以促进水分子在膜表面富集，所制备的壳聚糖 CS@GO 复合膜，其水通量与传统体相混合制备的混合基质膜相比提高了 1 个数量级，达到 $10000g/(m^2 \cdot h)$，突破了现有渗透汽化丁醇脱水膜的分离性能上限[30,31]。金万勤等采用压滤法制备了 GO 叠层膜，并通过水合离子精密调控层间距，实现了盐溶液中水分子与不同离子的精确筛分[32]。实验证明，经过含 K^+ 溶液浸泡的 GO 膜能阻止水合 K^+ 的进入，进而有效截留盐溶液中的多种离子，同时还能保持水分子快速透过。

旋涂法是利用支撑体旋转来促进石墨烯材料沉积的通用涂层技术[33]，该方法不仅可以加快制膜过程，而且可以提高膜材料微观结构的可控性。金万勤等提出了一种外力驱动的 GO 膜组装策略，通过结合旋涂和层层自组装的方法来实现 GO 传质通道的精密调控[34]。基于内外力的协同作用，克服了 GO 片层间的静电排斥作用，大大减少了非选择性的缺陷，有助于 GO 纳米片的高度有序组装。所制备的 GO 膜对 H_2/CO_2 表现出优异的分子筛分特性，超过了 H_2/CO_2 分离性能上限[35]，而且该膜的 H_2 渗透系数比商品化聚苯并咪唑（PBI）和聚酰亚胺（PI）膜高出 2～3 个数量级。此外，金万勤等提出了一种利用喷雾蒸发诱导 GO 纳米片自组装制备 GO 叠层膜的方法[36]。通过加热板将氧化铝支撑体加热到设定温度，然后分多次喷涂 GO 分散液。喷雾蒸发自组装过程仅需几分钟，在制备相同厚度的 GO 膜时，采用压滤法需要数小时甚至更长的时间，因此喷涂法制备 GO 膜的效率更高。

四、混合基质膜

混合基质膜的主体一般是聚合物相，分散相为无机颗粒，将无机颗粒均匀地分散到聚合物基质中，通过两者的体相复合制备而成。混合基质膜将聚合物膜易加工、低成本的优点与无机膜高性能、高稳定性的优点进行有效结合，为突破传统聚合物膜渗透系数与选择性之间存在的（难以兼顾的）制约关系提供了新的思路。对混合基质膜而言，引入无机填料产生的位阻效应和表面作用可以改变聚合物链段的排列方式，从而获取最优的自由体积分数和自由体积孔道尺寸分布，从而提高膜的扩散系数和扩散选择性。第六章中介绍混合基质膜在渗透汽化（例如有机溶剂脱水和生物醇回收）和气体分离方面的最新研究进展。传统的无机填料（如分子筛和硅纳米颗粒）已经被广泛地研究和使用。近几年，新型纳米材料的开发为混合基质膜的发展注入了新动力，例如多面体低聚倍半硅氧烷（POSS）、氧化石墨烯（GO）及金属有机骨架材料（MOF）等都已用于制备混合基质膜并展现出优异的分离性能。

因为混合基质膜的主体相为聚合物材料，所以聚合物膜的制备方法大多适用于混合基质膜的制备。但是在引入纳米颗粒的过程中，需要考虑其在聚合物中的分散情况以及膜制备完成后纳米颗粒与聚合物基质的界面相容性问题，这将直接影响混合基质膜的分离性能。金万勤等提出一种利用接枝/涂覆方法制备 ZSM-5/PDMS 混合基质膜的策略[37]。在 ZSM-5 颗粒进行改性之前，由于 ZSM-5 颗粒的密度和表面性质各异，颗粒沉降在正庚烷中。通过在 ZSM-5 分子筛表面接枝正辛基，然后在 ZSM-5 表面引入一层很薄的 PDMS 镀层，制得改性的 ZSM-5 颗粒并掺入 PDMS 溶液中制备混合基质膜。通过模拟和实验结果证明，改性后的 ZSM-5 分子筛与 PDMS 具有良好的相容性，制备的混合基质膜的分离因子远高于未改性粒子掺杂的复合膜。

在基于 MOF 材料的混合基质膜研究方面，金万勤等通过浸渍提拉法在中空纤维陶瓷上制得 MAF-6/PEBA 混合基质膜[38]。MAF-6（RHO-[Zn(eim)$_2$]）是一类含有超疏水基团的金属有机骨架材料。与其他 MOF 材料相比，其可在室温下合成。MAF-6 的超疏水性使复合膜表面难以被水分子润湿，且 MAF-6 的疏水大孔结构可以有效传输乙醇等有机大分子，将其掺入聚合物膜材料中可以提高膜的疏水性能。对 MAF-6 掺杂量为 7.5%（质量分数）的 MAF-6/PEBA 混合基质膜，在 40℃的操作温度、5%（质量分数）乙醇的进料浓度下进行连续 200h 的渗透汽化性能测试，发现混合基质膜的分离因子和渗透通量（通量）皆展现出较好的稳定性，这是由于中空纤维陶瓷为混合基质膜提供了优异的力学性能，提高了其在高真空环境中的稳定性。随后金万勤等还尝试将 MOF-801引入到壳聚糖中制备混合基质膜并将其用于乙醇/水体系的分离，取得了较好的分离性能[39]。此外，因为 MOF 材料中分布有与气体分子动力学直径接近的微孔，可以在有机配体上修饰与气体分子产生相互作用的官能团，使得 MOF 材料掺杂的混合基质膜在气体分离领域也有很大的应用前景。金万勤等将 UiO-66 及接枝—NH$_2$ 的 UiO-66 颗粒掺杂到 PEBA 中制备混合基质膜，并将其用于 CO$_2$/N$_2$ 的分离[40]。对该混合基质膜进行 CO$_2$/N$_2$ 分离性能测试，发现在较低掺杂量下，气体的渗透系数随 UiO-66 和 UiO-66-NH$_2$ 掺杂量的增加而增大，这可能是由于 UiO-66 本身具有较大尺寸的孔道（0.6nm）。而掺入过量的 UiO-66 颗粒，复合膜中会出现许多大尺寸缺陷，降低复合膜的选择性。但是，在 MOF 颗粒含量为 10%（质量分数）的情况下，UiO-66-NH$_2$/PEBA 膜的 CO$_2$/N$_2$ 选择性高于 UiO-66 /PEBA 膜，证明了—NH$_2$ 对 CO$_2$ 的亲和作用有利于提高混合基质膜的 CO$_2$/N$_2$ 吸附选择性。金万勤等将 MOF-801 颗粒掺入到 PEBA 中制备混合基质膜，并将其用于 CO$_2$ 捕集[41]。经过掺杂量优化，发现填充 7.5%（质量分数）MOF-801 的 PEBA 混合基质膜具有最佳性能，CO$_2$ 渗透性为 22.4GPU［1GPU=10^{-6}cm^3(标准状况)/(cm^2·s·cmHg)，1cmHg=1333.22Pa］，CO$_2$/N$_2$ 选择性为 66。与纯 PEBA 膜相比，膜的渗透性和选择性分别提高 75% 和 38%，证明引入对 CO$_2$ 具有亲和性的 MOF-801 骨架能有效提高 PEBA 膜的 CO$_2$/N$_2$ 分离性能。金万勤等将 ZIF-300[42]、In-PmDc 型 ZMOF[43]、LaBTB[44]、RE-fcu-MOF[45] 等多种 MOF 材料引入到聚合物基质中制备高性能的气体分离膜，具体工作将在第六章进行详细介绍。

除了 MOF 材料之外，二维材料（如 GO、g-C$_3$N$_4$ 等）也是理想的无机填料之一。一方面，堆叠形成的纳米级层间通道有利于提升混合基质膜的气体传质速率；另一方面，片层面内孔道或者狭缝孔能够有效提升不同气体分子的筛分选择性，进而同步提升混合基质膜的渗透系数和选择性。金万勤等提出了一种在聚合物环境中组装 GO 纳米片制备混合基质膜的方法。通过充分利用 GO 和聚合物间的相互作用力，促进 GO 纳米片形成规整的层状结构，使得层间孔道提供快速、选择性的气体传质通道[46]。在 PEBA 中引入 GO 纳米片后，该膜对 CO$_2$ 的渗透系数和 CO$_2$/N$_2$ 选择性均有所提高，膜对 CO$_2$ 的渗透系数达到 100Barrer［1Barrer=10^{-10}cm^3（标准状况）·cm/(cm^2·s·cmHg)］，二者的选择性为 91，不仅突破了传统聚合物膜分离 CO$_2$/N$_2$ 的性能上限，而且超过了已报道的高性能聚合物膜［包括热致重排聚合物（TR）、自具微孔聚合物（PIM）］、无机材料膜（如碳膜、二氧化硅膜和分子筛膜）的分离性能。此外，金万勤等系统地研究了 GO 的片层横向尺寸[47]、氧化程度[48] 等性质对该混合基质膜气体分离性能的影响。与 GO 相比，g-C$_3$N$_4$ 是一种面内分布均匀微孔的二维材料，而且在材料制备过程中产生的结构缺陷尺寸（3.1 ～ 3.4Å，1Å = 10^{-10}m）也与气体分子动力学直径接近。金万勤等提出将具有不同吸附特性与尺寸孔道的 g-C$_3$N$_4$ 纳米片引入 PEBA 中制备气体分离膜[49]。通过优化纳米片的 CO$_2$ 吸附性质及孔道筛分特性，掺杂 2.5%（质量分数）g-C$_3$N$_4$ 纳米片（由双氰胺烧结，经 4h 热腐蚀制得）的混合基质膜展现出最优的分离性能，其 CO$_2$ 渗透性为 33.3GPU，CO$_2$/N$_2$ 选择性达到 67.2，在 CO$_2$ 捕集领域具有一定的应用潜力。

第四节
技术展望

近年来的研究成果表明，有机-无机复合分离膜在分子分离领域具有巨大的应用潜力。通过匹配有机和无机组分的特性，可以制备无缺陷、高性能的有机-无机复合分离膜。这些复合分离膜在乙醇回收、有机/有机分离、VOC脱除、溶剂脱水、二氧化碳分离等方面有着广泛的应用。金属有机骨架、石墨烯等纳米材料的出现为新型有机-无机复合分离膜的发展带来了很大的机遇。此外，可以运用新的表征技术原位研究有机-无机复合分离膜的形成和界面行为。聚合物/陶瓷复合膜的规模化制备和产业化研究为有机-无机复合分离膜的实际应用迈出了重要一步。

尽管复合膜研究已经取得了很大的进展，但仍然存在着新的挑战和机遇，主要包括以下几点：

① 膜材料　作为发展有机-无机复合分离膜的起点，需要开发具有良好纳米结构和有益官能团的材料。在未来的研究中，不仅需要对现有的膜材料进行改性，还需要探索新的纳米材料。同时，有机和无机组分的物理化学性质的匹配仍然是优化膜结构和性能的关键。

② 膜制备　与传统的高分子膜相比，现有的有机-无机复合分离膜的制备方法还不够精细。为了实现水和气体分子的快速、选择性传输，需要对膜的自由体积和亚纳米孔道进行精确调控。寻求新的制备超薄无缺陷分离层的方法将极大地提高有机-无机复合分离膜的分离性能。在这样的探索过程中，不应该忽略多孔支撑体的影响。

③ 分离机理　由于膜结构的复杂性，有机-无机复合分离膜的传质机理与经典的膜传质机理之间的关系还不清楚。需要在考虑有机-无机界面形态和相互作用对传质影响的基础上，提出更为具体、准确的传质模型。先进的表征技术和模拟工具有助于研究者更好地理解传质机理。对亚纳米尺度空间和界面中限域传质的基础研究特别值得关注。

④ 膜应用　一方面需要拓展有机-无机复合分离膜的应用领域，另一方面需要系统地研究在实际进料条件下的膜分离性能。更低的成本、更高的重复性一直是实现有机-无机复合分离膜工业化的要求。另外，膜组件和分离工艺的合理设计也应引起研究者的重视。

参考文献

[1] Jin W, Liu G, Xu N. Organic-inorganic composite membranes for molecular separation[M]. London: World Scientific, 2017.

[2] Liu G, Jin W, Xu N. Graphene-based membranes[J]. Chemical Society Reviews, 2015, 44: 5016-5030.

[3] Liu G, Jin W, Xu N. Two-dimensional-material membranes: a new family of high-performance separation membranes[J]. Angewandte Chemie International Edition, 2016, 55: 13384-13397.

[4] Wei W, Xia S, Liu G, et al. Effects of polydimethylsiloxane (PDMS) molecular weight on performance of PDMS/ceramic composite membranes[J]. Journal of Membrane Science, 2011, 375: 334-344.

[5] 金万勤，刘公平，袁建伟. 一种聚合物 - 陶瓷复合内膜的制备方法 [P]. CN 109304098A. 2019-02-05.

[6] Liu G, Hung W S, Shen J, et al. Mixed matrix membranes with molecular-interaction-driven tunable free volumes for efficient bio-fuel recovery[J]. Journal of Materials Chemistry A, 2015, 3: 4510-4521.

[7] Dong Z, Liu G, Liu S, et al. High performance ceramic hollow fiber supported PDMS composite pervaporation membrane for bio-butanol recovery[J]. Journal of Membrane Science, 2014, 450: 38-47.

[8] Xiangli F, Chen Y, Jin W, et al. Polydimethylsiloxane (PDMS)/ceramic composite membrane with high flux for pervaporation of ethanol-water mixtures[J]. Industrial & Engineering Chemistry Research, 2007, 46: 2224-2230.

[9] Xiangli F, Wei W, Chen Y, et al. Optimization of preparation conditions for polydimethylsiloxane (PDMS)/ceramic composite pervaporation membranes using response surface methodology[J]. Journal of Membrane Science, 2008, 311: 23-33.

[10] Li Y, Shen J, Guan K, et al. PEBA/ceramic hollow fiber composite membrane for high-efficiency recovery of bio-butanol via pervaporation[J]. Journal of Membrane Science, 2016, 510: 338-347.

[11] Wu T, Wang N, Li J, et al. Tubular thermal crosslinked-PEBA/ceramic membrane for aromatic/aliphatic pervaporation[J]. Journal of Membrane Science, 2015, 486: 1-9.

[12] Yoshida W, Cohen Y. Ceramic-supported polymer membranes for pervaporation of binary organic/organic mixtures[J]. Journal of Membrane Science, 2003, 213: 145-157.

[13] Peters T A, Poeth C H S, Benes N E, et al. Ceramic-supported thin PVA pervaporation membranes combining high flux and high selectivity：contradicting the flux-selectivity paradigm[J]. Journal of Membrane Science, 2006, 276: 42-50.

[14] Zhu Y, Xia S, Liu G, et al. Preparation of ceramic-supported poly(vinyl alcohol)-chitosan composite membranes and their applications in pervaporation dehydration of organic/water mixtures[J]. Journal of Membrane Science, 2010, 349: 341-348.

[15] Hu Y, Dong X, Nan J, et al. Metal-organic framework membranes fabricated via reactive seeding[J]. Chemical Communications, 2011, 47: 737-739.

[16] Nan J, Dong X, Wang W, et al. Formation mechanism of metal-organic framework membranes derived from reactive seeding approach[J]. Microporous and Mesoporous Materials, 2012, 155: 90-98.

[17] Dong X, Huang K, Liu S, et al. Synthesis of zeolitic imidazolate framework-78 molecular-sieve membrane: defect formation and elimination[J]. Journal of Materials Chemistry, 2012, 22: 19222-19227.

[18] Huang K, Liu S, Li Q, et al. Preparation of novel metal-carboxylate system MOF membrane for gas separation[J]. Separation and Purification Technology, 2013, 119: 94-101.

[19] Peng Y, Li Y, Ban Y, et al. Metal-organic framework nanosheets as building blocks for molecular sieving membranes[J]. Science, 2014, 346: 1356-1359.

[20] Wang X, Chi C, Zhang K, et al. Reversed thermo-switchable molecular sieving membranes composed of two-dimensional metal-organic nanosheets for gas separation[J]. Nature Communication, 2017, 8: 14460.

[21] Geim A K, Grigorieva I V. Van der waals heterostructures[J]. Nature, 2013, 499: 419-425.

[22] Novoselov K S, Geim A K, Morozov S V, et al. Electric field effect in atomically thin carbon films[J]. Science, 2004, 306: 666-669.

[23] Boutilier M S, Sun C, O'Hern S C, et al. Implications of permeation through intrinsic defects in graphene on the design of defect-tolerant membranes for gas separation[J]. ACS Nano, 2014, 8: 841-849.

[24] Jain T, Rasera B C, Guerrero R J S, et al. Heterogeneous sub-continuum ionic transport in statistically isolated graphene nanopores[J]. Nature Nanotechnology, 2015, 10: 1053-1057.

[25] Surwade S P, Smirnov S N, Vlassiouk I V, et al. Water desalination using nanoporous single-layer graphene[J]. Nature Nanotechnology, 2015, 10: 459-464.

[26] Nair R, Wu H, Jayaram P, et al. Unimpeded permeation of water through helium-leak-tight graphene-based membranes[J]. Science, 2012, 335: 442-444.

[27] Kim H W, Yoon H W, Yoon S M, et al. Selective gas transport through few-layered graphene and graphene oxide membranes[J]. Science, 2013, 342: 91-95.

[28] Li H, Song Z, Zhang X, et al. Ultrathin, molecular-sieving graphene oxide membranes for selective hydrogen separation[J]. Science, 2013, 342: 95-98.

[29] Huang K, Liu G, Lou Y, et al. A graphene oxide membrane with highly selective molecular separation of aqueous organic solution[J]. Angewandte Chemie International Edition, 2014, 53: 6929-6932.

[30] Huang K, Liu G, Shen J, et al. High-efficiency water-transport channels using the synergistic effect of a hydrophilic polymer and graphene oxide laminates[J]. Advanced Functional Materials, 2015, 25: 5809-5815.

[31] 金万勤，黄康，刘公平. 一种有效增强氧化石墨烯膜脱水性能的方法 [P]. CN 104841291A. 2017-10-27.

[32] Chen L, Shi G, Shen J, et al. Ion sieving in graphene oxide membranes via cationic control of interlayer spacing[J]. Nature, 2017, 550: 380-383.

[33] Richardson J J, Björnmalm M, Caruso F. Technology-driven layer-by-layer assembly of nanofilms[J]. Science, 2015, 348: 2491.

[34] Shen J, Liu G, Huang K, et al. Subnanometer two-dimensional graphene oxide channels for ultrafast gas sieving[J]. ACS nano, 2016, 10: 3398-3409.

[35] Robeson L M. The upper bound revisited[J]. Journal of Membrane Science, 2008, 320: 390-400.

[36] Guan K, Shen J, Liu G, et al. Spray-evaporation assembled graphene oxide membranes for selective hydrogen transport[J]. Separation and Purification Technology, 2017, 174: 126-135.

[37] Liu G, Xiangli F, Wei W, et al. Improved performance of PDMS/ceramic composite pervaporation membranes by ZSM-5 homogeneously dispersed in PDMS via a surface graft/coating approach[J]. Chemical Engineering Journal, 2011, 174: 495-503.

[38] Liu Q, Li Y, Li Q, et al. Mixed-matrix hollow fiber composite membranes comprising of PEBA and MOF for pervaporation separation of ethanol/water mixtures[J]. Separation and Purification Technology, 2019, 214: 2-10.

[39] Li Q, Liu Q, Zhao J, et al. High efficient water/ethanol separation by a mixed matrix membrane incorporating MOF filler with high water adsorption capacity[J]. Journal of Membrane Science, 2017, 544: 68-78.

[40] Shen J, Liu G, Huang K, et al. UiO-66-polyether block amide mixed matrix membranes for CO_2 separation[J]. Journal of Membrane Science, 2016, 513: 155-165.

[41] Sun J, Li Q, Chen G, et al. MOF-801 incorporated PEBA mixed-matrix composite membranes for CO_2

capture[J]. Separation and Purification Technology, 2019, 217: 229-239.

[42] Yuan J, Zhu H, Sun J, et al. Novel ZIF-300 mixed-matrix membranes for efficient CO_2 capture[J]. ACS Applied Materials & Interfaces, 2017, 9: 38575-38583.

[43] Liu G, Labreche Y, Chernikova V, et al. Zeolite-like MOF nanocrystals incorporated 6FDA-polyimide mixed-matrix membranes for CO_2/CH_4 separation[J]. Journal of Membrane Science, 2018, 565: 186-193.

[44] Hua Y, Wang H, Li Q, et al. Highly efficient CH_4 purification by LaBTB PCP-based mixed matrix membranes[J]. Journal of Materials Chemistry A, 2018, 6: 599-606.

[45] Liu G, Chernikova V, Liu Y, et al. Mixed matrix formulations with MOF molecular sieving for key energy-intensive separations[J]. Nature Materials, 2018, 17: 283-289.

[46] Shen J, Liu G, Huang K, et al. Membranes with fast and selective gas-transport channels of laminar graphene oxide for efficient CO_2 capture[J]. Angewandte Chemie International Edition, 2015, 127: 588-592.

[47] Shen J, Zhang M, Liu G, et al. Size effects of graphene oxide on mixed matrix membranes for CO_2 separation[J]. AIChE Journal, 2016, 62: 2843-2852.

[48] Shen J, Zhang M, Liu G, et al. Facile tailoring of the two-dimensional graphene oxide channels for gas separation[J]. RSC Advances, 2016, 6: 54281-54285.

[49] Cheng L, Song Y, Chen H, et al. g-C_3N_4 nanosheets with tunable affinity and sieving effect endowing polymeric membranes with enhanced CO_2 capture property[J]. Separation and Purification Technology, 2020, 250: 117200.

第二章

膜分离原理

第一节
渗透汽化

渗透汽化过程是一种用于分离液体混合物的膜技术。这种分离过程可以通过某些组分的选择性吸附和扩散来实现。为了实现传递过程，需要在膜的下游提供真空或者通过气体吹扫引入化学势梯度。与其他膜过程相比，渗透汽化过程的最大特点是渗透组分发生相变。研究者提出优先吸附-毛细流模型来解释这个过程：渗透物优先吸附，通过毛细作用流动，然后在膜的下游侧蒸发。然而，该模型缺乏对膜厚与通量关系、分离因子与通量关系的解释。

一、溶解-扩散

通常，渗透汽化膜的选择性传输由溶解-扩散机理解释[1-2]，分为三个步骤来实现：吸附、扩散和蒸发，其中前两步是影响分离效率的主要因素。在吸附过程中，渗透分子与膜之间的相互作用决定了吸附选择性。在扩散过程中，扩散速度较快的渗透分子在渗透侧富集。尺寸较小且形状适合的分子具有更快的扩散速度。此外，扩散步骤也取决于吸附步骤的效率，因为吸附会导致聚合物的自由体积增加，这有利于分子的扩散。溶解-扩散模型的原理如图2-1所示。

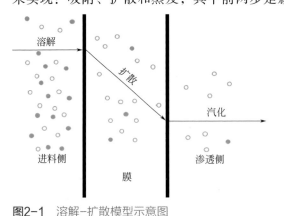

图2-1 溶解-扩散模型示意图

二、串联阻力模型

对复合膜而言，分离层和支撑层的物理化学性质对膜的分离性能有很大的影响。复合膜中的渗透汽化过程可以通过串联阻力模型来描述，该模型分析了过程中的相对阻力[3]。渗透组分从进料溶液到蒸气混合物的传输过程包括几个步骤：从进料主体到进料侧-膜界面的传质；从进料到膜内发生的渗透组分分离；膜内的扩散；在膜-渗透侧界面处的解吸（如果渗透侧保持高真空，通常忽略不计）。基于上述步骤，总传递阻力是边界层阻力、膜阻力和支撑层阻力的总和。给定组

分通过膜的通量表达式为

$$J_i = \cfrac{1}{\cfrac{1}{k_{f,i}} + \cfrac{1}{S_{f,i}k_{m,i}} + \cfrac{1}{(S_{f,i}/S_{p,i})k_{p,i}}} \times \left(c_{b,i} - \frac{S_{f,i}}{S_{p,i}}c_{p,i} \right) \qquad (2-1)$$

$$R_{ov} = R_{bl} + R_m + R_s = \frac{1}{k_{f,i}} + \frac{1}{S_{f,i}k_{m,i}} + \frac{1}{(S_{f,i}/S_{p,i})k_{p,i}} \qquad (2-2)$$

式中　J_i——组分 i 的摩尔通量；

$k_{f,i}$——浓度边界层传质系数；

$k_{m,i}$——膜传质系数；

$k_{p,i}$——渗透侧传质系数；

R_{ov}——总阻力；

R_{bl}——边界层阻力；

R_m——膜阻力；

R_s——支撑层阻力；

$c_{b,i}$——主体侧物质的量浓度；

$c_{p,i}$——渗透侧物质的量浓度。

分配系数 $S_{f,i}$ 和 $S_{p,i}$ 定义为

$$S_{f,i} = \frac{c_{mf,i}}{c_{f,i}} \qquad (2-3)$$

$$S_{p,i} = \frac{c_{mp,i}}{c_{p,i}} \qquad (2-4)$$

式中　$c_{f,i}$——进料侧组分 i 的浓度；

$c_{mf,i}$——进料侧膜表面组分 i 的浓度；

$c_{mp,i}$——渗透侧膜表面组分 i 的浓度；

$c_{p,i}$——渗透侧组分 i 的浓度。

如果渗透侧保持低压，渗透侧的浓度可以忽略不计。因此，J_i 的表达式简化为

$$J_i = k_{ov,i}c_{b,i} \qquad (2-5)$$

式中　$k_{ov,i}$——总传质系数。

聚合物分离层中的传质通常用溶解 - 扩散模型来描述，该模型假设在膜的渗

透侧发生瞬间解吸，而多孔层通常被认为是可以忽略的。由于渗透物在渗透侧发生相变，当气体向低压侧的扩散系数较大时，支撑层内的传质阻力较低。理想情况下，支撑层不应影响质量传递，而应该只增加膜的机械强度。然而，一些研究已经表明，支撑层对渗透汽化过程有显著的影响，并且支撑层是整体传质阻力的一部分。用于渗透汽化膜的支撑层通常是非对称微滤膜。基于考虑孔渗现象的阻力模型，可以将聚合物/陶瓷复合膜的阻力分为四个阻力区。复合膜的结构如图2-2所示，包括致密聚合物层（L_d）、陶瓷过渡层（L_i）和多孔陶瓷支撑体（L_s）。四个阻力区分别是：①致密聚合物层 L_d 的阻力（R_d）；②陶瓷过渡层 L_i 中填充聚合物的部分孔隙的阻力（R_{i1}）；③陶瓷过渡层 L_i 中剩余部分的阻力（R_{i2}）；④多孔陶瓷支撑体 L_s 的阻力（R_s）。

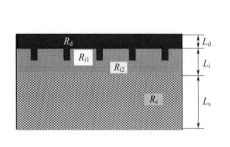 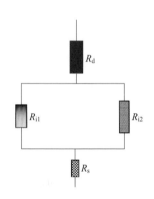

图2-2 复合膜的示意图和相应的电路类比图[3]

这些区域按图中的相应顺序标记为 d、i1、i2 和 s。每个区域的平均厚度和渗透阻力分别为 L_d、L_i、L_s、R_d、R_{i1}、R_{i2} 和 R_s，因此

$$R_m + R_s = R_d + 1/(1/R_{i1} + 1/R_{i2}) + R_s \tag{2-6}$$

孔径随支撑体结构变化而变化，在靠近分离层 L_d 的薄层中孔径最小，而在支撑结构内部越深处孔径越大。黏性流动可能发生在具有大孔的非对称层中，而 Knudsen 流发生在具有小孔的阻力层（R_{i2}）中。

三、渗透汽化性能评价

评价渗透汽化性能的参数主要有通量和分离因子，膜的使用寿命有时也被列为评价指标之一。典型的渗透汽化膜性能评价装置如图2-3所示[4]：

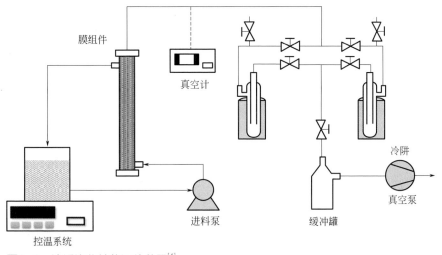

膜组件 　真空计 　冷阱 　真空泵 　缓冲罐 　进料泵 　控温系统

图2-3 渗透汽化性能评价装置[4]

通量是指单位面积、单位时间内通过膜的质量传递，表达为

$$J = \frac{M}{At}$$　　　　　　　　　（2-7）

式中　　M——通过膜传递的质量，g；

　　　　A——有效膜面积，m^2；

　　　　t——操作时间，h；

　　　　J——计算的通量，$g/(m^2 \cdot h)$。

渗透汽化过程的分离因子为

$$\beta_j^i = \frac{Y_i / Y_j}{X_i / X_j}$$　　　　　　　　　（2-8）

式中　　Y_i——渗透液中组分 i 的摩尔分数；

　　　　Y_j——渗透液中组分 j 的摩尔分数；

　　　　X_i——进料中组分 i 的摩尔分数；

　　　　X_j——进料中组分 j 的摩尔分数。

在 $\beta=1$ 的特例下，说明膜对组分 i 和 j 没有分离性能，但 β 值越大，膜的分离效率越高。

然而，对于特定的膜材料，通量和分离因子往往是矛盾的。为了更系统地分析膜性能，提出用渗透汽化指数（PSI）来描述膜性能[5]，其定义如下

$$PSI = J(\beta - 1)$$　　　　　　　　　（2-9）

由于膜性能还取决于操作条件，根据渗透驱动力对通量归一化有助于进一步了解膜本征的渗透特性。这种本征的膜性质包括渗透系数 P 和选择性 α，是基于溶解-扩散机理定义的

$$P_i = \frac{J_i l}{p_{f,i}^{vapour} - n_{p,i} p_p} \tag{2-10}$$

$$\alpha_j^i = \frac{P_i}{P_j} \tag{2-11}$$

式中　J_i——组分 i 的通量；

$\quad\quad l$——膜厚；

$\quad p_{f,i}^{vapour}$——进料中组分 i 的平衡蒸气分压；

$\quad\quad n_{p,i}$——渗透侧组分 i 的摩尔分数；

$\quad\quad p_p$——渗透侧的总压力；

$\quad\quad P_i$——组分 i 的渗透系数；

$\quad\quad P_j$——组分 j 的渗透系数。

四、操作条件对渗透汽化性能的影响

对于给定的膜，渗透汽化性能受到如温度和进料浓度这些外部操作条件的影响。较高的温度通常会提升膜的传质速率。然而，以聚合物膜为例，温度的升高也会加速聚合物链段的运动，导致自由体积增大，选择性降低。此外，如果膜有利于组分 i 的传递，则 i 浓度的增加可能会导致驱动力增强和膜的膨胀，进而影响膜的性能。

在实际的膜过程中，浓差极化是一种常见的现象，并且会影响膜性能。由于膜对特定组分具有选择性，因此其他组分会在膜表面富集，将阻碍目标渗透组分的透过。通常，通过搅拌进料液并使其循环流经膜表面可以大大缓解这种情况。

第二节
气体分离

传统的气体分离工艺，如变压吸附和低温分离，通常需要大型塔床等设备，这将会导致高成本、高能耗。与传统工艺相比，气体分离膜操作简单且节约成

本。膜的进料侧和渗透侧存在分压差，才能实现气体分离。另外，膜材料与气体之间的相互作用影响着不同气体分子的渗透行为。因此，对于不同的气体分离应用，需要开发不同种类的膜材料，以获得更好的分离性能。在组件中安装合适的膜材料后，在膜的上游充入一定压力的气体混合物。一定时间后，在膜渗透侧的气体渗透速率达到平衡，从而测得膜的气体分离性能。

一、溶解-扩散

类似于渗透汽化膜，气体通过致密膜的传递过程可以用溶解-扩散机理来解释[6]。因此，气体渗透系数（P）取决于溶解性（S）和扩散性（D）两个参数，可表达为

$$P=DS \tag{2-12}$$

不同膜材料的 D 和 S 值各不相同。此外，和渗透汽化过程一样，D 和 S 都是对温度敏感的，操作温度的变化会影响气体的渗透行为。对于聚合物膜，根据其玻璃化转变温度（T_g）来判断当前温度（T）下的膜是处于玻璃态（$T < T_g$）还是橡胶态（$T > T_g$）。玻璃态会限制聚合物链段的移动性，导致气体渗透系数降低，但选择性提高，特别是在分离不同尺寸的气体分子时。在橡胶态下的性能变化刚好相反。

二、努森扩散

通过微孔膜的气体传输一般属于努森（Knudsen）扩散。当膜孔径小于气体分子的平均自由程时，这些分子与孔壁的碰撞比分子本身的碰撞更频繁。组分 A 的努森扩散表达式如下

$$D = \frac{d_p}{3} \sqrt{\frac{8RT}{\pi M_A}} = 48.5 d_p \sqrt{\frac{T}{M_A}} \tag{2-13}$$

因此，努森选择性（气体组分 A／组分 B）可计算为组分 A 与组分 B 摩尔质量反比的平方根 $\sqrt{M_B / M_A}$。

三、分子筛分

当膜的孔径减小到与气体分子尺寸相接近时，混合气体通过筛分作用得到分离，使小于孔径的分子通过，同时阻止较大的分子通过。因为这种膜主要基于物理筛分，气体分离因子相对较高。此外，多孔的膜结构使其气体渗透性也较高。

然而，这种膜材料的缺点是大多数气体分子具有相似的尺寸，要求精确的膜孔结构设计以实现有效分离。

四、促进传递

促进传递机理主要发生在包含载体的膜基质（主要是聚合物基质）中[7]，其功能类似于将分子从膜一侧运送到另一侧。例如，聚合物基质中的胺类可以与二氧化碳分子可逆地反应，二氧化碳分子以碳酸盐或碳酸氢盐的形式通过膜传输。这一过程的速度比其他气体分子仅通过扩散传输的速度要快。因此，通过载体的引入，目标气体分子能够以更高的选择性更快地通过膜层。

五、气体分离性能评价

1. 纯气体系

气体渗透速率和选择性是评价膜分离性能的两个关键指标。气体渗透速率是按单位时间、单位压力下透过膜的气体体积计算的。用于评价气体渗透速率的两个参数是渗透性和渗透系数。渗透系数 P_i 表示膜本征的气体分离效率[8]，定义为由膜厚（l）和跨膜分压差（或者逸度差，Δp_i）归一化的渗透物 i 的通量（n_i），如下式所示

$$P_i = \frac{n_i l}{\Delta p_i} \qquad (2\text{-}14)$$

渗透系数的通用单位是 Barrer

$$1\text{Barrer} = 10^{-10} \left[\frac{\text{cm}^3(\text{标准状况}) \cdot \text{cm}}{\text{cm}^2 \cdot \text{s} \cdot \text{cmHg}} \right] \qquad (2\text{-}15)$$

渗透系数和渗透性的区别在于渗透系数考虑了膜厚度的影响，而渗透性 $\left(\dfrac{P}{l} \right)_i$ 定义为

$$\left(\frac{P}{l} \right)_i = \frac{n_i}{\Delta p_i} \qquad (2\text{-}16)$$

相应地，渗透性的单位是 GPU

$$1\text{GPU} = 10^{-6} \left[\frac{\text{cm}^3(\text{标准状况})}{\text{cm}^2 \cdot \text{s} \cdot \text{cmHg}} \right] \qquad (2\text{-}17)$$

（1）恒压变容法

单组分气体测试装置主要由加压气瓶、膜组件和皂膜流量计组成。在测试膜性能之前，需要用待测气体对整个膜组件和气体管路进行吹扫，以避免其他杂质气体的影响。在吹扫过程后，开始测试膜样品，整个过程如图2-4所示。

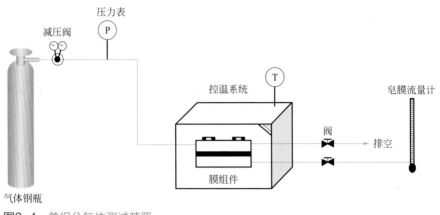

图2-4 单组分气体测试装置

（2）恒容变压法

不同于恒压变容法，恒容变压法是在整个系统抽真空脱气后，膜的上游保持恒定的压力。在测试期间，渗透侧的压力逐渐上升，但通常不超过1300Pa（约10Torr）。在极低的下游压力与超过202.65kPa的上游压力下，可以假设跨膜压差恒定。对于低渗透性膜或者不能形成薄膜的易碎样品，由于大气泄漏到系统中而引起的压力上升可能成为总压力上升中的主要因素。对于较大的泄漏，可通过从测量的渗透性中减去泄漏速率来校正，以获得膜的真实渗透性，但随着泄漏速率在总渗透性中的比例较大，很难以较高的精度进行校正。因此，在渗透系统的设计和搭建过程中，必须注意消除潜在的泄漏点。

为了测量渗透性，在膜的上游保持流动的进气，而膜的下游保持略高于真空的压力。在这种情况下，可以在计算过程中忽略下游压力。

2. 混合气体系

对于混合气体系统，通过膜的每种渗透组分 i 的渗透性 $(P/l)_i$ 通过式（2-18）计算

$$\left(\frac{P}{l}\right)_i = 10^{-6} \frac{273.15 V_p y_i}{AT(p_x \phi_{xi} x_i - p_y \phi_{yi} y_i)} \tag{2-18}$$

式中　V_p——渗透气体的体积流量，mL/s；

x_i——渗透组分 i 在上游的摩尔分数；

y_i——渗透组分 i 在下游的摩尔分数；

A——膜面积，cm^2；

T——操作温度，K；

p_x——上游压力，cmHg；

p_y——下游压力，cmHg；

ϕ_{xi}——渗透组分 i 在上游的逸度系数；

ϕ_{yi}——渗透组分 i 在下游的逸度系数。

在下游压力较低（101.325kPa）的情况下，ϕ_{yi} 接近 1.0，但是对于高压进料气，ϕ_{xi} 可能远小于 1，可以选择合适的热力学状态方程来计算。

（1）气体吹扫法

将混合气体引入膜的上游，此时渗透侧也由混合气体组成，气相色谱法对检测气体组分至关重要（如图 2-5 所示）。通常，选择几乎不透过膜的气体作为吹扫气。在膜的测试过程中，吹扫气可以保持待分离组分在上下游的分压差。因此，气体混合物可以透过膜并被吹扫气带入气相色谱以分析气体组成。

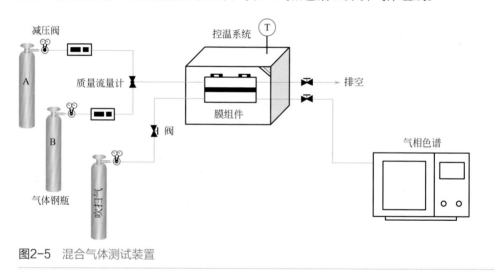

图2-5 混合气体测试装置

（2）直接测定法

直接测定法是以混合气体为原料，并设定目标压力值。在膜分离过程稳定后，收集渗透组分，直接注入气相色谱分析其组成。同时，通过记录渗透时间来计算渗透性，从而得到相应的膜性能参数。

无论选择哪种测试类型或方法，膜的选择性 α_{ij} 由混合物中的快气（i）与慢气（j）渗透系数或渗透性之比来确定，即

$$\alpha_{ij} = \frac{P_i}{P_j} = \frac{P_i / l}{P_j / l}$$

（2-19）

六、操作条件对气体分离性能的影响

气体分离性能还取决于压力、温度和混合气体中的气体浓度等操作条件。压力和温度的升高通常会减弱气体分子与膜材料之间的相互作用，使其选择性降低，渗透系数提高。与渗透汽化过程一样，进料气浓度的变化对膜性能有两方面的影响。一个是质量传递的驱动力，另一个是气体分子的竞争传输，两者都是气体分离过程中的重要因素。另外，对于一些湿度敏感的膜材料，由于湿度会对膜结构和气体传输产生影响，需要考虑环境湿度对膜性能的影响。

第三节
纳　滤

纳滤是一种介于超滤和反渗透之间的压力驱动膜分离过程，具有操作压力低、无相变、分离效率高等优势。纳滤膜的截留分子质量（MWCO）在 200 ～ 1000Da 范围内，基于空间位阻效应对于分子尺寸大于 1nm 的溶质有较好的截留效果。同时纳滤膜材料通常带有荷电基团，这些基团可以基于静电排斥效应实现对不同价态离子的选择性分离[9]。近年来，纳滤膜技术广泛应用于硬水软化、饮用水制备、生活污水和工业废水处理、有机小分子和重金属物质去除、生物医药行业生物组分浓缩提纯、食品工业等领域[10]。目前，纳滤膜主要采用溶解-扩散模型进行传质过程分析。

一、纳滤分离机理

纳滤分离溶质分子主要归因于尺寸筛分和电荷效应等机理的协同作用。对于中性分子，纳滤膜的空间结构会基于尺寸对溶质分子造成传质阻碍，抑制其透过膜层，从而产生分离效果。膜电荷来源于膜表面及孔道内电离基团的解离，这些基团会影响局部离子环境，膜的荷电密度增加，对同性离子排斥力增强而产生截留效果，为保持溶液电中性，反离子也被留在溶液中。纳滤过程中，两种机理往往共同作用，促进溶质分离。

二、纳滤膜性能测试和计算方法

纳滤膜性能评测主要有两个指标：通量和截留率。通量 J 是指单位时间、单位面积透过膜的溶液体积，计算公式如下

$$J = \frac{V}{Atp} \tag{2-20}$$

式中　V——收集的渗透侧液体体积，L；

　　　A——膜有效面积，m^2；

　　　t——渗透时间，h；

　　　p——操作压力，bar，$1bar = 10^5Pa$。

纳滤实验通常截留的是染料分子及盐溶液，截留率 R' 的计算公式为

$$R' = \left(1 - \frac{c_p}{c_f}\right) \times 100\% \tag{2-21}$$

式中　c_p——渗透侧溶液的浓度；

　　　c_f——进料侧溶液的浓度。

对于染料分子，使用 UV-Vis 光谱仪测定渗透侧和进料侧溶液中染料的浓度。对于单组分盐溶液，使用电导率仪获得渗透侧和进料侧溶液中各种盐的电导率，以此计算盐浓度。混合盐溶液则需要使用离子色谱或电感耦合等离子体（ICP）发射光谱仪测定各离子的浓度。

常用的纳滤装置主要有两种：死端纳滤和错流纳滤。死端纳滤装置如图 2-6 所示。

在进料液上游施加压力使其透过膜层，实现膜对不同溶质的选择性透过。该方法具有简单易操作的特点，但测试过程会出现浓差极化现象。错流纳滤是一种解决浓差极化的方法，通过料液循环，使整个体系中盐浓度均一，如图 2-7 所示。

以纳滤分离水和盐离子为例，根据溶解-扩散模型，由测试结果进一步计算水和离子的跨膜传输。水通量 J_W 可以表示为

$$J_W = \frac{D_W}{l}\left(c_{W,f}^m - c_{W,p}^m\right) = \frac{D_W c_{W,f}^m}{l}\left(1 - \frac{c_{W,p}^m}{c_{W,f}^m}\right) \tag{2-22}$$

式中　D_W——膜中的平均水扩散系数，cm^2/s；

　　　l——膜的厚度，cm；

　　　$c_{W,f}^m$——进料侧膜中水浓度，g/cm^3；

$c_{W,p}^{m}$——渗透侧膜中水浓度，g/cm^3。

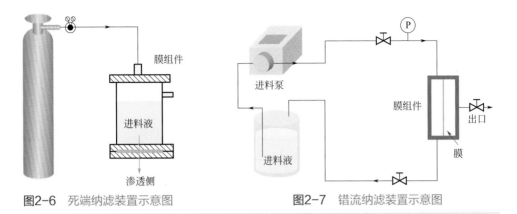

图2-6　死端纳滤装置示意图　　　　　　图2-7　错流纳滤装置示意图

由于膜的进料侧和渗透侧之间存在压力和渗透压差，J_W可写成如下形式

$$J_W = \frac{D_W c_{W,f}^{m}}{l} \frac{\overline{V}}{RT} (\Delta p - \Delta \pi)$$ （2-23）

式中　$\overline{V}$——水溶液的摩尔体积，cm^3/mol（当盐浓度很低时，可以近似为纯水的摩尔体积）；

　　R——摩尔气体常数，其值为8.314J/(mol·K)；

　　T——热力学温度，K；

　　Δp——跨膜压差，bar；

　　$\Delta \pi$——跨膜渗透压差，bar。

水分配系数（溶解度）K_W被定义为膜中水浓度与溶液中水浓度的比值

$$K_W = \frac{c_{W,f}^{m}}{c_{W,f}}$$ （2-24）

对于稀溶液来说，$c_{W,f}$约等于纯水的密度ρ_W（g/cm^3），因此

$$J_W = \frac{P_W}{l} \frac{\rho_W \overline{V}}{RT} (\Delta p - \Delta \pi) = \frac{P_W}{l} \frac{M_W}{RT} (\Delta p - \Delta \pi) = A(\Delta p - \Delta \pi)$$ （2-25）

式中　A——膜对水的有效渗透系数（水通量）；

　　P_W——膜对水的渗透系数。

两者有如下关系

$$A = \frac{P_W}{l} \frac{M_W}{RT}$$ （2-26）

根据溶解 - 扩散模型，透过膜的盐通量 J_S [g/(cm^2 · s)] 可以表示为

$$J_S = \frac{P_S}{l}(c_{S,f} - c_{S,p}) = \frac{P_S}{l}\Delta c_S = B\Delta c_S \quad (2-27)$$

式中　P_S——膜对盐的渗透系数，cm^2/s；

　　　　$c_{S,f}$——进料侧溶液盐浓度，g/cm^3；

　　　　$c_{S,p}$——渗透侧溶液盐浓度，g/cm^3；

　　　　Δc_S——盐浓度差，g/cm^3。

值得注意的是，当研究重点为膜对水和盐的渗透性时，不考虑浓差极化。此外，$B=P_S/l$ 代表盐通量，Δc_S 与 $\Delta \pi$ 之间的关系为 $\Delta \pi = \Delta c_S RT$。

膜的盐截留率 R'（%）在溶解 - 扩散模型中可以表示为

$$R' = \frac{\left(\dfrac{P_W}{P_S}\right)\left(\dfrac{\overline{V}}{RT}\right)(\Delta p - \Delta \pi)}{1 + \left(\dfrac{P_W}{P_S}\right)\left(\dfrac{\overline{V}}{RT}\right)(\Delta p - \Delta \pi)} = \frac{(A/B)(\Delta p - \Delta \pi)}{1 + (A/B)(\Delta p - \Delta \pi)} \quad (2-28)$$

式中，膜的水渗透系数和盐渗透系数可以分别表示为 $P_W = K_W D_W$ 和 $P_S = K_S D_S$。理想的水 / 盐选择性 $\alpha_{W/S}$ 定义为膜的水渗透系数和盐渗透系数的比值，即

$$\alpha_{W/S} = \frac{P_W}{P_S} = \frac{K_W}{K_S}\frac{D_W}{D_S} \quad (2-29)$$

式中　K_W/K_S——水 / 盐吸附选择性；

　　　　D_W/D_S——水 / 盐扩散选择性。

三、膜表面电荷密度计算

膜表面电荷密度 σ（mC/m^2）可由流动电位测试得到的膜表面电位根据 Gouy-Chapman 方程计算

$$\sigma = -\varepsilon \kappa^{-1}\xi \frac{\sinh\left(\dfrac{F\xi}{2RT}\right)}{\dfrac{F\xi}{2RT}} \quad (2-30)$$

式中　κ^{-1}——德拜长度，$\kappa^{-1} = \left(\dfrac{\varepsilon RT}{2F^2 C}\right)^{\frac{1}{2}}$；

　　　　ξ——通过流动电位测试得到的膜表面电位，mV；

　　　　R——摩尔气体常数，其值为 8.314J/(mol · K)；

F——法拉第常数，其值为 96485 C/mol；

T——热力学温度，其值为 298K；

ε——介电常数，其值为 6.933×10^{-10} F/m。

四、离子与膜表面DLVO相互作用能计算

使用表面单元积分（surface element integration，SEI）方法计算带电离子与带电氧化石墨烯（GO）膜表面之间的 DLVO 相互作用。SEI 方法通过积分单位面积上的相互作用能来获得水合离子与膜表面之间的总相互作用能

$$U(D) = \iint E(h)\mathrm{d}A \qquad (2\text{-}31)$$

式中　U——离子与膜表面之间的总相互作用能；

　　　D——两者之间的最近距离；

　　　$E(h)$——离子与膜表面之间的距离为 h 的单位面积的相互作用能；

　　　A——离子在膜表面的投影面积。

式（2-31）采用圆柱坐标系，可以表达为

$$U(D) = \int_0^{2\pi} \int_0^a E(h) r \mathrm{d}r \mathrm{d}\theta \qquad (2\text{-}32)$$

式中　a——水合离子的半径；

　　　h——离子上某一点与膜表面的投影距离，$h = D + a - \sqrt{a^2 - r^2}$。

在计算离子与膜表面之间单位面积的 DLVO 相互作用能时，主要考虑 Hamaker 方程计算的范德华相互作用能与恒定电位双电层理论计算的静电相互作用能，将两者相加得到单位面积的 DLVO 总相互作用能如下

$$\begin{aligned} E_{\mathrm{DLVO}}(h) &= E_{\mathrm{VDW}}(h) + E_{\mathrm{EDL}}(h) \\ &= -\frac{A_{\mathrm{H}}}{12\pi h^2} + \frac{\varepsilon\varepsilon_0\kappa}{2}\left[\left(\psi_{\mathrm{s}}^2 + \psi_{\mathrm{m}}^2\right)\left(1 - \coth\kappa h\right) + \frac{2\psi_{\mathrm{s}}\psi_{\mathrm{m}}}{\sinh\kappa h} \right] \end{aligned} \qquad (2\text{-}33)$$

式中　A_{H}——Hamaker 常数；

　　　ε——溶液的介电常数；

　　　ε_0——真空介电常数；

　　　ψ_{s}——水合离子的表面电位；

　　　ψ_{m}——GO 膜的表面电位。

水合离子的表面电位根据库仑定律计算如下

$$\psi_s = \frac{q}{4\pi\varepsilon r} \qquad (2\text{-}34)$$

式中 q——离子的电荷；

r——水合离子半径。

第四节
离子渗透

正渗透是以膜两侧渗透压差为推动力，实现水等溶剂自发地由低压侧向高压侧传递的过程，离子渗透是正渗透的一种，主要考察水和盐离子的通量。离子渗透实验无需附加压力，只要渗透压差存在，该过程可自发进行，且无能耗，因而被应用于海水淡化、资源开发、废水处理等领域。

一、离子渗透过程

离子渗透实验的膜两侧分别为进料侧和汲取侧，由于渗透压的存在，水不断从进料侧向汲取侧传递；由于盐浓度梯度的存在，离子从汲取侧向进料侧传递。随着渗透过程的进行，进料液不断被浓缩，汲取液逐渐被稀释，简单的渗透过程如图2-8所示。

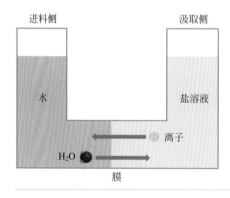

图2-8
离子渗透实验装置示意图

二、离子渗透性能评价

离子渗透实验主要从水通量和离子通量来评价，水通量计算公式如下

$$J_W = \frac{\Delta V}{A\Delta t} = \frac{\Delta m/\rho}{A\Delta t}$$ （2-35）

式中　J_W——水通量，$L/(m^2 \cdot h)$；
　　　ΔV——汲取侧溶液体积变化；
　　　Δm——汲取侧溶液质量变化；
　　　ρ——室温下水的密度；
　　　A——有效膜面积，m^2；
　　　Δt——测试时间，h。

离子通量 J_S $[mol/(m^2 \cdot h)]$ 计算公式如下

$$J_S = \frac{c_t V_t - c_0 V_0}{A\Delta t M_W}$$ （2-36）

式中　J_S——离子渗透通量，$mol/(m^2 \cdot h)$；
　　　c_t——测试后进料侧质量浓度，g/L；
　　　V_t——测试后进料侧体积，L；
　　　c_0——测试前进料侧质量浓度，g/L；
　　　V_0——测试前进料侧体积，L；
　　　M_W——盐的摩尔质量，g/mol。

参考文献

[1] Binning R C, James F E. Permeation: a new way to separate mixtures[J]. Oil Gas J, 1958, 56: 104-105.

[2] Binning R C, Lee R, Jennings J, et al. Separation of liquid mixtures by permeation[J]. Industrial & Engineering Chemistry, 1961, 53: 45-50.

[3] Xiangli F, Wei W, Chen Y, et al. Optimization of preparation conditions for polydimethylsiloxane (PDMS)/ceramic composite pervaporation membranes using response surface methodology[J]. Journal of Membrane Science, 2008, 311: 23-33.

[4] Liu D, Liu G, Meng L, et al. Hollow fiber modules with ceramic-supported PDMS composite membranes for pervaporation recovery of bio-butanol[J]. Separation and Purification Technology, 2015, 146: 24-32.

[5] Huang R Y, Feng X. Dehydration of isopropanol by pervaporation using aromatic polyetherimide membranes[J]. Separation Science and Technology, 1993, 28: 2035-2048.

[6] Pabby A K, Rizvi S S, Requena A M S. Handbook of membrane separations: chemical, pharmaceutical, food, and biotechnological applications[M]. Florida: CRC Press, 2015.

[7] Ward W J, Robb W L. Carbon dioxide-oxygen separation: facilitated transport of carbon dioxide across a liquid film[J]. Science, 1967, 156: 1481-1484.

[8] Liu G, Li N, Miller S J, et al. Molecularly designed stabilized asymmetric hollow fiber membranes for aggressive natural gas separation[J]. Angewandte Chemie, 2016, 128: 13958-13962.

[9] Hilal N, Al-Zoubi H, Darwish N, et al. A comprehensive review of nanofiltration membranes: treatment, pretreatment, modelling, and atomic force microscopy[J]. Desalination, 2004, 170: 281-308.

[10] Shannon M A, Bohn P W, Elimelech M, et al. Science and technology for water purification in the coming decades[J]. Nature, 2008, 452: 301-310.

第三章

聚合物/陶瓷复合膜

本章讨论了聚合物 / 陶瓷复合膜的设计、制备及应用。聚合物分离层与陶瓷支撑体的结合可以获得良好的纳米结构。一般来说，采用浸渍提拉法、层层自组装法或表面接枝法制备的聚合物 / 陶瓷复合膜层具有较高的通量和分离因子。无机中空纤维的引入进一步提高了这些复合膜的性能，因为其具有高填充密度和低传输阻力。结果表明该聚合物 / 陶瓷复合膜能够用于去除水中的有机物和溶剂的脱水，以及分离有机 / 有机混合物。它们还展现出与反应相结合开发高效耦合工艺的潜力。

未来的工作将集中于将聚合物 / 陶瓷复合的概念扩展到其他膜材料上。同时，通过开发新的制备方法，膜厚度有望降低到亚微米级，从而得到更高的通量。此外，为了保证分离层的完整性和复合膜的结构稳定性，还需要对聚合物层和陶瓷层之间的界面进行优化。如果能通过改变操作条件，对聚合物 / 陶瓷复合膜在不同分离体系中的传输特性（吸附、扩散）进行更基础的研究，则有望进一步拓展膜的应用范围。此外，在实际应用下复合膜的长期稳定性是另一个重要问题，需要进一步研究。

第一节
概　述

在多孔支撑体上构筑较薄的分离层对于提升复合膜的通量具有重要的意义。多孔支撑体提高了复合膜的力学性能，而分离层决定了复合膜的分离性能，包括选择性和通量。目前有机支撑体被广泛应用，例如聚丙烯腈（PAN）、醋酸纤维素（CA）、聚乙烯（PE）、聚砜（PSU）、聚醚砜（PES）、聚醚酰亚胺（PEI）、聚酰胺（PA）和聚偏二氟乙烯（PVDF）。一方面，这些基于有机支撑体的复合膜在高温下处理含有机物体系时的稳定性一直是关注的热点。经过长时间的使用，复合膜的分离层和支撑层有时会发生剥离。有机支撑体的溶胀效应也会对实际应用造成影响。另一方面，聚合物 / 陶瓷复合膜是典型的柔性膜层 - 刚性支撑体的复合结构，通过结合有机聚合物和无机支撑体的优点而显示出可控的物理化学性质。陶瓷支撑体既可以实现较低的传质阻力，又可以满足高机械强度的要求。与聚合物支撑体相比，陶瓷支撑体具有耐溶剂性，并且可以在更高温度下使用。这些特性使得聚合物 / 陶瓷复合膜可在相对恶劣的环境中稳定运行。

本章综述了以无机膜（尤其是多孔陶瓷）作为支撑体制备聚合物复合膜的进展及其在渗透汽化过程中的应用。图 3-1 展示了聚合物 / 陶瓷复合膜的形貌和结构。分离层通常为聚二甲基硅氧烷（PDMS）[1-6]、聚醚嵌段酰胺（PEBA）[7,8]、聚乙酸乙烯酯（PVAc）[9-11]、聚乙烯醇（PVA）[12,13]、壳聚糖（CS）[12]和聚电解质[14-16]。这些复合膜的应用包括生物燃料回收[17,18]，从稀溶液中去除挥发性有机化合物（VOC）[11]，汽油脱硫[19]，有机/有机混合物分离[8,10,20]，醇和酯的脱水过程[21-23]。这些膜还可以与发酵[18]、乳酸乙酯水解过程[24]或酯化过程整合在一起，以构建耦合过程[25]。

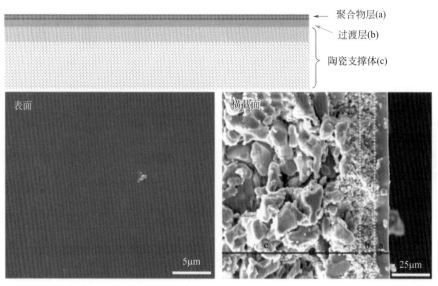

图3-1 聚合物/陶瓷复合膜的结构示意图和典型SEM图像

第二节
制备与结构调控

复合膜通常是通过在多孔支撑体上沉积一层致密层制备而成的。超滤或者微滤膜（孔径从几纳米到几百纳米）常被用作支撑体。支撑体上的致密层可以选择性地分离不同的分子。致密层越薄，复合膜的通量就越高。但是当在多孔支撑体上进行膜层的涂覆时，往往伴随着孔渗现象。因此复合膜不仅具备致密层和多孔层，在分离层和多孔层之间可以观察到过渡层。复合膜的分离性能不仅取决于有效的分离层，还会受过渡层和支撑体的影响。

渗透性和选择性主要由分离层决定。分离层设计的基本要求是在保证分离层致密且无缺陷的前提下，减小分离层的厚度以获得更大的渗透性。如图 3-2 所示，对于聚合物分离层而言，主要的制备方法有刮涂法、浸渍提拉法、层层自组装法、界面聚合法和接枝聚合法。

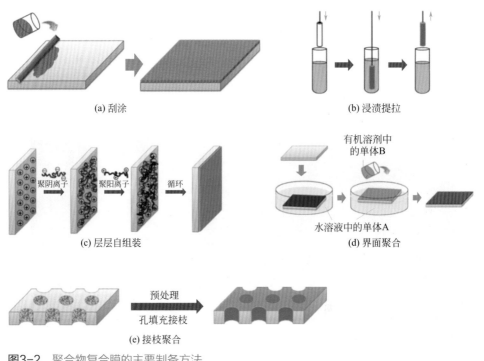

(a) 刮涂

(b) 浸渍提拉

聚阴离子　聚阳离子　循环

(c) 层层自组装

有机溶剂中的单体B

水溶液中的单体A

(d) 界面聚合

预处理

孔填充接枝

(e) 接枝聚合

图3-2 聚合物复合膜的主要制备方法

一、刮涂法

　　刮涂法是使用刮刀将聚合物溶液涂覆在平整的多孔支撑体上。通过改变铸膜液的黏度和刮刀与支撑体之间的距离来调整聚合物分离层的厚度。刮涂法是制备平板膜最常见的方法而且可以应用于大规模的制备。目前，商业化的 PVA 膜就是通过这种方法制备的 [26,27]。另外，可以通过将聚合物溶液涂覆在无机陶瓷片上来完成聚合物/陶瓷复合膜的制备。

二、浸渍提拉法

　　浸渍提拉法主要用于在管式和中空纤维支撑体上制膜。一般通过控制铸膜液的黏度、涂覆与提拉速度、浸涂时间和周期数来调整分离层的厚度。该方法的优点是简便、通用，并且理论上可用于在各种形状的支撑体上涂覆。金万勤等[2,9,28]使用浸渍提拉法在管式陶瓷支撑体上制备了有机膜层，包括 PDMS、PEBA 和亲水性的 PVA 膜。制备了高性能聚合物 / 陶瓷复合膜，膜厚在 5 ～ 10μm，并且被应用于乙醇 / 水分离、溶剂脱水和偶联过程。

三、层层自组装法

层层自组装（layer-by-layer, LBL）法通常是将支撑体交替浸泡在带有阴阳离子的聚电解质溶液中，然后进行冲洗，重复上述步骤几个周期后就可以制备得到用于分离的自组装膜。该方法主要用于制备具有精确可控厚度的聚电解质膜，并且易于制备超薄膜。Tieke 等人在 20 世纪 90 年代使用层层自组装法制备了一系列的聚电解质膜用于渗透汽化溶剂脱水过程[29,30]。Zhang 等人[15,16,31]也发表了相关的研究。目前，LBL 方法的驱动力已从静电力扩展到氢键、卤素原子、配位键甚至化学键。近年来，科研工作者们开发了几种新的自组装方法来提高传统 LBL 方法的制备效率，例如动态 LBL、压力驱动 LBL、电场增强 LBL 和喷涂 LBL。

四、界面聚合法

界面聚合发生在两种具有高度活性且不互溶的反应单体的两相界面处，因此可以在多孔支撑体上获得薄且致密的分离层。因为聚合反应只会在界面处进行，形成的薄分离层（从几十纳米到几百纳米）使复合膜具有很高的渗透性和选择性。该方法的关键是选择具有合适分布系数和扩散速率的反应性单体，以获得无缺陷的膜层。

五、接枝聚合法

接枝聚合法采用一些方法（例如引发剂、紫外线、等离子体、臭氧等）在支撑体表面或者孔道中产生自由基。然后这些自由基会与聚合物单体进行反应从而得到分离层，其厚度可以通过接枝率来控制。20 世纪 90 年代，Yamaguchi 等人[32]使用等离子接枝聚合法将聚甲基丙烯酸酯接枝到多孔聚乙烯基体内部，制备了一种新的填充聚合膜并用于芳香族化合物的分离。这种结构可以抑制聚合物分离层的溶胀作用。Cohen 等人[9,10]使用聚乙酸乙烯酯（PVAc）和聚乙烯吡咯烷酮（PVP）作为聚合单体，通过接枝聚合法在多孔陶瓷支撑体上制备了聚合物 / 陶瓷复合膜并用于从水中回收 VOC。但是使用接枝改性制备复合膜的操作过程和反应条件是十分复杂的，因此没有被广泛应用。

在渗透汽化过程中，复合膜受溶胀作用的影响，可能会削弱分离性能甚至膜的稳定性。另外，分离层和过渡层之间表面张力的不匹配将导致分离层的剥离。总体而言，过渡层具有两个主要功能：①过渡层是分离层和支撑体之间的纽带，会影响复合膜界面的黏合性和结构稳定性，本书第六章将讨论如何表征复合膜的界面黏合性质；②过渡层中的有机物部分会提高分离过程的传质阻力。因此研究如何优化过渡层对制备复合膜具有重要意义。

在制备聚合物复合膜的过程中，通常在涂膜前将支撑体浸泡在特定的溶剂中，使溶剂充分润湿并封堵住支撑体的孔道。因此这种方法可以抑制由于涂膜过程中聚合物溶液的过度孔渗造成分离层的缺陷和过高的传质阻力。Li 等人[33] 使用两种预润湿液（氟 72 和水）对 PAN 中空纤维支撑体进行了预处理，他们发现 PDMS/PAN 复合膜的性能受到了明显影响，这可能归因于两种具有不同亲水性的溶剂与支撑体相互作用的差异和两种溶剂不同的沸点造成的挥发情况的差异。Jin 等人[14] 通过溶胶 - 凝胶法对多孔陶瓷支撑体上的二氧化硅中间层进行了改性。该层有效地防止了聚电解质溶液渗透到支撑体孔中，成功地制备了用于乙醇脱水的高通量聚电解质 / 陶瓷复合膜。Benes 等人[13] 在 α-Al$_2$O$_3$ 中空纤维支撑体顶部制备了一层 γ-Al$_2$O$_3$ 层，以提供足够光滑的表面生产超薄的 PVA 层。

另外，很多方法可用于增强复合膜的结构稳定性，包括分离层的交联、支撑体的表面改性、多层膜结构的使用。然而，这些方法通常会使制膜过程复杂化。实际上，自然界中有很多生物黏附的例子。例如海水中的贝类通过分泌黏附蛋白牢固地附着在潮湿的岩石表面并形成固化层。Ma 等[34-36] 在分离层和支撑体之间引入了一种薄的（数百纳米）可聚合生物黏附涂层（例如卡波姆、聚多巴胺和聚嗜碱钙），以增强界面相容性和黏附力。

第三节
典型的膜材料

一、聚二甲基硅氧烷（PDMS）膜

聚二甲基硅氧烷（PDMS）属于有机硅聚合物，通常被称为硅酮或硅橡胶。PDMS 是使用最广泛的硅基有机聚合物，具有优秀的流变性能。作为疏水膜的代表，PDMS 渗透汽化膜被广泛应用于从混合物中移除浓度较低的有机物和有机 - 有机体系的分离。文献中报道的 PDMS 复合膜的支撑体通常为有机支撑体，例如聚苯乙烯（PS）、醋酸纤维素（CA）、聚醚酰亚胺（PEI）和聚偏二氟乙烯（PVDF）。相比之下，金万勤等使用商业化的大孔陶瓷支撑体开发了一种 PDMS/陶瓷复合膜，该膜使 PDMS 复合膜具有较高的机械强度、较好的耐溶剂性和较低的传质阻力，并且可以在较高的温度下使用。将交联至合适黏度的 PDMS 铸膜液通过浸渍提拉法涂覆在管式陶瓷支撑体的外表面上即可制备得到 PDMS/陶瓷复合膜 [2-4]。PDMS 铸膜液的配制过程是将 PDMS 溶解在正庚烷中，然后加入交联剂正硅酸四乙酯（TEOS）和催化剂二月桂酸二丁基锡（图 3-3）。图 3-4 展示了制备聚合物 / 陶瓷复合膜的总体过程。

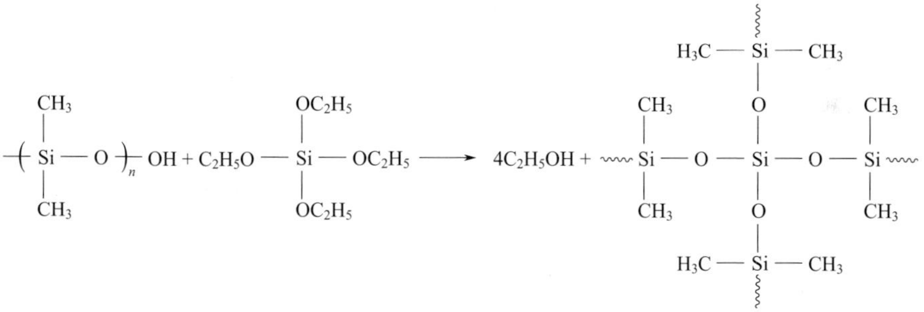

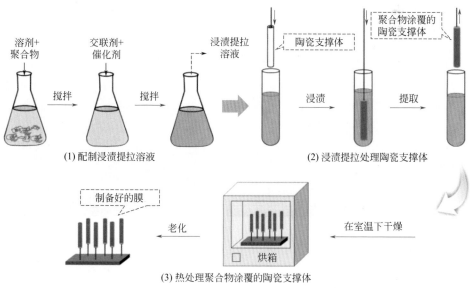

图3-3 使用TEOS和催化剂二月桂酸二丁基锡催化 α,ω-二羟基聚二甲基硅氧烷的交联反应

图3-4 聚合物/陶瓷复合膜的一般制备方法

1. ZrO₂/Al₂O₃管状支撑体上制备PDMS/陶瓷复合膜

在 ZrO₂/Al₂O₃ 管状支撑体上制备了 PDMS/ 陶瓷复合膜。将有效的 PDMS 层均匀涂覆在陶瓷支撑体的多孔表面上。如图 3-5（a）所示，聚合物层与陶瓷支撑体之间实际上存在界面层。当一些 PDMS 溶液渗透到陶瓷孔隙并沉积在陶瓷表面时，PDMS 层与陶瓷支撑体层之间形成了一个有机 - 无机过渡区。PDMS/ 陶瓷复合膜分别由 Al₂O₃ 层、ZrO₂ 层、界面层和顶部 PDMS 层组成，如图 3-5（b）所示。能够在陶瓷支撑体表面形成聚合物 PDMS 层的原因主要有以下几点：①陶瓷支撑体比聚合物 PDMS 具有更高的表面能，因此聚合物层可以紧密地黏附在陶瓷载体的表面。②陶瓷支撑体的孔结构使陶瓷支撑体和聚合物层之间形成了镶嵌结构。③陶瓷支撑体中的氢氧根与 PDMS 中的氧原子之间存在氢键，导致聚合物层可以与支撑体紧密结合。这些影响因素导致了在多孔支撑体上可以形成一层薄而致密的聚合物层。对于金万勤等制备的复合膜，PDMS 聚合物不仅沉积在陶瓷表面，也有部分渗透到陶瓷孔隙中。由于界面层的存在，限制了严重的三维溶胀现象。因此，使用陶瓷支撑体有利于得到稳定的复合膜结构。观察发现，PDMS/ 陶瓷复合膜在进料温度为 60℃、乙醇浓度为 4.3%（质量分数）时，总通量为 5.5 ～ 12.5kg/(m²·h)，乙醇对水的选择性为 6.1 ～ 8.0（图 3-6）[2,3]。

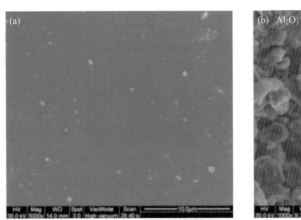

图3-5 管式聚二甲基硅氧烷（PDMS)/ ZrO₂/ Al₂O₃复合膜的扫描电镜图（SEM）：(a) 表面；(b)横截面

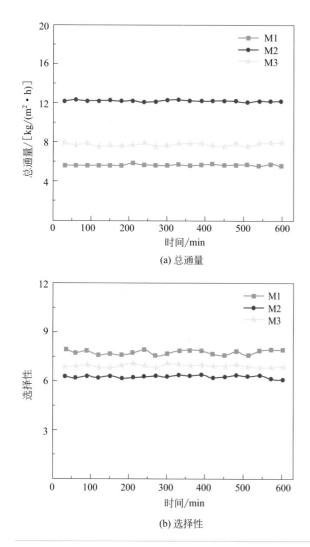

图3-6

操作时间对PDMS/陶瓷复合膜
渗透汽化性能的影响

注：进料侧的乙醇浓度为4.3%（质
量分数），温度为60℃；渗透侧压力
为460Pa

2. 支撑体表面改性提高 PDMS 复合膜稳定性

为了进一步提高分离层与支撑层之间的界面结合能力和复合膜的稳定性，研究者通常在分离层与支撑层中引入过渡层。但是这种方法会增加复合膜的传质阻力，导致通量下降，而且过渡层的制备过程复杂，不适合之后的工业放大应用。相比引入过渡层的方法，直接对多孔支撑体进行化学改性，在其表面上接枝与相应聚合物分离层相互作用的基团，可以快捷高效地提高聚合物分离层与支撑体之间的相互作用，从而增强分离膜的界面结合力。Chen 等人[37] 使用十六烷基三甲氧基硅烷在中空纤维陶瓷支撑体上进行烷基化接枝改性［如图 3-7（a）所示]。支撑体表面的长链烷烃链可调节其表面性能。通过接触角测试发现，未经烷基化改性的陶瓷支撑体的水接触角在1s内变为0°，这表明氧化铝表面的羟基使支撑体呈现出十分亲水的状态。经过烷基化改性后的支撑体的水接触角达到了145°，如图3-7（b）所示。表面的 C_{16} 烷基链使支撑体更加亲有机物，因此，在复合膜制备的涂覆过程中，PDMS溶液在陶瓷支撑体表面上的润湿和扩散可以得到显著改善。因此，通过简便的浸涂法，均匀的PDMS分离层容易沉积在中空纤维陶瓷支撑体的表面上。中空纤维陶瓷支撑体具有不对称的多孔结构，该结构由顶部的海绵状孔和下部的指状孔组成［图3-7（c）］，分别提供光滑的涂层表面和低的输送阻力。在图3-7（d）中可观察到中空纤维结构上的PDMS膜层。

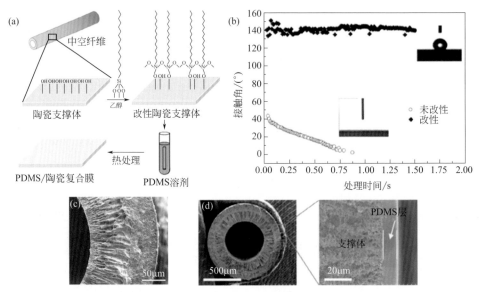

图3-7　(a) 陶瓷支撑体表面烷基接枝改性和PDMS/陶瓷复合膜的制备流程；(b) 未改性和改性后支撑体表面的水接触角；(c) 中空纤维陶瓷的截面SEM图；(d) PDMS/中空纤维陶瓷复合膜截面SEM图

为了考察所制备的PDMS/陶瓷复合膜的界面黏附力，金万勤等首先采用分子动力学（MD）模拟研究了 C_{16} 链表面接枝之前PDMS链与陶瓷（Al_2O_3）表面的界面分子相互作用［如图3-8（a）和（b）所示］。根据热力学理论，相互作用能 ΔE 可以计算为：$\Delta E = E_{PDMS/支撑体} - (E_{PDMS} + E_{支撑体})$，其中 $E_{PDMS/支撑体}$ 是PDMS/支撑体界面的能量，E_{PDMS} 和 $E_{支撑体}$ 分别是平衡的PDMS和支撑体的能量。计算结果表明（如表3-1所示），将 C_{16} 烷基链接枝到支撑体表面后，PDMS与支撑体之间的相互作用能提高至原来的14.8倍，从 −381.8kcal/mol 到 −5652.5kcal/mol。

在 PDMS 和修饰的支撑体界面中，范德华力和静电力均得到改善，其中基于局部带电原子的静电相互作用使界面相互作用增强。

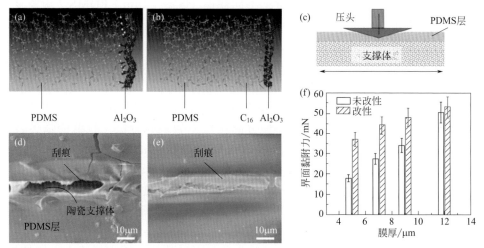

图3-8 PDMS层与陶瓷支撑体之间的界面黏附力：（a）未改性和（b）表面改性的PDMS/陶瓷界面模型；（c）在PDMS/陶瓷复合膜上进行纳米压痕/划痕测试示意图；（d）未改性和（e）表面改性的中空纤维陶瓷支撑体上负载的PDMS膜层的表面划痕形态SEM图；（f）未改性和表面改性的中空纤维陶瓷支撑体上各种厚度的PDMS膜的界面黏附力
注：图（f）中未改性的样本值来自先前研究[38]

表3-1 PDMS和支撑体之间的界面结合能

研究对象	总能量/(kcal/mol)	范德华力/(kcal/mol)	静电力/(kcal/mol)
PDMS	−2655.9	−20.1	−3096.5
未改性支撑体	−43746.3	−35620.2	−8178.3
C_{16}改性支撑体	−41737.0	−33778.8	−8186.2
PDMS/未改性支撑体	−46783.9	−39871.2	−11290.5
PDMS/改性支撑体	−50045.4	−39465.6	−11571.6
$E_{\text{PDMS/未改性支撑体}}$	−381.8	−4044.9	−15.8
$E_{\text{PDMS/改性支撑体}}$	−5652.5	−5480.7	−288.9

注：1cal=4.1840J

基于上述模拟结果，使用原位纳米压痕/划痕技术［图 3-8（c）］探索了复合膜的界面黏附行为。该技术可以记录划痕距离与载荷、摩擦力和相应的摩擦系数之间的关系，当膜层发生剥离时的临界载荷被认为是 PDMS 层在陶瓷支撑体上的界面黏附力。如图 3-8（d）和（e）所示，将临界载荷一直增加到最大进行测试，样品呈现出 PDMS/陶瓷复合膜的典型刮痕形貌。可以直接看到，使用改性陶瓷支撑体制备的 PDMS 复合膜界面处的裂纹显著减少。为了量化界面强度，金万勤等进一步测量了不同膜厚（5～12μm）PDMS/陶瓷复合膜的临界载荷，通常，具有较厚 PDMS 层的复合膜表现出较高的界面黏附力，这与金万勤等先前的研究一致[38]。在纳米划痕试验中，膜厚度是影响临界载荷（界面黏附力）的关键参数。原则上，膜厚度可能有两个相反的效果：较厚的膜层硬度比支撑体更高，因此延缓了分离层的变形，有机层的变形通常预示了膜层的破裂；而且较厚的膜层可能会承受更大的应力，并且在变形时（更小的临界载荷）更容易使分离层产生裂痕和分层（较低的临界载荷）。

值得注意的是，使用改性后的陶瓷支撑体制备的 PDMS/中空纤维陶瓷复合膜的界面结合力（30.67mN）要远高于使用未改性支撑体制备的复合膜（17.9mN），即使两种膜的厚度都为 5μm。对于具有更薄 PDMS 层的复合膜而言，增强作用更加显著，这对于开发膜厚度更薄（因此具有更高的通量）的复合膜特别有利。

界面结合力的增强可能是以下两个原因导致的：①支撑体表面接枝的 C_{16} 链与 PDMS 链相互作用；②穿透支撑体孔的 PDMS 链提供了机械互锁。根据 MD 模拟计算［图 3-8（a）和（b），表 3-1］，使用 C_{16} 接枝的支撑体制备的复合膜的界面相互作用能大大提高，证明了第一个因素的贡献。金万勤等[39]通过研究支撑体改性前后 PDMS 铸膜液的孔渗状态来研究第二个因素对界面结合性能的影响。对两种复合膜横截面进行 EDX 扫描发现（图 3-9），不管支撑体是否经过改性，铸膜液中的硅元素在支撑体中的分布差异较小。说明界面结合力的提升来自 PDMS 聚合物链段与支撑体上接枝的 C_{16} 链段的强相互作用。

研究者进一步研究了支撑体改性前后 PDMS/中空纤维陶瓷复合膜对丁醇/水体系的分离性能。根据费克定律，膜通量与其厚度成反比［如图 3-10（a）所示］。较高的分离因子和较厚的膜表明，随着分离层厚度的增加，消除了一些次要缺陷。这些缺陷可能是由于 PDMS 溶液在支撑体表面上的涂层分布不理想而产生的。如上所述，可以通过在支撑体上接枝亲有机性 C_{16} 链来调节表面润湿性，从而极大地改善 PDMS 溶液的润湿性和铺展性。涂覆在改性支撑体上的 PDMS 复合膜的分离因子比使用未改性支撑体高得多。例如，通过使用表面 C_{16} 接枝的支撑体，PDMS 分离层厚度为（12±0.3）μm 的复合膜的分离因子从 36 提高到 53。与未改性中空纤维负载的膜相比，改性中空纤维支撑的 PDMS 复合膜中的总通量稍低，如图 3-10（b）所示。

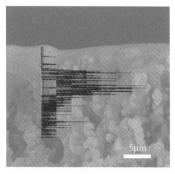
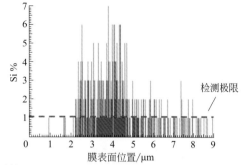

(a) 未改性

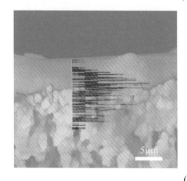
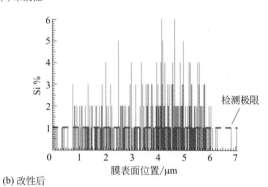

(b) 改性后

图3-9 PDMS复合膜横截面的EDX线扫结果

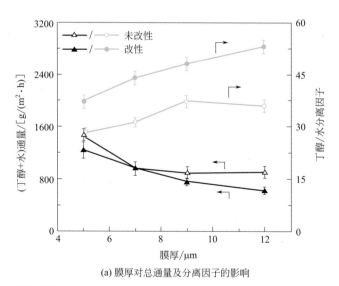

(a) 膜厚对总通量及分离因子的影响

图3-10

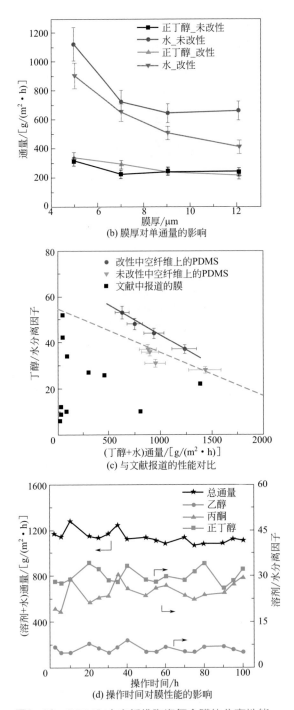

(b) 膜厚对单通量的影响

(c) 与文献报道的性能对比

(d) 操作时间对膜性能的影响

图3-10 PDMS/中空纤维陶瓷复合膜的分离性能

注：图（a）和（b）由在40℃下渗透汽化1%（质量分数）丁醇/水混合物的数据绘制

与报道的丁醇回收膜相比，金万勤等使用中空纤维陶瓷制备的PDMS复合膜表现出良好的分离性能［如图3-10（c）的蓝色虚线所示］，尤其是高通量，这归因于PDMS分离层较薄和中空纤维陶瓷的传输阻力低。值得注意的是，通过对支撑体表面进行接枝依然可保留高通量，同时进一步提高PDMS/中空纤维陶瓷复合膜的分离因子。为了将这项技术应用到实际的工业化中，金万勤等进一步将表面改性的中空纤维陶瓷支撑的PDMS复合膜与ABE（丙酮-丁醇-乙醇）发酵过程耦合。正如预期的那样，在连续运行100h以上的过程中，膜性能优异且稳定，总通量为1018g/(m² · h)，平均分离因子［$Y_A/Y_B/（X_A/X_B）$，Y_i 和 X_i 为渗透物和进料中各组分的质量分数；A：丙酮、丁醇或乙醇；B：水］丙酮≤28.1，丁醇≤28.9，乙醇≤6.2［如图3-10（d）所示］。

3. 响应面法建立制备参数与复合膜性能之间的回归方程（RSM）

一般来说，在多孔支撑体上制备一层薄而致密的皮层有助于提高膜的性能。然而由于聚合物链的不规则排列和聚合物分子在表皮层的不完全聚集，复合膜会在表皮上形成缺陷或针孔。通过对制备条件的控制，可以获得良好的复合膜性能。金万勤等通过响应面法建立了制备参数与复合膜性能之间的回归方程（RSM）[3]。聚合物浓度、交联浓度和浸涂时间是控制性能的主要工艺参数，考察了三个变量对复合膜通量和选择性的主效应、二次效应和相互作用（见图3-11）。聚合物浓度是最显著的变量。采用RSM法建立了制备工艺参数与复合膜性能之间的回归方程。根据回归方程，在以下条件可以得到的最大通量为12.95kg/(m² · h)［进料温度为60℃，乙醇浓度为4.2%（质量分数）］。该回归方程也可应用于PDMS/陶瓷复合膜的制备，合理预测和优化复合膜的性能。

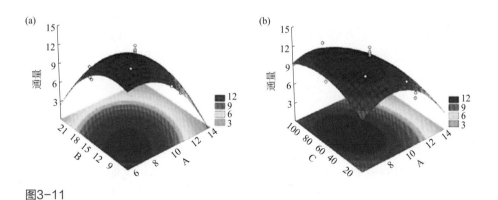

图3-11

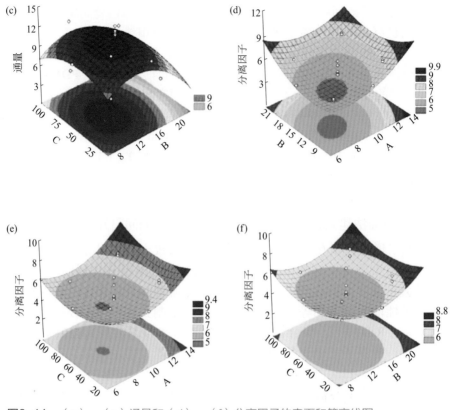

图3-11 （a）~（c）通量和（d）~（f）分离因子的表面和等高线图
A—聚合物浓度；B—交联浓度；C—浸涂时间

对于聚合物/陶瓷复合膜，黏附在支撑体上的聚合物薄膜可能具有不同于均质膜的物理特性。如图3-12所示，基于渗透汽化实验结果和场发射扫描电镜（FESEM）图像，金万勤等提出了PDMS/陶瓷复合膜[4]中PDMS层的受限溶胀效应。与传统高分子支撑体相比，陶瓷支撑体在抑制PDMS分离层溶胀方面具有独特的优势，使得PDMS分离层在较高的工作温度下具有较高的分离因子，显著提高了PDMS膜的稳定性。

4. PDMS分子量对PDMS/陶瓷复合膜渗透汽化性能的影响

金万勤等还研究了聚二甲基硅氧烷（PDMS）分子量对PDMS/陶瓷复合膜渗透汽化性能的影响以及PDMS/陶瓷复合膜在渗透汽化分离乙醇/水溶液中的约束行为[4]。采用三种不同分子量的PDMS制备了PDMS/陶瓷复合膜，以确定哪种分子量适合在大孔陶瓷支撑体上制备无缺陷分离层。同时，比较了有机支撑体和陶瓷支撑体对乙醇/水混合物渗透汽化分离性能的影响。

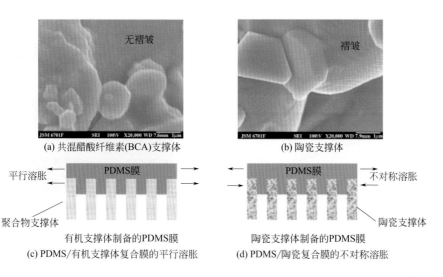

（a）共混醋酸纤维素(BCA)支撑体   （b）陶瓷支撑体

有机支撑体制备的PDMS膜   陶瓷支撑体制备的PDMS膜
（c）PDMS/有机支撑体复合膜的平行溶胀   （d）PDMS/陶瓷复合膜的不对称溶胀

图3-12   渗透到两种支撑体孔道中的PDMS的FESEM图

由于采用高分子量 PDMS 有抑制缺陷形成的趋势，同时可以提高膜的抗溶胀性，用最高分子量 PDMS 制备的 PDMS/ 陶瓷复合膜表现出更好的性能（图 3-13）。当操作温度为 40℃、进料浓度为 5%（质量分数）乙醇时，膜厚为 5μm 的 PDMS/ 陶瓷复合膜的总通量达到 $1.6kg/(m^2 \cdot h)$，分离因子为 8.9。此外，与传统的聚合物支撑体相比，陶瓷支撑体在抑制分离层溶胀方面表现出独特的优势，特别是对于高分子量的 PDMS 制备的复合膜而言，显著提高了膜的稳定性。

5. 中空纤维陶瓷支撑的 PDMS 复合膜

采用相转化和烧结相结合的方法制备的无机中空纤维目前已应用于膜反应器、膜分布器、气体分离、固体氧化物燃料电池和渗透汽化等多种膜分离和反应应用领域。与其他膜结构相比，中空纤维结构具有许多优点，包括高封装密度、经济高效和自支撑结构（图 3-14）。无机中空纤维膜不仅可以直接应用于上述领域，还可以作为复合膜的支撑体。一些研究报道了使用 PSU[40] 和 PEI[41] 中空纤维支撑体制备 PDMS 复合膜。遗憾的是，这些膜并没有表现出比报道的 PDMS 复合平板或管状膜更高的分离乙醇 / 水混合物的预期性能。为了保证聚合物分离层具有薄的膜厚而无缺陷，支撑的预处理或重复涂覆工艺对制备聚合物 / 中空纤维陶瓷复合膜也至关重要，尽管有些处理工艺相对复杂。金万勤等通过浸渍提拉的方法在大孔中空纤维陶瓷支撑体上制备了中空纤维陶瓷支撑的 PDMS 复合膜[6]。

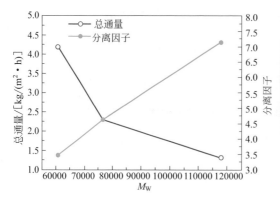

图3-13　PDMS分子量对PDMS/陶瓷复合膜［5%（质量分数）乙醇/水溶液，40℃］渗透汽化性能的影响　　图3-14　管式和中空纤维膜的实物图

　　支撑体的性质对复合膜的性能有重要影响，金万勤等选取了3种具有不同微观结构的典型中空纤维陶瓷载体（S1～S3），研究了支撑体与PDMS复合膜（M1～M3）的微观结构和性能之间的关系。如图3-15（a1）～（f1）的SEM图像所示，所有中空纤维支撑体均具有不对称结构，包括位于中心的海绵状结构，其处于载体外壁和内壁的指状结构之间。将10μm的PDMS层成功地涂覆在中空纤维陶瓷的外表面上［图3-15（a2）～（f2）］，发现具有厚的海绵状中空纤维陶瓷层的复合膜显示较低的总通量。此外，还考虑了PDMS/陶瓷过渡层对渗透汽化过程传质的影响。虽然大孔会有较低的传质阻力，但是大孔会使更多的PDMS溶液渗透到陶瓷支撑体中从而形成较厚的过渡层，使PDMS复合膜的传质阻力更高。同时，过渡层可以略微提高膜的分离选择性。

　　对于通过浸渍提拉法制备的复合膜，聚合物溶液的黏度将对聚合物层的形成产生影响：首先是聚合物散布在支撑体表面上，然后聚合物渗透到支撑体孔中，最后在支撑体上形成分离层。金万勤等在300nm孔径的中空纤维陶瓷支撑体上制备了PDMS复合膜并考察了PDMS铸膜液黏度与膜的微结构以及膜的渗透汽化性能之间的关系。根据复合膜的EDX结果，从PDMS层到中空纤维支撑体，分离层中的Si元素信号强度在过渡层中大大降低。随着溶液黏度的增加，PDMS分离层厚度明显增加。而且，黏度较小的铸膜液更有可能渗透进陶瓷支撑体中。因此，通过提高PDMS铸膜液的黏度，可以控制聚合物的孔渗程度，从而获得理想的分离层和过渡层厚度。总通量和分离因子之间存在着此消彼长现象，而且都会受膜厚的影响（图3-16）。当分离层厚度小于10μm时，随着膜厚度的减小，分离因子急剧减小，总通量大大增加。为了平衡膜通量和分离因子，将 PDMS 铸膜液黏度优化至 11.56mPa·s 左右后制备了中空纤维陶瓷支撑的 PDMS 复合膜。

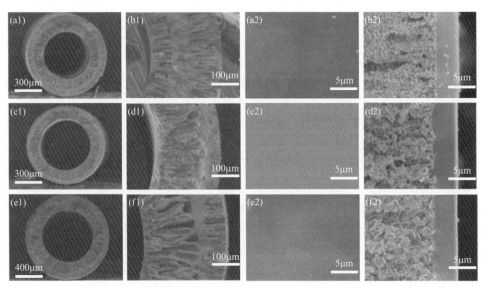

图3-15 （a1）～（f1）中空纤维支撑体的横截面SEM图及（a2）～（f2）PDMS/中空纤维陶瓷复合膜的外表面和横截面SEM图

注：图（a）和（b）以S1为支撑体的M1；图（c）和（d）以S2为支撑体的M2；图（e）和（f）以S3为支撑体的M3

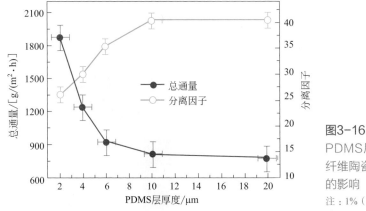

图3-16

PDMS层厚度对PDMS/中空纤维陶瓷复合膜渗透汽化性能的影响

注：1%（质量分数）丁醇/水，40℃

　　许多研究表明支撑层与分离层之间的构效关系会在很大程度上影响膜的性能。其中无机多孔支撑体与有机多孔支撑体相比具有更加优异的化学稳定性和机械稳定性，而且在之前的研究工作中发现刚性的陶瓷支撑体可以有效地抑制聚合物分离层的溶胀。中空纤维陶瓷作为一种传质阻力低、装填密度高的支撑体，被广泛运用于制备渗透汽化分离膜，但是均匀连续地将聚合物涂覆在中空纤维支撑体内表面依然存在重大挑战。为了在中空纤维的内表面上进行聚合物涂覆，提出了错流涂覆法，并与静态涂覆法和循环流涂覆法进行比较。如图3-17所示，使用3种方法将交联的PDMS溶液涂覆在中空纤维的内表面侧。聚合物溶液吸附在陶瓷表面上，然后渗入中空纤维支撑体的孔中，在界面上形成过渡层。静置一定时间后，引入缓慢的错流（由注射器控制）以去除纤维孔内多余的聚合物溶液。由于聚合物链和多孔陶瓷纤维之间的强相互作用，在表面流体流下获得了均匀而薄的PDMS层［图3-17（b）］。相比之下，在没有错流时，静态涂覆法产生了非常厚的PDMS层（>500μm）［图3-17（a）］，这是因为聚合物溶液的重力作用不足以减小层厚度或保持均匀的涂层。相反，在循环流涂覆法中，聚合物层的沉积被连续的表面错流（通常由蠕动泵控制）抑制，导致分离层太薄而不能产生缺陷。如图3-17（c）所示，在通过聚合物溶液的循环流涂覆的中空纤维的内表面上几乎没有发现PDMS层。此外，在连续流体流动过程中，聚合物溶液中产生气泡，可能导致聚合物层中出现非选择性缺陷。总而言之，无论是过厚的还是过薄的PDMS涂层，复合膜都不能表现出良好的分离性能。

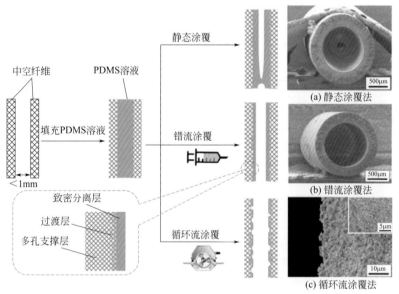

图3-17　中空纤维陶瓷内表面涂覆PDMS制备复合膜的不同方法对比

注：(c)中插图为中空纤维的内表面。制备条件：PDMS浓度为10%（质量分数），涂覆时间为60s

为了进一步研究涂膜溶液中聚合物浓度对复合膜渗透汽化性能的影响，金万勤等通过错流涂覆法用不同浓度的 PDMS 溶液制备了复合膜，结果如图 3-18 所示。随着涂膜溶液中 PDMS 浓度的上升，复合膜的分离因子先迅速增大后保持稳定，而通量呈相反的趋势。说明在这个制备条件下，高浓度涂膜制备出的复合膜性能基本达到了 PDMS 材料的本征分离因子。

对于通过错流涂覆制备的 PDMS/陶瓷复合膜，聚合物溶液与陶瓷表面的润湿性将会影响分离层形成的三个步骤：①涂膜溶液在支撑体内表面铺展；②涂膜溶液渗入多孔支撑体；③溶剂挥发形成膜层。一般地，陶瓷表面很难被聚合物溶液在很短的时间内完全润湿。因此，本节重点讨论涂膜时间对复合膜性能的影响，实验结果如图 3-19 所示。在不同涂膜时间下制备的复合膜都表现出了较高的分离因子，说明在本实验中 PDMS 溶液可以在 10s 内覆盖陶瓷膜的表面。除了两种材料性质上的良好匹配外，错流涂覆法本身的特点也可能是无缺陷的分离层快速形成的原因。与在静止空气中干燥的方法相比，流动的空气会加速部分涂膜液中溶剂的挥发速度，迅速形成固化的薄层，从而在短时间内获得薄而完整的 PDMS 分离层。另外，随着涂膜时间的增加，分离因子有小幅上升的趋势，这可能是涂膜溶液渗入支撑体孔内的程度变化导致的。

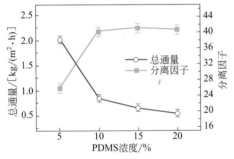

图3-18 涂膜液中PDMS浓度对复合膜渗透汽化性能的影响
注：1%（质量分数）丁醇/水，40℃

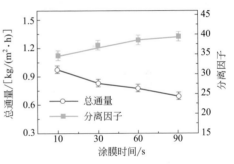

图3-19 涂膜时间对复合膜渗透汽化性能的影响
注：1%（质量分数）丁醇/水，40℃

由于陶瓷材料本身的脆性以及中空纤维陶瓷支撑体仅有 0.3mm 的壁厚，其制备的复合膜整体的力学强度不高，容易在使用中损坏。多通道膜是一种有效提高管式膜力学强度以及装填密度的膜构型，并已经在实际的工业生产中应用。由于中空纤维膜与管式膜几何形状相似，因此采取多通道的构型也应该可以同时增加中空纤维膜的力学强度和装填密度。故金万勤等进一步使用错流涂覆法制备了四通道 PDMS/中空纤维陶瓷复合膜，并将其应用于乙醇、丁醇以及 ABE 等体系的渗透汽化过程。

图 3-20 是通过错流涂覆法制备的多通道 PDMS/ 中空纤维陶瓷复合膜的照片以及 SEM 图像。从图中可以看出，中空纤维支撑体外径约为 3mm，四个直径为 1mm 的通道呈正方形对称分布。膜壁内外侧皆为指状孔结构，而中心是厚约为 100μm 的海绵状孔结构。与传统的单通道中空纤维支撑体相比，多通道中空纤维支撑体内部类似十字架的结构可以为膜提供支撑并提高力学强度。经过复合膜的制备，在支撑体内壁上形成了一层致密的 PDMS 分离层，其厚度约为 5～10μm。由于涂膜溶液渗入多孔支撑体，在 PDMS 层与支撑体间有一层明显的过渡层，提供了复合膜的结合力。

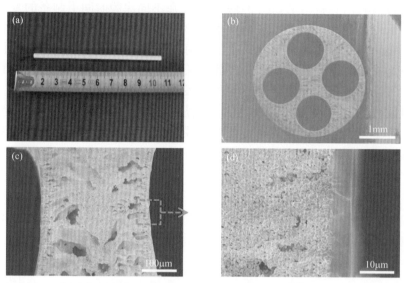

图3-20 多通道PDMS/中空纤维陶瓷复合膜的形貌：(a)实物图；(b)截面SEM图；(c) 放大的截面SEM图；(d) 内壁复合膜的SEM图

金万勤等还在一个组件中准备了四根单通道中空纤维，与具有一根单通道纤维的组件相比，它显示了几乎相同的渗透汽化性能。由于 PDMS 分离层被涂覆在中空纤维的内表面上，因此进料流过中空纤维的孔侧，而不受模块中纤维堆积的影响。只要在纤维的渗透侧提供足够的真空度，则无论组件是用一个还是四个单一填充物填充，这种设计都将导致相似的分离性能。另外，多通道中空纤维（即具有四个通道）的填充密度比单通道中空纤维高 74%［图 3-21（a）］。多通道结构大大增强了中空纤维膜的力学性能，四通道中空纤维陶瓷支撑的 PDMS 复合膜获得了 4.5 倍的断裂载荷［图 3-21（b）］。

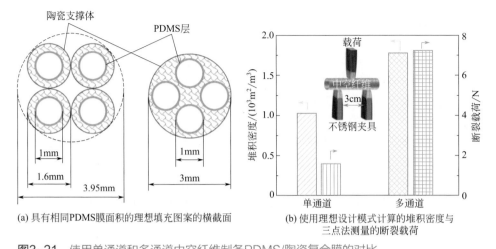

(a) 具有相同PDMS膜面积的理想填充图案的横截面

(b) 使用理想设计模式计算的堆积密度与三点法测量的断裂载荷

图3-21 使用单通道和多通道中空纤维制备PDMS/陶瓷复合膜的对比

注：单通道中空纤维需要四根纤维，而四通道中空纤维只需要一根纤维；（b）中插图显示了测量示意图

除了膜的分离性能外，膜的稳定性也是决定其工业化应用前景的重要因素，因为稳定性直接影响膜设备的操作成本。图 3-22 是 PDMS/多通道中空纤维 复合膜用于分离 40℃的 1%（质量分数）正丁醇/水的渗透汽化性能随时间变化的示意图。在 100h 的连续实验中，复合膜的通量和分离因子都基本保持稳定。除了由于在支撑体与 PDMS 之间形成的过渡层保证了 PDMS 与支撑体的结合力之外，中空纤维支撑体为柔软的分离层提供了很好的结构稳定性。在长期的负压操作下，复合膜优异的稳定性说明了其工业应用潜力。

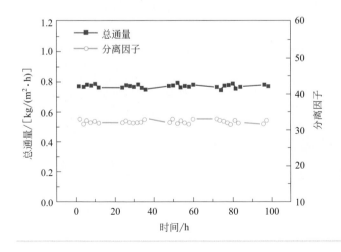

图3-22
操作时间对PDMS/多通道中空纤维复合膜渗透汽化性能的影响

二、聚醚嵌段酰胺（PEBA）膜

PEBA 是一种热塑性弹性体材料，由硬质聚酰胺（PA）和柔性聚醚（PE）链段组成。一般来说，PEBA 聚合物的疏水性是由于 PE 段[42]的存在，使得它适合于从水溶液中分离醇类物质，特别是正丁醇[43]。与其他高分子材料相比，PEBA 膜制备简单，不需要交联，并且正丁醇透过率高。

金万勤等采用浸渍提拉的方法将 PEBA 铸膜液涂覆在中空纤维陶瓷上，制备了 PEBA 复合膜。通过精细调控各种制膜条件，例如 PEBA 铸膜液的黏度和浓度等，使制备的 PEBA/中空纤维陶瓷复合膜展现出高效且稳定的正丁醇渗透性能。通常，膜结构和性能受聚合物浓度影响。根据复合膜的 SEM 图像［图 3-23(a)～(d)］，随着浓度的增加，膜的表面趋于均匀且光滑，这是因为较高的聚合物浓度可通过延迟液-液混合时间来增加分离层的厚度，从而减小膜的粗糙度。但是铸膜液浓度过高，膜表面会比较粗糙，这是因为铸膜液的流动性降低。铸膜液中 PEBA 浓度对 PEBA/中空纤维陶瓷复合膜渗透汽化性能的影响证明了通量和分离因子之间存在着（难以兼顾的）制约关系［图 3-23(e)］。随着 PEBA 浓度的增加，分离因子急剧增加，而通量却会大大下降。

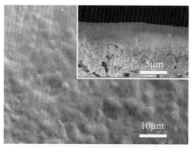

(a) 6%(质量分数)

(c) 10%(质量分数)

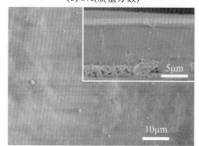

(b) 8%(质量分数)

(d) 12%(质量分数)

图3-23

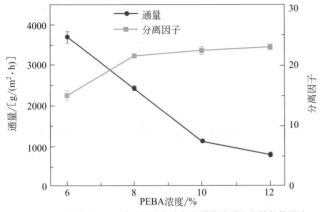

(e) PEBA浓度对PEBA/中空纤维陶瓷复合膜的渗透汽化性能的影响

图3-23 各种浓度铸膜液下制备的PEBA/中空纤维陶瓷复合膜的SEM图像与渗透汽化性能
注：体系为1%（质量分数）正丁醇/水，进料温度为40℃

制备的复合膜的微观结构和分离性能与聚合物溶液的黏度密切相关（图3-24）。由于PEBA是热塑性弹性体聚合物，因此PEBA溶液的黏度和温度之间的关系对于膜的制备非常重要。如图3-24（g）所示，PEBA溶液的黏度与温度成反比。当温度降至30℃时，黏度几乎以线性关系增加。但是，当温度继续下降到室温（25℃）时，溶液的黏度急剧增加。PEBA分离层的厚度随着铸膜液的黏度增加而增加，表面粗糙度降低。可以看出，适当提高黏度可以用于制备无缺陷且薄的复合膜。随着黏度的增加，分离因子呈现明显的上升趋势而通量不断下降。在低黏度情况下，复合膜的分离因子很低且不能满足从水中回收低浓度正丁醇的要求。相反，如果黏度过高，分离层的厚度会更厚并且会增加整体的传质阻力，从而导致通量急剧下降。综合考虑通量和分离因子，PEBA铸膜液的最佳黏度为43mPa·s（铸膜液温度为30℃）。

与用于回收正丁醇的其他聚合物膜相比（图3-25），因为中空纤维陶瓷中的传输阻力较低，PEBA/中空纤维陶瓷复合膜的通量相对较高，为4196g/(m²·h)。制备的PEBA/中空纤维陶瓷复合膜表现出相当高的分离性能，这表明该复合膜在正丁醇回收方面具有巨大的潜在应用。

为了提高PEBA层与支撑体之间的黏附力，Ji等[8]通过3-氨丙基三甲氧基硅烷对管式Al₂O₃支撑体进行了改性，然后使用浸渍提拉法形成分离层。随后进行了热处理以使氨基改性的陶瓷表面上的PEBA链交联。在高温（60～150℃）下，PEBA的H—N—C=O与陶瓷表面的—N—H—之间可以形成氢键相互作用。

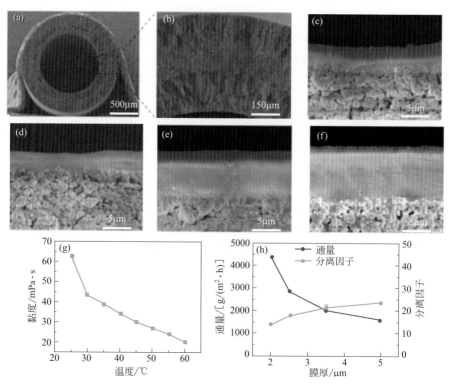

图3-24 用不同黏度的铸膜液制备的PEBA/中空纤维陶瓷复合膜的横截面SEM图：（a）（b）黏度为43.3mPa·s；（c）～（f）黏度分别为20.3mPa·s、27.1mPa·s、43.3mPa·s和62.6mPa·s［PEBA浓度：8%（质量分数）］；（g）PEBA溶液的黏度与温度之间的关系；（h）膜厚对PEBA/中空纤维陶瓷复合膜渗透汽化性能的影响

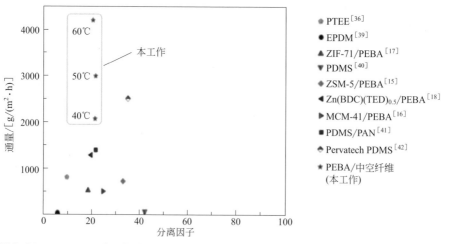

图3-25 用于正丁醇回收的聚合物膜的分离性能与文献报道性能对比

三、聚乙烯醇（PVA）膜

亲水性高分子材料因其优异的亲水性、良好的成膜能力和良好的化学稳定性而成为研究的热点，如聚乙烯醇（PVA）[44]。研究者通常追求薄且致密的膜层以获得高的通量。但是，降低膜厚通常会伴随着选择性的下降，因为可能出现无选择性的缺陷。对于复合膜而言分离层的厚度受到多种因素的限制，包括支撑体的孔径、孔隙率、表面粗糙度等[45]。Peters 等人[13] 在 α-Al₂O₃ 中空纤维的外部制备了薄的高通量和高选择性的交联 PVA 层。除了 PVA 膜外，壳聚糖（CS）膜在溶剂脱水方面也有很好的表现[23,24]。CS 是一种廉价无毒的聚阳离子聚合物，通过几丁质（n- 乙酰氨基葡萄糖聚合物）的碱性脱乙酰化而获得，其重复单元中的羟基和氨基使其成为一种强亲水材料。与聚乙烯醇类似，上述改性方法也可用于改善纯 CS 膜的渗透汽化性能。PVA 具有半结晶结构，而 CS 的自由体积较大，因此 PVA 与 CS 共混[46,47]会降低结晶度，从而提高通量。

金万勤等在 ZrO₂/Al₂O₃ 管状非对称陶瓷支撑体上开发了交联的亲水 PVA-CS 层，是将 PVA-CS 共混溶液通过浸渍提拉的方法制备而成的。从 PVA 的 FTIR 光谱（图 3-26）可以发现，在 3000 ～ 3600cm⁻¹ 处的吸收峰归因于羟基的拉伸，2900cm⁻¹ 处是—CH 的对称和不对称的伸缩振动吸收峰。从 CS 的光谱中可以发现在 3360 和 1560cm⁻¹ 处的振动吸收峰分别对应着—OH 和—NH₂ 伸缩振动变化。在 1720、1223 和 1096cm⁻¹ 处的三个附加峰对应的是—C≡O 的伸缩振动和 C—O—C 的不对称伸缩振动，表明 PVA 和 CS 之间发生了交联反应。Rao 等人[25] 发现在交联后，CS 的—NH₂ 基团的峰会朝着低频区偏移，但是交联后的 PVA-CS 红外光谱中—NH₂ 的伸缩振动峰消失了，这有可能是壳聚糖聚合物链的交联引起的。

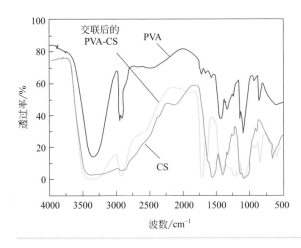

图3-26
PVA、CS和交联的PVA-CS膜的傅里叶红外光谱图

使用各类复合膜对乙醇／水和酯／水混合物进行渗透汽化脱水研究，发现复合膜的渗透汽化性能与分离层的亲水性有关。图 3-27 显示了所制备膜的水接触角，接触角随 PVA-CS 共混物中 CS 含量的增加而增加。该结果表明随着 CS 的共混量的增加，膜的亲水性不断降低。此外，不含 CS 的马来酸酐交联 PVA 膜的水接触角为 69.9°，比含有 CS 的未交联 PVA 膜大，证明交联反应也可能降低膜的亲水性。

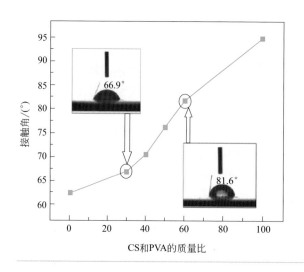

图3-27
使用平板陶瓷支撑体制备的 PVA-CS复合膜的水接触角与 CS含量的关系

图 3-28 显示了在 60℃、94.0%（质量分数）的叔丁醇进料浓度下，膜中 CS 含量对通量和分离因子的影响。发现随着 CS 含量的增加，通量逐渐增加，而分离因子呈现相反的趋势。当 CS 含量增加时，分子内氢键被 CS 和 PVA 之间的分子间氢键取代，因此膜结构变得不致密，膜的自由体积增加，因此通量随 CS 含量的增加而增加。此外，由于 PVA 和 CS 中的亲水基团形成分子间氢键，所以膜的亲水性降低，因此分离因子随 CS 含量的增加而降低。

在醇／水混合物的脱水过程中，随着温度和进料水浓度的增加，复合膜的通量增加而分离因子保持不变。在酯／水混合物的脱水过程中，复合膜的渗透汽化性能较高，并且当进料中的水含量小于 5%（质量分数）时，乙酸乙酯／水的分离因子甚至大于 10000。另外，陶瓷支撑体是不易变形的，因此可以抑制有机层的变形并且改善膜性能。结果表明 PVA-CS/陶瓷复合膜适合用于有机物／水混合物的脱水过程。

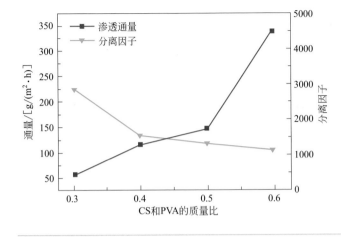

图3-28

平板PVA-CS/陶瓷复合膜用于叔丁醇渗透汽化脱水过程的通量和分离因子与CS含量之间的关系

四、聚电解质膜

绝大多数关于聚阴离子-聚阳离子复合物形成的研究是在整体溶液中进行的，直到 Decher 等人[48] 提出了一种新的方法：通过研究组装在固体支撑体上的带相反电荷的聚电解质复合物进一步扩展了实验。这种聚电解质复合物也被称为聚电解质多层膜（PEMs），在非线性光学、催化、微电子、生物医学[49] 等宏观器件的设计中得到充分利用。由于其极低的厚度、较高的均匀性和良好的分子尺度可调性，PEMs 是一种极具吸引力的材料，也可以作为超薄选择性层沉积在多孔支撑体上以制备用于分离的复合膜[50]。

1. 陶瓷支撑体上的聚电解质复合膜

金万勤等提出了在预处理后的大孔陶瓷支撑体上，通过聚电解质静电自组装的方法制备用于渗透汽化的有机-无机复合分离膜[14]。如图 3-29 所示，通过硅溶胶凝胶对大孔径的陶瓷支撑体进行孔径的调控。随后进行了简单的清洗工艺，使陶瓷氧化物表面完全羟基化。由于聚电解质层的弱吸附作用无法覆盖膜表面的大孔隙，因此聚电解质无法在未经过预处理的大孔支撑体上进行完整的自组装。通过调整支撑体的孔径和对氧化表面进行清洗，可以使聚电解质层的静电吸附能力增强，使调整后的孔隙间架起桥梁，从而实现完全的自组装。

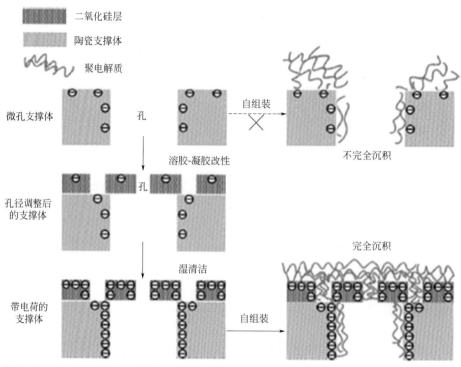

图3-29 复合膜的制备工艺以及支撑体预处理对聚电解质自组装的影响

作为聚电解质材料分子结构的一个重要参数，电荷密度对静电自组装过程有着极其重要的作用。由于静电自组装以静电库仑力为驱动力，聚电解质的电荷密度 ρ_c 决定了分子间的配位、支链的空间构型和组装膜的结构（如厚度、密度等）。

聚电解质的分子结构是影响膜分离性能的重要因素。如图 3-30 所示，由 60 层聚乙烯亚胺／聚硫酸乙烯酯（PEI/PVS）沉积在陶瓷支撑体上构筑成的 PEM／陶瓷复合膜的通量达到 18.4kg/($m^2 \cdot h$)，而且在 65℃时可以将水浓度从进料侧的 6.2%（质量分数）提升至渗透侧的 35.3%（质量分数）（分离因子为 8）。该分离因子仍然小于报道的分离能力。但是与文献中的大多数渗透汽化膜相比，它的水通量提高了 10 多倍。金万勤等将其归因于有机 - 无机膜复合结构的有限形变的影响。结果表明，通过此方法在大孔陶瓷支撑体上制备的复合膜适合在分子水平上分离液体物质。值得注意的是，随着 ρ_c 的增加，复合膜通量降低和选择性增加的程度与报道的纯有机聚电解质复合膜相比并不相同 [3,4]，虽然选择性呈明显增加趋势，但通量一直保持在比较高的水平。这也许是由其特殊结构造成的，有机聚电解质层和无机层之间的静电力作用是在聚电解质的荷电基团和无机材料表面相对固定的羟基之间形成的，通常有机膜所遇到的溶胀和收缩效应会受到无机层的限制，因而可能在很大程度上有机膜的形变被削弱了。

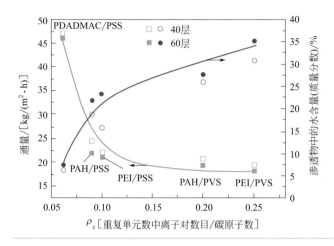

图3-30
电荷密度 ρ_c 和聚电解质层数
对渗透汽化性能的影响
注：PSS—聚苯乙烯磺酸钠；PEI—
聚乙烯亚胺；PAH—聚丙烯氯化
胺；PDADMAC—聚二甲基二烯丙
基氯化铵

　　为了进一步优化聚电解质膜的性能、理解聚电解质的成膜机理，对制膜条件
进行了研究。聚电解质的自组装是通过静电力驱动下的层层吸附来完成的，对于
所使用的聚电解质稀溶液，聚电解质分子首先需要从溶液主体扩散至荷电支撑体
的邻近区域以便能产生短程的库仑力，随后聚电解质与支撑体上的荷电基团作用
并形成稳定的结构，这些都需要一定的时间，因此以复合膜的渗透汽化性能作为
直观指标，研究不同组装时间对聚电解质分子在荷电支撑体上平衡过程的影响。
从图3-31可知，当组装时间达到10min后，60层复合膜的渗透汽化选择性随着
组装时间的继续延长而缓慢提升，证明组装时间达到10min时，聚电解质在支撑
体的吸附已经达到平衡。

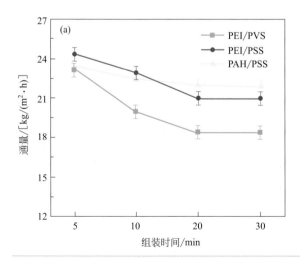

图3-31

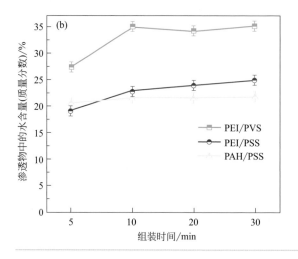

图3-31

（a）组装时间对复合膜通量的影响；（b）组装时间对渗透物中的水含量的影响

对于有机膜来说，通常可采用热处理使膜结构更致密，而且对在有机支撑体上制备的复合膜更是相当有效的方法。为了研究热处理对本研究中制备的有机-无机复合分离膜的影响，金万勤等考察不同热处理温度对其渗透汽化性能的影响。如图3-32所示，在经过75℃或更高温度的热处理后，复合膜的通量有所下降，渗透物中的水含量有所增加。通过热处理的方法，复合膜的渗透汽化性能没有得到明显的改善，这与纯有机膜的结果有所不同。这是因为选用的无机支撑体在该热处理温度下很稳定，基本无收缩现象，因此只会发生聚电解质层的部分脱水和收缩，但其变化程度比选用有机支撑体时要小得多。

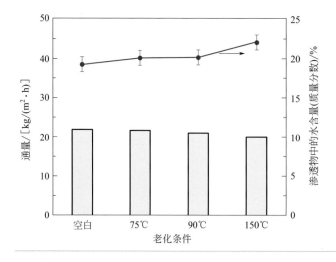

图3-32

热处理温度对复合膜渗透汽化性能的影响

注：操作条件：进料水含量为6.2%（质量分数），操作温度为65℃；膜的制备条件：60层PAH/PSS，组装时间为30min，热处理2h

2. 操作条件对陶瓷支撑体上的聚电解质复合膜的影响

将制备的聚电解质膜应用于渗透汽化过程并考察了操作条件对其性能的影响。进料浓度是决定进料中组分活度的主要因素，并影响渗透汽化传质过程中的推动力。同时进料中与膜材料亲合作用强的组分浓度对膜结构造成影响，因此金万勤等研究了进料中不同的水含量对复合膜渗透汽化性能的影响。如图 3-33 所示，随着进料中的水含量的增加，所得渗透物中的水含量也相应有所提高，但提高幅度较进料侧浓度偏小，说明进料中水浓度的增加导致了复合膜选择性的下降。由于聚电解质层发生的部分溶胀效应导致了分离层密度的下降，因此降低了对水的选择性。从图中可以发现，当进料中水浓度达到 35%（质量分数）时，金万勤等制备的有机 - 无机复合分离膜（PAH/PSS）仍显示出一定的选择性，且通量增加幅度不大，可能是由于无机支撑体在一定程度上限制了有机层的溶胀效果。

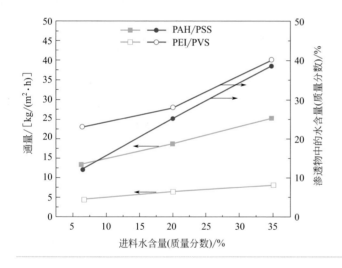

图3-33
进料浓度对复合膜渗透汽化
性能的影响
注：操作温度为35℃，进料流量
为0.3m³/h，渗透侧压力为500Pa

无论对于有机膜还是无机膜来说，温度是重要的操作参数之一，影响膜的适用性、分离效率和操作费用等。在渗透汽化过程中，温度将影响进料中各组分在膜中的溶解度和扩散速度，从而影响渗透汽化过程的通量和选择性。因此金万勤等研究了进料温度对复合膜渗透汽化性能的影响。如图 3-34 所示，当进料温度从 35℃升至 65℃，不仅膜的通量显著提高，而且选择性也有相应改善。这意味着提高温度将导致水更容易透过膜，即温度升高使水通量大幅度增加。因此，提高进料温度是有效提升膜渗透汽化性能的策略之一。

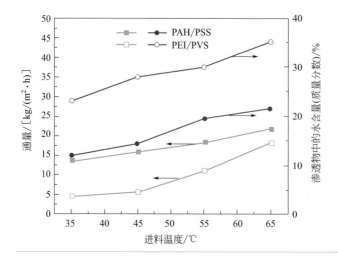

图3-34
进料温度对复合膜渗透汽化
性能的影响

注：进料水含量为6.2%（质量分数），进料流量为0.3m³/h，渗透侧压力为500Pa

　　进料在组件中的流动情况，将对进料侧的浓差极化层有显著的影响。金万勤等考察了进料流速对复合膜渗透汽化性能的影响，如图3-35所示，随着进料流速的增加，复合膜的通量有所增加。对于渗透汽化过程，进料侧的压力对传递过程的影响很小，一般都维持在常压。由进料流速增加而导致的通量增加应归因于浓差极化现象的减轻，故本体系的浓差极化层对传质过程的阻力有一定影响。与此同时，浓差极化现象的减轻使膜面附近水浓度更接近于进料主体浓度，因而使渗透物中的水含量也有所增加。但通量和选择性的提升很有限，这是因为在实验范围内，进料的流动状态是湍流，浓差极化效应已被削弱得很低，故继续增加流速对渗透汽化传质过程影响不大。

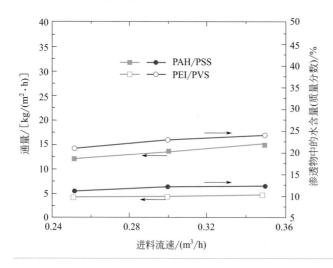

图3-35
进料流速对复合膜渗透汽化
性能的影响

注：进料水含量为6.2%（质量分数），操作温度为35℃，渗透侧压力为500Pa

第四节
应用实例

一、生物燃料生产

生物燃料主要来自生物发酵过程，与传统燃料（如煤炭、石油、天然气、木材、水能等）不同，这种新兴生物燃料是可再生的，由于原油短缺和环境要求，生物燃料已引起研究者的广泛关注。近年来，利用可再生资源进行能源生产，例如使用生物质发酵工艺生产生物燃料，已受到越来越多的关注。作为一种环保节能的分离技术，全蒸发法是从生物质发酵液中回收酒精的潜在工艺。多种疏水聚合物膜［例如聚二甲基硅氧烷（PDMS）、聚（醚嵌段酰胺）（PEBA）、聚［1-（三甲基硅烷基）-1-丙炔］（PTMSP）］被用于从模拟液或发酵液中回收生物燃料。金万勤等从 2003 年开始研究 PDMS/陶瓷复合膜在各种进料体系中的生物燃料回收性能，例如乙醇/水溶液、正丁醇/水溶液、ABE（丙酮-丁醇-乙醇）/水溶液、模拟发酵液和真实发酵液，研究了操作时间对 PDMS/陶瓷复合膜通量和选择性的影响[3]。在乙醇浓度为 4.2%（质量分数）和进料温度为 333K 的条件下，运行时间为 300h，总通量和选择性的稳定性较好，如图 3-36 所示。

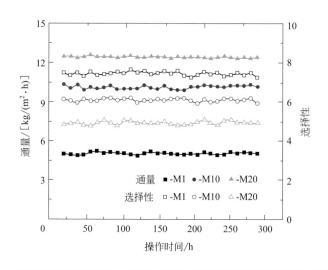

图3-36
操作时间对PDMS/陶瓷复合膜渗透汽化性能的影响

1. PDMS/陶瓷复合膜与 ABE 发酵耦合过程研究

丁醇作为一种良好的溶剂和重要的化工原料，已被广泛用于塑料、化妆品、油漆等行业。它还是一种新型的高级生物燃料，具有挥发性小、易燃等优点。与乙醇相比，具有更高的能量含量，对水不敏感并且处理危险性更低。如今，丁醇主要通过化学合成来生产。至于可持续发展，生物质丙酮 - 丁醇 - 乙醇（ABE）或者丁醇 - 乙醇（BE）发酵被认为是生产丁醇（也称为生物丁醇）的一种更具吸引力的途径。然而，由于最终产物的抑制，总溶剂（ABE 或者BE）的最大浓度通常不超过 20g/L，导致通过蒸馏从稀发酵液中回收生物燃料的成本很高。因此，开发了几种原位分离技术，例如吸附、气提和液 - 液萃取、渗透汽化和反渗透。这些技术可以与 ABE 或者 BE 发酵过程结合使用，以减少产物抑制作用并提高发酵底物（例如葡萄糖或甘油）的利用率和溶剂产率。渗透汽化（PV）被认为是最有潜力的原位分离技术，因为它具有节能、高效、对微生物无害等优点。常用的具有良好选择性和稳定性的 PDMS 膜被认为是 ABE（或者 BE）发酵 - 渗透汽化耦合工艺中最具潜力的优先透醇膜。然而，PDMS 膜的丁醇通量相对较低，需要较大的膜面积，或者要求 PV 工艺在更高的温度下运行，这需要在制备优先透醇 PV 膜之前进行额外的超滤预处理工艺。因此，需要开发高通量 PDMS 膜，以及与 ABE（或者 BE）发酵罐直接耦合的高性能 PV 工艺。前期工作证明，PDMS 膜的通量可以通过在多孔陶瓷载体上浸涂 PDMS 制膜而大大提高，这是由于 PDMS 分离层薄且陶瓷载体的传质阻力较低。另外，对于实际应用，在 ABE（或者 BE）发酵 - 渗透汽化耦合过程中，膜稳定性是应考虑的另一个重要因素。与 ABE（或者 BE）模拟水溶液相比，真正的 ABE(或者 BE）发酵液还包含其他几种成分，例如无机盐、葡萄糖、微生物细胞和其他代谢化合物。它们会在发酵 - 渗透汽化耦合过程中影响优先透醇膜的 PV 性能和稳定性。因此，采用 PDMS/陶瓷复合膜直接与 ABE 发酵耦合（图 3-37）。

由于最终产物的抑制作用，典型的 ABE 发酵过程中的最大 ABE 浓度不超过 20g/L，有机物质量比为 3 ： 6 ： 1（丙酮：正丁醇：乙醇）。丁醇对培养物有毒，当浓度高达 5 ～ 10g/L 时，发酵会受到抑制。因此，在这项工作中，当发酵持续 36h，正丁醇浓度达到约 4.5g/L 时，将无菌的 PDMS/陶瓷复合膜与发酵罐连接，开始渗透汽化透醇膜原位 ABE 分离过程。详细研究了发酵 - 渗透汽化耦合过程中的膜性能。如图 3-38 所示，PDMS/陶瓷复合膜的平均总通量为 0.67kg/(m²·h)，ABE、丙酮、正丁醇和乙醇的平均分离因子分别为 16.7、20.6、15.1 和 6.7。总通量和分离因子在 50 ～ 58h 呈逐渐下降的趋势，随后有所增加，然后保持稳定，可能是在发酵 - 渗透汽化耦合分离过程中发生了膜污染。

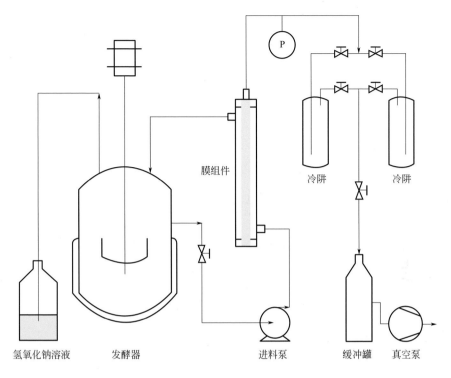

膜组件

冷阱 冷阱

氢氧化钠溶液　　发酵器　　　　进料泵　　　　缓冲罐　真空泵

图3-37　ABE发酵-渗透汽化耦合过程的实验装置

2. 发酵-渗透汽化耦合膜污染问题

　　相关文献研究报道了发酵-渗透汽化耦合过程中的膜污染问题。然而，对存在生物污染的膜的微结构和膜污染物的化学性质的研究很少。因此，为了进一步研究发酵-渗透汽化耦合过程中的膜污染行为，使用 SEM、AFM 和 FTIR 来研究被污染的膜的形貌和化学性质。耦合前新制备的和耦合后污染的 PDMS/陶瓷复合膜的表面和截面的 SEM 图像如图 3-39 所示。新制备的 PDMS 膜表面清洁且光滑［如图 3-39（a）所示］。从其横截面图像中可以清楚地观察到 PDMS 层和陶瓷载体［如图 3-39（c）所示］。然而，被污染的膜表面覆盖有一个污染层［如图 3-39（b）所示］，微生物细胞彼此聚集并被一些细胞外聚合物（EPS）吸收在膜表面，这表明在聚合物膜表面上发生了生物污染。图 3-39（d）中，在陶瓷支撑体上观察到一些类似生物聚合物的物质，这表明除 ABE、乙酸和丁酸外，其他有机物［例如 EPS 和可溶性微生物产物（SMP）］可能会在发酵-渗透汽化耦合过程中通过 PDMS 分离层渗透进去。

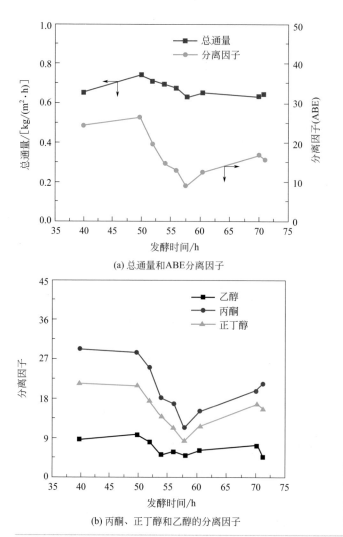

(a) 总通量和ABE分离因子

(b) 丙酮、正丁醇和乙醇的分离因子

图3-38

PDMS/陶瓷复合膜在ABE
发酵-渗透汽化耦合过程中
的渗透汽化性能

　　在 ABE 发酵 - 渗透汽化耦合过程之后，将被污染的 PDMS/ 陶瓷复合膜用去离子水洗涤数次，然后在 ABE/ 水溶液［0.6%（质量分数）丙酮、1.1%（质量分数）正丁醇和 0.2%（质量分数）乙醇］中测试其 PV 性能。水洗后膜的总通量和分离因子与新制备膜的总通量和分离因子几乎相同，表明膜表面污垢沉积对通量下降的影响是可逆的，可以通过简单的水冲洗来恢复污损膜的 PV 性能。这意味着该 PDMS/ 陶瓷复合膜可适用于 ABE 发酵 - 渗透汽化耦合工艺，并且在实际应用中可以通过间歇性水清洗解决膜污染问题。与文献中报道的用于正丁醇回收的膜相比，PDMS/ 陶瓷复合膜在水溶液中的通量（总通量和 ABE 单独通量，37℃）比已报道的膜在相同浓度水溶液中的性能高得多。

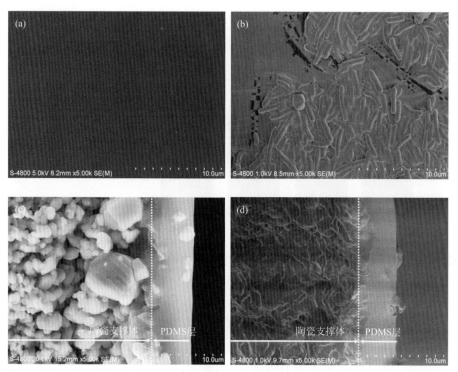

图3-39　新制备和污染后的PDMS/陶瓷复合膜的SEM图像：(a) 新制备的膜表面；(b) 污染后的膜表面；(c) 新制备的膜横截面；(d) 污染后的膜横截面

　　为了尽可能避免PDMS/陶瓷膜在装备与拆卸清洗时造成不必要的物理损伤，金万勤等[51]开发制备了PDMS/陶瓷复合内膜，并将其应用于生物丁醇发酵-渗透汽化耦合过程中。首先考察了底物组成对膜性能的影响，与1.5%（质量分数）正丁醇/水二元体系相比，甘油/正丁醇/水三元体系［6.0%（质量分数）甘油］中因甘油加入导致正丁醇/水分离因子降低。同时渗透产物中甘油含量极低［＜0.1%（质量分数）］，PDMS透醇膜对其截留率高达98.5%以上。结果表明，高沸点的甘油（290℃）在渗透汽化过程中难以蒸发，这将有利于耦合过程的进行，因为不用从发酵液中分离出发酵底物甘油。在将PDMS透醇膜应用于甘油发酵-渗透汽化耦合过程之前，进一步利用失活发酵液（即完成单批发酵后的发酵液）来测试PDMS膜性能。在该体系中，膜性能特别是分离因子有所降低。在一定程度上，失活发酵液中存在未完全消耗的底物甘油、失活微生物细胞、破损细胞壁和蛋白等，降低了膜对正丁醇的选择性。经过简单的水洗，PDMS透醇膜的分离性能基本可以恢复，这意味着失活发酵液对膜性能的影响是可逆的，如图3-40所示。

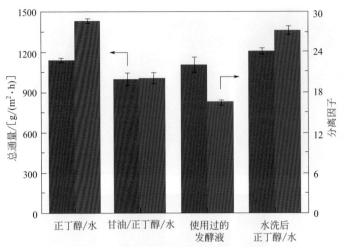

图3-40 甘油和失活发酵液对管式PDMS/陶瓷复合内膜性能的影响

注：在37℃下，相比于正丁醇/水体系

在单一发酵过程中，发酵液中原始甘油浓度为60.00g/L，经120h发酵结束后，剩余甘油浓度为30.33g/L，甘油利用率仅为49.5%。在发酵过程中产物浓度逐渐增加，正丁醇含量达到10.62g/L，乙醇含量达到0.42g/L，如图3-41（a）所示。除检测的乙酸含量为0.59g/L和正丁酸含量为5.72g/L外，未检测到丙酮和其他物质。将甘油发酵与PDMS透醇膜耦合120h后，发酵液中剩余甘油浓度仅为4.55g/L，甘油利用率为92.4%。发酵时间达到48h后，发酵液中正丁醇含量高达6g/L时，开始了原位分离过程。通过将PDMS/陶瓷复合内膜与发酵过程进行耦合，连续移除产物使得发酵液中的主产物正丁醇始终保持低浓度（＜6g/L），如图3-41（b）所示。较低的溶剂浓度对微生物的生长是有益的，因为减轻了丁醇的抑制作用，可以通过发酵-渗透汽化耦合分离过程中稳定的光密度（optical density，OD）得到进一步证明。而且，与单一发酵过程中甘油仅约50%的利用率相比，将PV分离与发酵罐耦合之后，甘油被充分利用。因此，生物燃料产率显著提高。

表3-2为甘油发酵-渗透汽化耦合过程前后的发酵性能对比。与单一发酵相比，发酵-渗透汽化耦合分离过程极大地提高了生物丁醇的产量。生物丁醇的产量从0.35g/g增加到0.40g/g，生产速率从0.09g/(L·h)提高到0.17g/(L·h)。耦合过程中平均甘油的消耗率为0.43g/(L·h)，比单一发酵的平均甘油消耗率提高了72%。表明渗透汽化膜分离过程有助于解决产物抑制问题，同时能原位分离出产物且提高发酵底物的利用率。

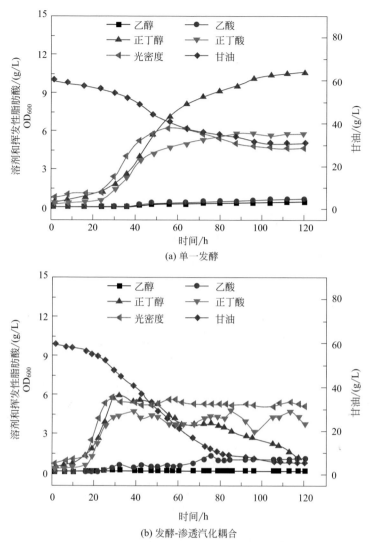

(a) 单一发酵

(b) 发酵-渗透汽化耦合

图3-41 通过梭状芽孢杆菌CT7，发酵液中发酵产物和甘油浓度变化

表3-2 单一发酵与发酵-渗透汽化耦合分离过程的发酵性能

发酵类型	单一发酵	发酵-渗透汽化耦合
生物丁醇产量/(g/g)	0.35	0.40
生物丁醇产率/[g/(L·h)]	0.09	0.17
甘油消耗浓度/(g/L)	29.7	51.4
甘油消耗率/[g/(L·h)]	0.25	0.43

通过发酵-渗透汽化耦合过程，PDMS 膜对正丁醇和乙醇均显示出相对稳定的分离因子，部分波动可能是由发酵液中产品浓度的变化所致。发酵 70h 后，膜总通量从最初的 570.9g/(m² · h) 下降至稳定的 480.8g/(m² · h)。发酵液中正丁醇浓度的变化也会对膜分离性能产生影响，如图 3-42 所示，发酵罐中生物丁醇含量的减少（30h 时为 6.0g/L，115h 时为 1.0g/L）可能导致膜通量下降。同时，发酵液中微生物附着在 PDMS 膜表面形成生物污染，也将降低通量。

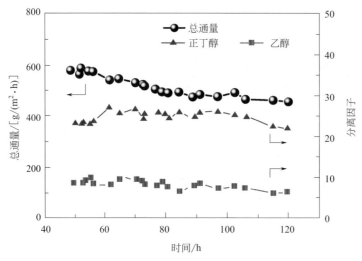

图3-42　发酵-渗透汽化耦合过程中的PDMS膜的渗透汽化性能

为了进一步解释耦合过程中膜通量下降的原因，研究了耦合过程前后 PDMS 膜的微观结构和化学性质。耦合使用过的 PDMS 膜形貌如图 3-43 所示。在 PDMS 膜表面存在一些残留细菌，表明发生了生物污染，但是该细菌覆盖率远低于金万勤等在陶瓷管外表面上涂覆的 PDMS 膜表面的细菌覆盖率。

图3-43　发酵-渗透汽化耦合后的PDMS复合膜的SEM图：(a) 横截面；(b) 表面

由于膜表面上出现轻微生物污染，对耦合使用后的 PDMS 膜进行水洗，去除膜表面黏附的生物细胞并测试水洗后的膜性能。如图 3-44 所示，新制备的长 40cm 的 PDMS/ 陶瓷复合膜的分离性能分别为 683.6g/(m²·h) 和 28.6。简单的水洗方式能使 PDMS 膜的渗透性能几乎完全恢复，这表明在实际应用发酵 - 渗透汽化耦合原位分离过程中可以通过间歇性水洗方式来处理膜表面黏附并生长的生物污染物。

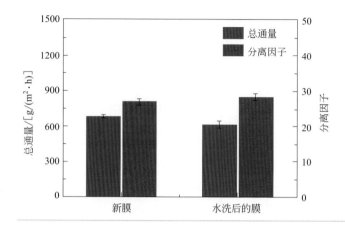

图3-44

新制备的和水洗后的PDMS膜的渗透汽化性能

注：进料为 1.5%（质量分数）正丁醇/水，操作温度为37℃

3. 抗生物污染的疏水渗透汽化膜

之前的工作证明，间歇地冲洗被污染的膜表面可以使复合膜的性能恢复，但是这种间歇的操作过程较为复杂且不利于大规模的连续化生产。开发一种能抑制膜表面污染现象的复合膜将大大减轻膜污染的影响。然而，在疏水透醇膜上实现抗生物污染特性存在较大的挑战。因为主要由蛋白质组成的生物污垢通常是疏水性的，因此它们会优先黏附在膜表面并与膜形成牢固的黏附力。通常，采用降低疏水性来提高膜表面的抗生物污染性。然而，该方法并不适用于疏水渗透汽化膜，因为其分离性能也会随着疏水性降低而降低。因此需要克服疏水透醇膜的分离性能和抗生物污染性能之间的制约关系。金万勤等开发了一种新型的抗生物污染的疏水渗透汽化膜，通过氟代硅烷与羟基封端的 PDMS 之间发生的缩合反应引入氟代烷基，提供超低能膜表面[52]。将用于 PDMS 膜的传统交联剂正硅酸四乙酯（TEOS）替换成 1H, 1H, 2H, 2H- 全氟癸基三乙氧基硅烷（PFDTES）。在膜制备过程中，通过 PFDTES 和 PDMS 之间的缩合反应，可以在 PDMS 膜表面上自发形成具有超低表面能的疏水性氟代烷基链［—$(CH_2)_2$—$(CF_2)_7$—CF_3］（如图 3-45 所示）。与传统 PDMS 膜面上的甲基相比，氟化 PDMS 膜表面上更低极化率的氟代烷基链与发酵液中的微生物相互作用弱得多，从而抑制了生物污染物的形成。同时，由于引入到膜表面的氟代烷基链的超疏水性，在氟化 PDMS

膜中可以实现更高的疏水性。

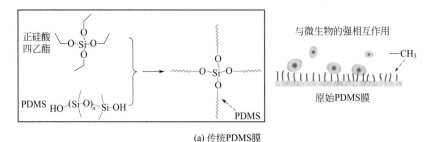

(a) 传统PDMS膜

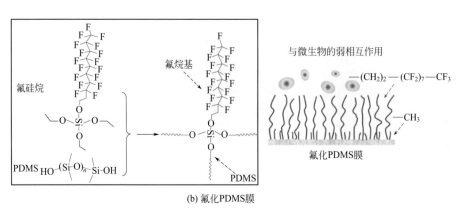

(b) 氟化PDMS膜

图3-45　硅烷交联剂与羟基封端的PDMS之间的缩合反应示意图

在发酵-渗透汽化耦合过程中，传统 PDMS 膜分离性能明显下降 [图 3-46（a）]。总通量从 0.80kg/(m² · h) 降至 0.36kg/(m² · h)，ABE 分离因子从 20.6 下降至 7.1，即在稳定状态下比初始状态下分别降低了 55% 和 66% [图 3-46（c）和（d）]。而氟化 PDMS 膜连续回收溶剂时表现出较高且稳定的分离性能。如图 3-46（b）所示，在超过 130h 的耦合分离过程中，未观察到氟化 PDMS 膜的整体分离性能的明显波动。总通量和 ABE 分离因子分别从最初的 0.8kg/(m² · h) 和 24.5，变为性能稳定时的 0.73kg/(m² · h) 和 21.1。氟化 PDMS 膜具有良好的分离性能和抗生物污染性能，与传统 PDMS 膜相比，其平均总通量和分离因子分别提高了 37% 和 104%。如图 3-47（b）和（d）所示，在长时间的分离过程中使用后，氟化 PDMS 膜几乎没有因为发酵液的复杂成分而产生膜污染现象，尤其是微生物在膜表面几乎观察不到。这样的分离结果归因于呈现疏水性和憎油性的氟化 PDMS 膜具有超低的表面能，从而使膜表面的附着力最小化，并进一步延缓了膜污染现象。因而在发酵-渗透汽化耦合过程中，氟化 PDMS 膜分离性能在原位移除生物发酵产物方面显示出优于传统 PDMS 膜的分离性能。

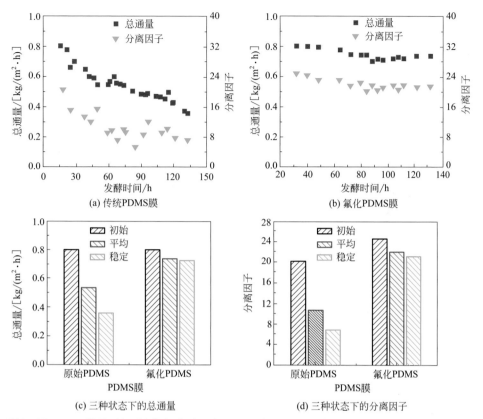

(a) 传统PDMS膜

(b) 氟化PDMS膜

(c) 三种状态下的总通量

(d) 三种状态下的分离因子

图3-46 ABE发酵–渗透汽化耦合过程中PDMS膜的分离性能

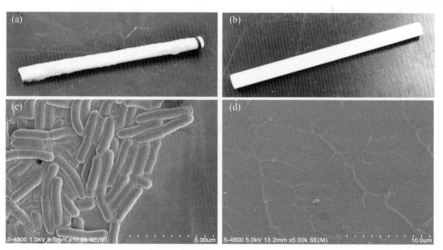

图3-47 经过ABE发酵–渗透汽化耦合过程的（a）传统PDMS膜与（b）氟化PDMS膜；
（c）传统PDMS膜SEM表面；（d）氟化PDMS膜SEM表面

二、溶剂脱水

1. 乙酸乙酯 / 水混合物的渗透汽化脱水

渗透汽化最广泛的应用是有机混合物的脱水，特别是对于共沸物而言[44]。渗透汽化技术有可能在乙酸乙酯（EAC）纯化方面取代共沸蒸馏或萃取蒸馏。EAC具有毒性低、挥发性好和溶解性好等优点，因此被广泛用于制造清漆、硝化纤维漆、稀释剂和各种药物。金万勤等制备了管状 PVA/ 陶瓷复合膜，并系统地研究了乙酸乙酯 / 水混合物的渗透汽化脱水[21]。首先研究了水含量对溶胀度和膜吸附选择性的影响。如图 3-48 所示，溶胀度随着水含量的增加而显著增加。该现象表明膜对水具有良好的亲和力。膜的吸附选择性随着水含量的增加而降低。当水含量增加时，更多的水分子与亲水性 PVA 链相互作用，从而发生膜溶胀，导致聚合物链段结构增大。这种结构将会增加自由体积，因此更多的 EAC 分子可以被吸附到膜中，导致吸附选择性降低。

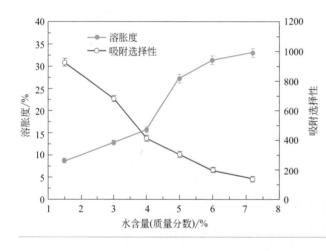

图3-48
渗透侧水含量对PVA/陶瓷复合膜的溶胀度和吸附选择性的影响

注：操作温度为60℃

2. 渗透组分间、渗透组分与膜的相互作用

为了更好地解释上述现象，需要研究渗透组分与膜以及渗透组分之间的相互作用。在渗透汽化过程中，渗透组分在膜中的溶解过程对膜的渗透汽化性能影响较大。而渗透组分在膜中的溶解过程主要受组分与膜之间的相互作用以及渗透组分之间的相互作用的影响。在溶胀实验的基础上，利用 Flory-Huggins 理论和NRTL 方程计算渗透汽化过程中存在的各种相互作用。

当渗透组分与膜达到溶胀平衡时，根据 Flory-Huggins 理论

$$\ln\frac{\hat{f}_1}{f_1^{\text{sat}}} = \ln\phi_1 + (1-\phi_1) - \phi_2\frac{V_1}{V_2} - \phi_3\frac{V_1}{V_3} + (\chi_{12}\phi_2 + \chi_{13}\phi_3)(\phi_2 + \phi_3) - \chi_{23}\frac{V_1}{V_2}\phi_2\phi_3$$

$$(3\text{-}1)$$

$$\ln\frac{\hat{f}_2}{f_2^{\text{sat}}} = \ln\phi_2 + (1-\phi_2) - \phi_1\frac{V_2}{V_1} - \phi_3\frac{V_2}{V_3} + \left(\chi_{12}\phi_1\frac{V_2}{V_1} + \chi_{23}\phi_3\right)(\phi_1 + \phi_3) - \chi_{13}\frac{V_2}{V_1}\phi_1$$

$$(3\text{-}2)$$

根据热力学原理可得

$$\ln\frac{\hat{f}_i}{f_i^{\text{sat}}} = \frac{1}{RT}\int_{p_i^{\text{sat}}}^{p} V_i \mathrm{d}p = \frac{V_i\left(p - p_i^{\text{sat}}\right)}{RT} \qquad (3\text{-}3)$$

式中　χ_{13}——组分与膜之间的相互作用参数；

　　　$\hat{f}_i$——膜达到溶胀平衡时渗透组分的逸度；

　　　f_i^{sat}——饱和液体的逸度；

　　　p——总压，Pa；

　　　V_i——组分摩尔体积，1、2 和 3 分别表示水、乙酸乙酯和膜；

　　　ϕ_i——组分在膜中的体积分数。

$$\phi_i = \frac{\dfrac{D_s' x_{wi}}{\rho_i}}{\dfrac{D_s' x_{wj}}{\rho_j} + \dfrac{100}{\rho_m}} \qquad (3\text{-}4)$$

式中　D_s'——100g 干膜中溶解的液体的质量；

　　　x_{wi}——溶解在膜中的液体中组分 i 的质量分数；

　　　x_{wj}——溶解在膜中的液体中组分 j 的质量分数；

　　　ρ_j——组分 j 的密度；

　　　ρ_m——干膜的密度。

渗透组分之间的相互作用参数 χ_{12}

$$\chi_{12} = \frac{1}{x_1^s u_2}\left(x_1^s\ln\frac{x_1}{u_1} + x_2^s\ln\frac{x_2}{u_2} + \frac{\Delta G^E}{RT}\right) \qquad (3\text{-}5)$$

其中

$$u_1 = \frac{\phi_1}{\phi_1 + \phi_2} \qquad (3\text{-}6)$$

$$u_2 = \frac{\phi_2}{\phi_1 + \phi_2} \qquad (3\text{-}7)$$

ΔG^{E} 可由 NRTL 方程计算得到

$$\frac{\Delta G^{\mathrm{E}}}{RT} = x_1 x_2 \left(\frac{\tau_{21} G_{21}}{x_1 + x_2 G_{21}} + \frac{\tau_{12} G_{12}}{x_2 + x_1 G_{12}} \right) \qquad (3\text{-}8)$$

其中

$$G_{12} = \exp\left(-\alpha_{12} \tau_{12}\right) \qquad (3\text{-}9)$$

$$G_{21} = \exp\left(-\alpha_{12} \tau_{21}\right) \qquad (3\text{-}10)$$

$$\tau_{12} = \left(g_{12} - g_{22}\right)/RT \qquad (3\text{-}11)$$

$$\tau_{21} = \left(g_{21} - g_{11}\right)/RT \qquad (3\text{-}12)$$

其中参数 G_{12}、G_{21}、τ_{12}、τ_{21} 的具体数值由表 3-3 计算，组分与膜之间的相互作用可由式（3-5）～式（3-12）计算得到。

表3-3　NRTL方程参数值

组分	水（1）-乙酸乙酯（2）
$(g_{12}-g_{22})/R$	1059.54
$(g_{21}-g_{11})/R$	523.16
α_{12}	0.37

原料水含量对渗透组分与膜之间的相互作用的影响如图 3-49 所示。

由图 3-49 可以看出，χ_{13} 和 χ_{23} 随着原料水含量的增加而减小，即水和膜之间的相互作用以及乙酸乙酯和膜之间的相互作用随着原料水含量的增加而增加。这是由于当原料水含量增加时，有更多的水分子溶解在膜中，膜结构中的无定形区增加，膜中的聚合物链的柔性变大，所以有更多的基团与水分子和乙酸乙酯分子相互作用，因此水、乙酸乙酯和膜之间的相互作用都增加。从图 3-49 还可以看出，水和膜之间的相互作用远远大于乙酸乙酯和膜之间的相互作用。所以在渗透汽化过程中，水和膜之间的相互作用起决定性作用。

在渗透汽化过程中，传质过程不仅受渗透组分与膜之间相互作用的影响，还受到渗透组分之间相互作用的影响。因此有必要研究渗透组分之间的相互作用。本节采用 Flory-Huggins 理论和 NRTL 方程结合计算出渗透组分之间的相互作用参数。图 3-50 所示为渗透组分之间的相互作用参数随原料水含量的变化趋势。

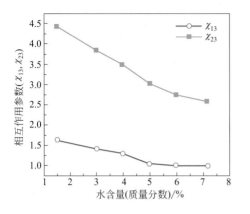

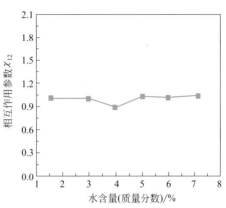

图3-49　各组分与膜之间的相互作用参数随水含量的变化

图3-50　各组分之间的相互作用参数随水含量的变化

由图3-50可以看出，水和乙酸乙酯之间的相互作用基本保持不变，这是由于乙酸乙酯分子的极性较小，即使水分子的量增加，乙酸乙酯分子与水分子之间的相互作用仍然较弱，变化很小。所以在渗透汽化过程中，水和乙酸乙酯之间的相互作用可以忽略不计。由以上分析可以发现水和膜之间的相互作用起决定性作用，因此金万勤等进一步考察了温度对水和膜之间相互作用的影响，如图3-51所示。在30～50℃时，膜的溶胀度随温度的增加而增加。但当温度在60～70℃之间变化时，膜出现了受限溶胀的现象，此时水和膜之间的相互作用基本保持不变。也

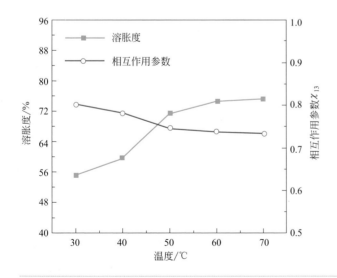

图3-51
温度对膜溶胀度和水与膜之间相互作用参数的影响

就是说，膜的空间结构的膨胀受到刚性的陶瓷支撑体的限制作用。由于水和膜的相互作用不变，此时溶解在膜中的水分子的数量不变，而由于膜的空间结构的扩大受到刚性支撑体的限制，动力学直径较大的乙酸乙酯的传质受到限制，所以分离因子增加。这正好印证了膜的渗透汽化性能研究中的猜想，即通量和分离因子随温度的增加而同时增加是由于 PVA/陶瓷复合膜的受限溶胀。

3. 操作条件影响

操作温度对复合膜的渗透汽化性能有显著影响。图 3-52（a）和图 3-52（b）分别显示了操作温度对水和 EAC 的渗透性和通量的影响。可以发现随着温度的升高，水通量和 EAC 通量明显增加，这是因为当操作温度升高时，进料侧水和 EAC 的分压增大，传质过程的推动力增加。此外，高温加速了水和 EAC 分子的扩散，有利于传质过程，因此通量增大。一般情况下，通量的增加是以分离因子为代价的。但在本工作中［如图 3-52（c）所示］，当温度从 50℃增加到 70℃时，分离因子却显著增加。当温度在 30 ~ 50℃时，聚合物链的旋转频率和振幅增大，导致自由体积增大。因此水和 EAC 的传递均加速，导致了分离因子的降低。然而，当温度从 50℃升高到 70℃时，刚性的陶瓷支撑体抑制了活性聚合物层的过度溶胀，因此，活性聚合物层中非晶区域的密度没有进一步扩大，并且 EAC（分子动力学直径较大）仍然受到抑制。结果就是温度从 50℃升高到 70℃时，复合膜的分离因子呈上升趋势。相反，温度对选择性的影响不是很明显。可能的解释是，选择性主要由膜的传输特性决定，而分离因子既取决于膜的传输特性，又受进料混合物的热物理特性影响。当操作温度变化时，水和 EAC 的活度系数和饱和蒸气压均发生变化，因此分离因子会发生显著变化。

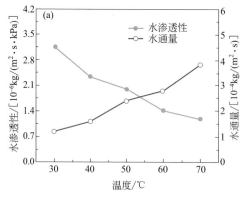
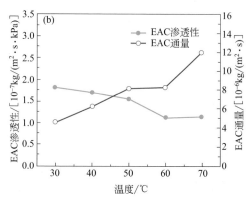

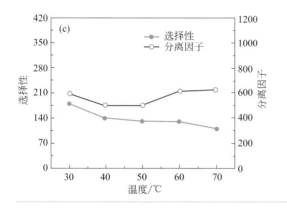

图3-52

操作温度对（a）水与（b）EAC的渗透性和通量的影响；（c）PVA/陶瓷复合膜的选择性和分离因子的影响

注：进料侧水含量为5.1%（质量分数），进料流速为252mL/min

进料侧水含量对水渗透性和选择性的影响如图3-53所示。随着进料侧水含量的增加，水的渗透性显著提高，而选择性降低。此外，当水含量增加时，水和EAC与膜的相互作用变得更加强烈，这可能会加速渗透分子的传递，从而导致水渗透性的增加。随着水含量的增加，选择性的降低主要来自吸附选择性的降低。

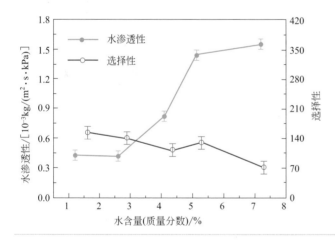

图3-53

进料侧水含量对PVA/陶瓷复合膜的水渗透性和选择性的影响

注：进料流速为252mL/min，操作温度为60℃

三、有机/有机溶剂分离

有机共沸混合物（例如芳香族/脂肪族烃混合物）的分离是化学工业中既重要又具有挑战性的分离过程之一。传统的分离技术（例如共沸蒸馏和萃取蒸馏）非常耗能。因为渗透汽化具有节能且经济等特点，被认为是传统的高能耗技术的有效替代方法。金万勤等研究了聚合物/陶瓷复合膜用于有机混合物的分离。

Wu 等人[8]在进料温度为 40～80℃的条件下，研究了 PEBA/管式陶瓷复合膜在50%（质量分数）甲苯/正庚烷溶液中连续 30h 运行的稳定性能。一般来说，提高进料温度可以降低 PEBA 膜中甲苯和正庚烷的无限稀释活度系数（Ω_∞）和无限稀释稀释系数（D_∞）。因此，随着进料温度的升高，通量逐渐增大，而渗透液中的甲苯含量则保持在约 80%（质量分数），意味着膜选择性很稳定。

1. PDMS/陶瓷复合膜汽油脱硫

随着环保意识的提高，汽油中硫的去除受到越来越多的关注。自 2002 年W.R. Grace & Co's Davison Company 提供基于 PV 膜的 S-Brane 工艺以来，PV被认为是一种有前途且可行的汽油脱硫技术。与传统技术相比，PV 脱硫技术具有明显的优势，例如能耗低、操作简单且辛烷值几乎没有降低。金万勤等研究了通过 PV 工艺去除模拟汽油（正辛烷/噻吩混合物）中硫杂质的 PDMS/陶瓷复合膜[19]，并深入考察了铸膜条件和操作条件对 PDMS/陶瓷复合膜渗透汽化性能的影响。

陶瓷支撑体是多孔且具有高表面能的物质，铸膜液是低表面能物质，交联PDMS 涂膜可以通过毛细作用沿着支撑体的小孔或其他不均匀部位扩展。铸膜液的浓度、交联剂量和涂膜时间等都会对活性皮层产生影响，继而影响复合膜的性能，实验均采用正辛烷和噻吩作为料液模拟真实汽油，料液中噻吩的质量浓度为400μg/g，进料温度为 30℃。

在试验中固定 PDMS、催化剂二丁基二月桂酸锡的浓度以及涂膜时间，研究陶瓷支撑体的外表面上浸涂不同量的交联剂对膜渗透汽化脱硫性能的影响。从图 3-54 中可以看到，随着交联剂量从 9% 增加到 26%，通量下降比较明显，而富硫因子逐渐增大。这是因为当交联剂的浓度较低时，PDMS 的分子链中的封端羟基与交联剂的反应基团相遇的机会减小，交联速度较慢，通量较大，富硫因子较低；随着铸膜液中交联剂用量增大，交联速度加快，交联程度提高，交联的硅橡胶膜中分子链间的交联点增多，形成的网络结构更为紧密，导致分子链之间的链段运动减弱，使得膜内自由体积减小，致使渗透组分溶解和扩散速度减小，从而使膜的通量逐渐降低。而膜的交联位点增多，使得硅橡胶膜中分子链之间的网络结构更为紧密，有利于提高膜的抗溶胀能力；同时噻吩类硫化物对膜有着更强的亲和力，因此噻吩在膜中通量的降低小于辛烷通量的降低，使得膜的富硫因子逐步提高。但是过度添加交联剂会导致膜的过交联反应，铸膜液的黏度大大提高，流动性降低，不利于形成完整的膜，此外过交联后富硫因子将基本保持不变。综合考虑膜的通量和富硫因子，所制备的复合膜的铸膜液中交联剂量的最佳范围为 17%～20%。

如图 3-55 所示，随着 PDMS 浓度的增加，通量不断减小，富硫因子先略微增大，达到最大值后基本不变。实验中主要通过正庚烷的用量调节铸膜液的浓度，随着铸膜液中溶剂用量的降低，铸膜液中预聚体浓度随之升高，黏度增大，形成的分离层厚度也增大，组分在膜中传质阻力增大，因此通量减小。富硫因子的增加一方面是因为随着铸膜液浓度的增大，形成的聚合物链段对噻吩的吸附溶解性增加，导致噻吩的通量增大。另一方面，复合膜是由支撑层和表皮上一层很薄的分离层组成，由于陶瓷支撑体表面由粒子堆积而成，表面相对比较粗糙，当聚合物浓度增大时，分离层厚度增大，减少了复合膜表皮的缺陷，因此富硫因子增加。但是当硅橡胶增大到一定程度，使得有些硅橡胶无法与交联剂进行交联反应，就不能彻底地形成交联后的三维网状体结构，其表观表现就是通量小，但是富硫因子也不高。综合考虑膜的分离性能以及铸膜液的流动性，所制备的复合膜的铸膜液中 PDMS 的浓度最佳范围为 10% ～ 15%（质量分数）。

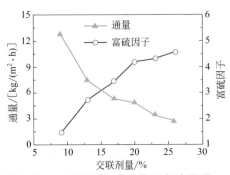

图3-54 交联剂量对通量和富硫因子的影响

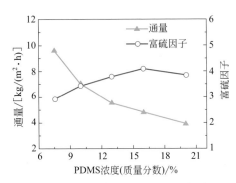

图3-55 PDMS浓度对通量和富硫因子的影响

2. 操作条件的影响

此外，操作条件对膜性能的影响较大。如图 3-56 所示，随着进料硫含量的增加，膜的通量先增加而后基本保持稳定。这是因为随着进料硫含量的增加，硫化物对膜的溶胀作用增大，提高了膜中高分子链的移动能力，膜的孔隙增多，硫化物分子和烃类小分子扩散速度加快，使膜的通量增大。当进料硫含量提高到一定程度后，硫化物在膜表面的浓度达到饱和，膜也达到溶胀平衡，此时小分子的通量随硫含量的增加而提高很少，因此膜的通量基本保持恒定；但溶胀作用缩小了两组分在膜中溶解和扩散之间的差别，辛烷分子更易从溶胀的膜中通过，使得富硫因子随进料硫含量的增加而略有降低。如图 3-57 所示，当温度升高时，总通量增加，而富硫因子降低。进料温度的升高加速了聚合物链的迁移，并在膜内产生了更大的自由体积用于扩散。另外，较高的温度导致较高的蒸气压差，这将增强传质驱动力。另外，聚合物膜溶胀度的改善减弱了溶解度和扩散速度的差异，并导致更多的正辛烷迁移，从而导致富硫因子的降低。随后，由于增强的有机-无机结构稳定性，PDMS 分离层的过度膨胀可能会受到部分限制。因此，富硫因子的变化程度减弱了。此外，渗透侧压力的变化将会影响过程的推动力，对渗透汽化过程有较大的影响。如图 3-58 所示，随着膜后侧压力的增加，富硫因子和通量均减小。这是因为透过侧压力增加，传质的推动力减小，分子脱附的速度减慢，扩散速度减小，导致通量降低。随着透过侧压力增加，硫化物透过膜的量显著减少，而烃类物质由于其在进料侧浓度较大，透过量减少得相对较慢，所以复合膜的富硫因子减小。进料流速会影响料液在膜两侧的流动状态，进而影响渗透汽化过程的分离结果，因此测定了不同进料流量下渗透汽化膜的性能。

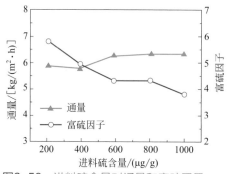

图3-56　进料硫含量对通量和富硫因子的影响

注：进料温度为30℃，错流速度为30L/h，渗透侧压力为210Pa

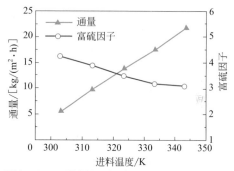

图3-57　进料温度对通量和富硫因子的影响

注：进料中的硫含量为400μg/g，进料流速为30L/h，渗透侧压力为210Pa

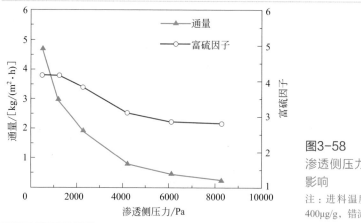

图3-58　渗透侧压力对通量和富硫因子的影响

注：进料温度为30℃，进料硫含量为400μg/g，错流速度为30L/h

与文献报道的那些以聚合物为支撑体的复合膜的性能相比，陶瓷支撑的 PDMS 膜在 30℃、进料中硫含量为 400μg/g 的条件下，表现出更高的通量 5.37kg/

$(m^2 \cdot h)$ 和可接受的富硫因子 4.22。这种高通量的主要原因是多孔陶瓷载体在 PV 工艺中具有较低的传质阻力。在实际应用中，这种高通量可以极大地满足膜脱硫技术商业应用的要求。金万勤等的研究表明，交联的 PDMS/ 陶瓷复合膜具有良好的脱硫效率，并且可能用于实际脱硫中。

四、反应耦合过程

渗透汽化由于其相对较高的投资成本和较低的容量，很少单独用于分离高浓度物质。因此通常采用多过程耦合，通过协同作用克服彼此的缺点，如将渗透汽化（PV）或蒸汽渗透（VP）与其他传统分离技术（例如蒸馏过程）耦合，产品生产后立即将其原位移除，从而克服了可逆的化学平衡限制。

1. 酯化反应

对于诸如酯化和醚化的可逆反应，平衡极限是一个关键问题，促使研究者使用反应蒸馏（RD）来实现高转化率和选择性，RD 工艺通过改变化学平衡边界来减少副产物并克服共沸限制。对于通过 RD 工艺生产乙酸乙酯（EAC）而言，由于四组分体系中将形成几种均相共沸物，很难分离产物，因而，大多数研究集中于馏出物的有效分离。金万勤等已经将聚乙烯醇（PVA）/ 陶瓷复合膜用于 EAC/ H_2O 二元体系和 EAC/EtOH/H_2O 三元体系的 PV 脱水[25]。化学计量组成中的水含量为 17.0%，而在共沸混合物中为 8.7%，因此与化学反应产生的水相比，馏出物中的水更少。大多数水将与未反应的醋酸（HAc）共存于再沸器中，这大大增加了再沸器的能耗。因此，必须从 HAc 中除去水，并且同时实现大量未反应的 HAc 的再循环。但是，水和 HAc 的挥发性差异非常小，尤其是在高 HAc 浓度下，通常使用能耗高的共沸蒸馏或萃取蒸馏将水与 HAc 分离。

研究者提出了一种用于 EAC 生产的新 RD-PV 耦联工艺，其中 RD 工艺用于酯化反应，PV 工艺用于从再沸器中除去水并将 HAc 再循环到进料中[10]，因为除去水对于酯化反应是有利的，并且再沸器中的大量未反应的 HAc 可以被再利用。因此，此耦合过程不是 RD 和 PV 的简单集成，PV 过程可能会对 RD 过程的进行起到促进作用。整个实验设置如图 3-59 所示。

在 RD 工艺的最佳条件下 [回流比 =3、$n(HAc) : n(EtOH)=2$、总进料速率 =152g/h]，研究了 PV 过程的操作温度对 RD-PV 耦合过程性能的影响。如图 3-60 所示，较高的 PV 过程操作温度对 RD-PV 耦合分离过程有利。当 PV 分离过程在 100℃下操作时，馏出物中的 EAC 纯度和 EtOH 转化率分别达到 91.0% 和 90.2%。RD-PV 耦合过程的"耦合效应"可以描述如下：由于从底部除去了水，因此酯化作用向形成更多的 EAC 转移。另外，由于渗余液通量和 HAc 含量的增加，RD 装置中实际的 HAc/EtOH 物质的量比增加，从而同时提高了 EAC 纯度和 EtOH 转化率。此外，EtOH 和 HAc 的通量非常低。因此，再沸器中未反应的 EtOH［约4%（质量分数）］被回流到反应区与 HAc 继续反应，从而也提高了 EAC 纯度和 EtOH 转化率。同时，再沸器中的 EAC 也回流到反应区，这有利于提升馏出物中 EAC 的纯度。

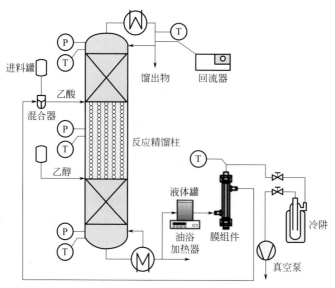

图3-59 RD-PV耦合过程的实验装置示意图

在 RD 过程中，随着 HAc/EtOH 物质的量比的增大，大量 HAc 与柱底水共存，导致再沸器化合物的分离负担增大。因此，金万勤等尝试研究在低 HAc/EtOH 物质的量比下的 RD-PV 耦合过程，以减轻再沸器的负担。RD-PV 耦合过程在不同 HAc/EtOH 物质的量比下的性能如图 3-61 所示（操作温度为 70℃）。在所有 HAc/EtOH 物质的量比下，通过与 PV 反应相结合，均可以提高 RD 反应的性能。此外，在低 HAc/EtOH 物质的量比条件下，与 PV 耦合的 RD 过程的性能改善远远高于在高 HAc/EtOH 物质的量比条件下的效果。其原因是在物质的量比为 1.1 时，再沸器中的高水浓度导致了 PV 过程的高通量，从而产生了显著的"耦合效应"。研究还证明，当与 PV 结合时，物质的量比为 1.1 的 EAC 纯度和 EtOH 转化率高于物质的量比为 1.7 的独立 RD 的 EAC 纯度和 EtOH 转化率；物质的量比为 1.7 的 RD-PV 耦合工艺的性能也几乎接近物质的量比为 2.0 的独立 RD 的性能。该结果表明，PV 工艺的耦联可以实现 RD 工艺以低 HAc/EtOH 物质的量比运行，同时保持较高的产物质量和反应转化率。它有利于对底层溶液的后续处理。而且，由于这种情况下 EtOH 浓度较低，馏分可以被分离为有机相和水相，从而使后续的分离更加容易。

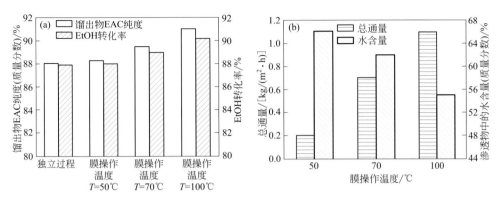

图3-60 （a）膜操作温度对馏出物中EAC纯度和EtOH转化率的影响；（b）膜操作温度对渗透物中总通量和水含量的影响

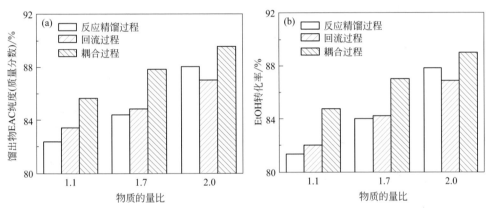

图3-61 （a）物质的量比对馏出物中EAC纯度的影响；（b）物质的量比对EtOH转化率的影响

　　为了进一步研究 PV 工艺在此耦合工艺中的影响，金万勤等通过将再循环的物流引入 HAc 进料中进行了 RD 工艺，而没有通过 PV 工艺去除水，对比结果如图 3-61 所示。再沸器的循环使用对反应的性能有两个影响。一方面，HAc 与 EtOH 物质的量比的提高将促进反应朝着正向进行；另一方面，循环中的水也会抑制正反应的进行。当物质的量比分别为 1.1 和 1.7 时，前者的影响明显，使馏分的转化率和 EAC 纯度提高。当物质的量比增加到 2.0 时，后一种效应占主导地位，导致了 EtOH 转化率和 EAC 纯度的下降。然而，在 RD-PV 耦合过程中，由于 PV 膜从再沸器中去除水，转化率和 EAC 纯度均高于仅使用循环流的 RD

过程。由此进一步证明，使用 PV 耦联技术从再沸器中去除水分和将 HAc 进行循环可以提高馏出物中 EtOH 转化率和 EAC 纯度。特别是在高的 HAc/EtOH 物质的量比下，渗透汽化去除水分的作用起主导。

通过实验和 Aspen Plus 仿真模拟获得了最佳的 RD 操作条件。PVA/ 陶瓷复合膜表现出良好的性能和稳定性，在 70℃时，90%（质量分数）HAc/ 水溶液中，总通量为 600g/(m² · h)，分离因子为 14。通过 PV 耦合去除反应蒸馏装置中水和渗余物的再循环显著提高了产物 EAC 的纯度和 RD 工艺的反应转化率。其中当 HAc/EtOH 物质的量比低至 1.1 时，EAC 纯度和 EtOH 转化率分别同时从 82.4% 增加到 85.6%（质量分数）和从 81.3% 增加到 84.8%（质量分数）。相应实验结果表明，这种基于 PVA/ 陶瓷复合膜的新型 RD-PV 耦合工艺可能是生产乙酸乙酯的有效方法。

2. 水解反应

作为可逆反应，乳酸乙酯的水解转化通过热力学平衡来控制。为了提高乳酸乙酯水解的产率和转化率，应及时除去产物中的乙醇。因此，李卫星等[24] 提出借助 PDMS/ 陶瓷复合膜并通过蒸汽渗透来去除乳酸乙酯水解产品中的乙醇，如图 3-62 所示。

对于乙醇 / 水混合物，PDMS/ 陶瓷复合膜在渗透汽化和蒸汽渗透中均表现出良好的分离性能。渗透汽化通量随着温度的升高而增加，分离因子在 7～9 之间变化。对于含 5%（质量分数）乙醇混合物的蒸汽渗透，通量在 353K 时达到 2541g/(m² · h)，分离因子为 7.5。至于 10%（质量分数）乙醇的蒸汽渗透分离，通量大于 400g/(m² · h)，分离因子约为 11。

图 3-63 分别显示了 PDMS/ 陶瓷复合膜在初始物质的量比为 7.5 ∶ 1 和 12.5 ∶ 1 的条件下通过蒸汽渗透去除水解中乙醇的性能。反应器中乙醇质量在开始前 90min 内一直在增加，然后下降。通量在 150～200min 出现突然增加后下降的情况，可能归因于膜的溶胀。反应混合物中乙醇的最大浓度出现在 90min 附近。根据拉乌尔定律，蒸气中乙醇浓度在 90min 时达到最大值。膜可能在 90min 时开始溶胀，并在 175min 左右达到最大溶胀程度，通量与膨胀程度一致，导致通量在 150～200min 突然增加。以 12.5 ∶ 1 的初始物质的量比除去的乙醇质量大于 7.5 ∶ 1 的乙醇质量，具有更高的转化率。对于乳酸乙酯的水解（可逆反应），蒸汽渗透辅助工艺可显著提高转化率。通过与蒸汽渗透耦联，在 358K、水与乳酸乙酯的初始物质的量比为 10 ∶ 1 的情况下，乳酸乙酯的最终转化率从 77.1% 增加到 98.2%，证明耦联工艺有助于乳酸乙酯的水解。

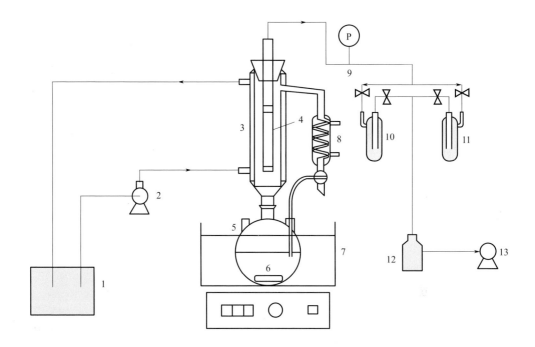

图3-62 蒸汽渗透辅助水解装置的示意图

1—进料槽；2—进料泵；3—膜组件；4—PDMS/陶瓷复合膜；5—反应器；6—搅拌棒；7—油浴锅；8—冷凝器；9—压力传感器；10，11—冷阱；12—缓冲罐；13—真空泵

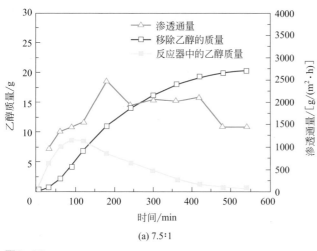

(a) 7.5:1

图3-63

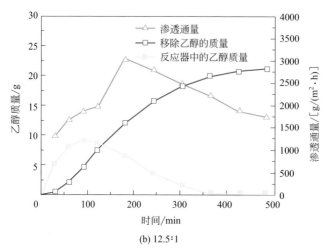

(b) 12.5:1

图3-63 PDMS/陶瓷复合膜在不同初始物质的量比下去除水解中乙醇的性能

注：反应温度为358K，催化剂负载为4%（质量分数），膜温度为353K

参考文献

[1] Liu G, Hung W S, Shen J, et al. Mixed matrix membranes with molecular-interaction-driven tunable free volumes for efficient bio-fuel recovery[J]. Journal of Materials Chemistry A, 2015, 3(8): 4510-4521.

[2] Xiangli F, Chen Y, Jin W, et al. Polydimethylsiloxane (PDMS)/ceramic composite membrane with high flux for pervaporation of ethanol-water mixtures[J]. Industrial & Engineering Chemistry Research, 2007, 46(7): 2224-2230.

[3] Xiangli F, Wei W, Chen Y, et al. Optimization of preparation conditions for polydimethylsiloxane (PDMS)/ceramic composite pervaporation membranes using response surface methodology[J]. Journal of Membrane Science, 2008, 311(1-2): 23-33.

[4] Wei W, Xia S, Liu G, et al. Effects of polydimethylsiloxane (PDMS) molecular weight on performance of PDMS/ceramic composite membranes[J]. Journal of Membrane Science, 2011, 375(1-2): 334-344.

[5] Liu G, Xiangli F, Wei W, et al. Improved performance of PDMS/ceramic composite pervaporation membranes by ZSM-5 homogeneously dispersed in PDMS via a surface graft/coating approach[J]. Chemical Engineering Journal, 2011, 174(2-3): 495-503.

[6] Dong Z, Liu G, Liu S, et al. High performance ceramic hollow fiber supported PDMS composite pervaporation membrane for bio-butanol recovery[J]. Journal of Membrane Science, 2014, 450: 38-47.

[7] Li Y, Shen J, Guan K, et al. PEBA/ceramic hollow fiber composite membrane for high-efficiency recovery of bio-butanol via pervaporation[J]. Journal of Membrane Science, 2016, 510: 338-347.

[8] Wu T, Wang N, Li J, et al. Tubular thermal crosslinked-PEBA/ceramic membrane for aromatic/aliphatic pervaporation[J]. Journal of Membrane Science, 2015, 486: 1-9.

[9] Jou J D, Yoshida W, Cohen Y. A novel ceramic-supported polymer membrane for pervaporation of dilute volatile organic compounds[J]. Journal of Membrane Science, 1999, 162(1-2): 269-284.

[10] Yoshida W, Cohen Y. Ceramic-supported polymer membranes for pervaporation of binary organic/organic mixtures[J]. Journal of Membrane Science, 2003, 213(1-2): 145-157.

[11] Yoshida W, Cohen Y. Removal of methyl tert-butyl ether from water by pervaporation using ceramic-supported polymer membranes[J]. Journal of Membrane Science, 2004, 229(1-2): 27-32.

[12] Zhu Y, Xia S, Liu G, et al. Preparation of ceramic-supported poly (vinyl alcohol)-chitosan composite membranes and their applications in pervaporation dehydration of organic/water mixtures[J]. Journal of Membrane Science, 2010, 349(1-2): 341-348.

[13] Peters T A, Poeth C H S, Benes N E, et al. Ceramic-supported thin PVA pervaporation membranes combining high flux and high selectivity; contradicting the flux-selectivity paradigm[J]. Journal of Membrane Science, 2006, 276(1-2): 42-50.

[14] Chen Y, Xiangli F, Jin W, et al. Organic-inorganic composite pervaporation membranes prepared by self-assembly of polyelectrolyte multilayers on macroporous ceramic supports[J]. Journal of Membrane Science, 2007, 302(1-2): 78-86.

[15] Wang N, Zhang G, Ji S, et al. Dynamic layer-by-layer self-assembly of organic-inorganic composite hollow fiber membranes[J]. AIChE Journal, 2012, 58(10): 3176-3182.

[16] Tang H, Ji S, Gong L, et al. Tubular ceramic-based multilayer separation membranes using spray layer-by-layer assembly[J]. Polymer Chemistry, 2013, 4(23): 5621-5628.

[17] Gongping L, Dan H O U, Wang W E I, et al. Pervaporation separation of butanol-water mixtures using polydimethylsiloxane/ceramic composite membrane[J]. Chinese Journal of Chemical Engineering, 2011, 19(1): 40-44.

[18] Liu G, Wei W, Wu H, et al. Pervaporation performance of PDMS/ceramic composite membrane in acetone butanol ethanol (ABE) fermentation-PV coupled process[J]. Journal of Membrane Science, 2011, 373(1-2): 121-129.

[19] Xu R, Liu G, Dong X. Pervaporation separation of n-octane/thiophene mixtures using polydimethylsiloxane/ceramic composite membranes[J]. Desalination, 2010, 258(1-3): 106-111.

[20] Wang N, Wang L, Zhang R, et al. Highly stable "pore-filling" tubular composite membrane by self-crosslinkable hyperbranched polymers for toluene/n-heptane separation[J]. Journal of Membrane Science, 2015, 474: 263-272.

[21] Xia S, Dong X, Zhu Y, et al. Dehydration of ethyl acetate-water mixtures using PVA/ceramic composite pervaporation membrane[J]. Separation and Purification Technology, 2011, 77(1): 53-59.

[22] Xia S, Wei W, Liu G, et al. Pervaporation properties of polyvinyl alcohol/ceramic composite membrane for separation of ethyl acetate/ethanol/water ternary mixtures[J]. Korean Journal of Chemical Engineering, 2012, 29(2): 228-234.

[23] Peters T A, Benes N E, Keurentjes J T F. Hybrid ceramic-supported thin PVA pervaporation membranes: long-term performance and thermal stability in the dehydration of alcohols[J]. Journal of Membrane Science, 2008, 311(1-2): 7-11.

[24] Li W, Zhang X, Xing W, et al. Hydrolysis of ethyl lactate coupled by vapor permeation using polydimethylsiloxane/ceramic composite membrane[J]. Industrial & Engineering Chemistry Research, 2010, 49(22): 11244-11249.

[25] Rao P, Sridhar S, Wey M, et al. Pervaporative separation of ethylene glycol/water mixtures by using cross-linked chitosan membranes[J]. Industrial & Engineering Chemistry Research, 2007, 46: 2155-2163.

[26] Yeom C K, Lee K H. Pervaporation separation of water-acetic acid mixtures through poly (vinyl alcohol)

membranes crosslinked with glutaraldehyde[J]. Journal of Membrane Science, 1996, 109(2): 257-265.

[27] Bolto B, Tran T, Hoang M, et al. Crosslinked poly (vinyl alcohol) membranes[J]. Progress in Polymer Science, 2009, 34(9): 969-981.

[28] Liu G, Wei W, Jin W, et al. Polymer/ceramic composite membranes and their application in pervaporation process[J]. Chinese Journal of Chemical Engineering, 2012, 20(1): 62-70.

[29] Krasemann L, Tieke B. Ultrathin self-assembled polyelectrolyte membranes for pervaporation[J]. Journal of Membrane Science, 1998, 150(1): 23-30.

[30] Krasemann L, Toutianoush A, Tieke B. Self-assembled polyelectrolyte multilayer membranes with highly improved pervaporation separation of ethanol/water mixtures[J]. Journal of Membrane Science, 2001, 181(2): 221-228.

[31] Zhang G, Dai L, Ji S. Dynamic pressure - driven covalent assembly of inner skin hollow fiber multilayer membrane[J]. AIChE Journal, 2011, 57(10): 2746-2754.

[32] Yamaguchi T, Nakao S, Kimura S. Plasma-graft filling polymerization: preparation of a new type of pervaporation membrane for organic liquid mixtures[J]. Macromolecules, 1991, 24(20): 5522-5527.

[33] Li P, Chen H Z, Chung T S. Effects of substrate characteristics and pre-wetting agents on PAN-PDMS composite hollow fiber membranes for CO_2/N_2 and O_2/N_2 separation[J]. Journal of Membrane Science, 2013, 434: 18-25.

[34] Ma J, Zhang M, Wu H, et al. Mussel-inspired fabrication of structurally stable chitosan/polyacrylonitrile composite membrane for pervaporation dehydration[J]. Journal of Membrane Science, 2010, 348(1-2): 150-159.

[35] Zhao J, Ma J, Chen J, et al. Experimental and molecular simulation investigations on interfacial characteristics of gelatin/polyacrylonitrile composite pervaporation membrane[J]. Chemical Engineering Journal, 2011, 178: 1-7.

[36] Zhao C, Wu H, Li X, et al. High performance composite membranes with a polycarbophil calcium transition layer for pervaporation dehydration of ethanol[J]. Journal of Membrane Science, 2013, 429: 409-417.

[37] Chen G, Zhu H, Hang Y, et al. Simultaneously enhancing interfacial adhesion and pervaporation separation performance of PDMS/ceramic composite membrane via a facile substrate surface grafting approach[J]. AIChE Journal, 2019, 65(11): e16773.

[38] Hang Y , Liu G , Huang K , et al. Mechanical properties and interfacial adhesion of composite membranes probed by in-situ nano-indentation/scratch technique[J]. Journal of Membrane Science, 2015, 494: 205-215.

[39] Wei W, Xia S, Liu G, et al. Interfacial adhesion between polymer separation layer and ceramic support for composite membrane[J]. AIChE Journal, 2010, 56(6): 1584-1592.

[40] Guo J, Zhang G, Wu W, et al. Dynamically formed inner skin hollow fiber polydimethylsiloxane/polysulfone composite membrane for alcohol permselective pervaporation[J]. Chemical Engineering Journal, 2010, 158(3): 558-565.

[41] Lee H J, Cho E J, Kim Y G, et al. Pervaporative separation of bioethanol using a polydimethylsiloxane/ polyetherimide composite hollow-fiber membrane[J]. Bioresource Technology, 2012, 109: 110-115.

[42] Le N L, Wang Y, Chung T S. Pebax/POSS mixed matrix membranes for ethanol recovery from aqueous solutions via pervaporation[J]. Journal of Membrane Science, 2011, 379(1-2): 174-183.

[43] Yen H W, Lin S F, Yang I K. Use of poly (ether-block-amide) in pervaporation coupling with a fermentor to enhance butanol production in the cultivation of clostridium acetobutylicum[J]. Journal of Bioscience and Bioengineering, 2012, 113(3): 372-377.

[44] Chapman P D, Oliveira T, Livingston A G, et al. Membranes for the dehydration of solvents by pervaporation[J]. Journal of Membrane Science, 2008, 318(1-2): 5-37.

[45] Rezac M E, Koros W J. Preparation of polymer-ceramic composite membranes with thin defect - free separating layers[J]. Journal of Applied Polymer Science, 1992, 46(11): 1927-1938.

[46] De Gennes P G. Conformations of polymers attached to an interface[J]. Macromolecules, 1980, 13(5): 1069-1075.

[47] Alhosseini S N, Moztarzadeh F, Mozafari M, et al. Synthesis and characterization of electrospun polyvinyl alcohol nanofibrous scaffolds modified by blending with chitosan for neural tissue engineering[J]. International Journal of Nanomedicine, 2012, 7: 25.

[48] Decher G. Fuzzy nanoassemblies: toward layered polymeric multicomposites[J]. Science, 1997, 277(5330): 1232-1237.

[49] Jaber J A, Schlenoff J B. Recent developments in the properties and applications of polyelectrolyte multilayers[J]. Current Opinion in Colloid & Interface Science, 2006, 11(6): 324-329.

[50] Zhao Q, An Q F, Ji Y, et al. Polyelectrolyte complex membranes for pervaporation, nanofiltration and fuel cell applications[J]. Journal of Membrane Science, 2011, 379(1-2): 19-45.

[51] Zhu H, Liu G, Yuan J, et al. In-situ recovery of bio-butanol from glycerol fermentation using PDMS/ceramic composite membrane[J]. Separation and Purification Technology, 2019, 229: 115811.

[52] Zhu H, Li X, Pan Y, et al. Fluorinated PDMS membrane with anti-biofouling property for in-situ biobutanol recovery from fermentation-pervaporation coupled process[J]. Journal of Membrane Science, 2020, 609: 118225.

第四章

金属有机骨架膜

近年来，用于分子分离的金属有机骨架膜的制备已取得了很大进展。迄今为止，研究者已经提出了诸多制备高性能金属有机骨架（metal-organic framework，MOF）膜的方法。由于沸石和金属有机骨架材料之间的结构相似性，研究者可以将用于制备沸石膜的技术（例如原位生长和二次生长方法）应用到 MOF 膜的合成中。同时，基于有机 - 无机杂化特性，研究者还建立了几种新颖的合成方法（如反应晶种法）来制备 MOF 膜。同时，许多金属有机骨架膜在能源和环境领域也展现出了广阔的应用前景。在气体分离领域中，它们不仅用于氢气提纯和二氧化碳捕获，还可用于分离复杂的丙烯 / 丙烷混合物。除气体分离外，某些特殊的 MOF 膜在液体分离中也取得了应用，例如有机溶液的脱水、手性分离和离子截留等。这些研究表明了 MOF 膜作为新一代分离膜材料的广阔前景。

尽管 MOF 膜的研究已迈出了一大步，但仍然存在着巨大的机遇和挑战。在过去的十年中，研究者已研究和报道了 20000 多个不同的金属有机骨架材料。值得一提的是，这个数量仍在增加。丰富的 MOF 种类为制备具有不同功能的 MOF 膜提供了多种机会。但是，仅少数几种 MOF 材料如 MOF-5、HKUST-1、IRMOR-1 和 ZIF 系列等实现了在膜领域的应用。面对金属有机骨架材料庞大的基数，一些创新性和开拓性的工作仍有待开展。此外，基于计算机技术，研究者还可以建立智能筛选方法以简化 MOF 材料的选择过程，从而制备满足需求的金属有机骨架膜。

从工业应用的观点考虑，研究者们应进一步研究简易的膜放大制备和加工技术。对于实际应用，即使在复杂的操作条件下，MOF 膜也必须具有良好的可扩展性和长期稳定性。在这方面，由于中空纤维的高堆积密度，使其作为支撑体或组件用作 MOF 膜的进一步开发已展现出诸多优势。此外，由于大多数工业条件中都存在水蒸气，而这对 MOF 晶体的结构稳定性将产生很大的影响，因而 MOF 材料的水稳定性对于 MOF 膜的实际应用也是急需解决的难题。

总之，基于金属有机骨架材料的优异理化特性和现阶段的研究进展，高质量金属有机骨架膜的新合成方法将不断出现，推动 MOF 分离膜领域的迅速发展。

第一节
概　述

一、金属有机骨架材料

在过去数十年中，金属有机骨架作为材料领域一种新型的微孔配位聚合物，已成为研究的热点。MOF 是一种有机 - 无机杂化的微孔晶体材料，其具有由无机金属离子或金属簇通过与有机配体的配位络合自组装形成的周期性网络结构。其中有机配体通常为含有氮和氧元素等的多齿配体，而无机部分则主要是过渡金属离子或离子簇。金属有机骨架材料也被称为多孔配位聚合物（porous coordination polymers, PCP），通过选择合适的具有特定结构和化学性质的有机连接配体以及具有不同配位能力的离子或离子簇，不仅可以控制 MOF 的孔结构和大小，同时也可以有效地调节其孔道的化学性质。因此，具有不同有机连接配体和金属离子或离子簇的 MOF 可以满足多种应用要求，这也是多孔材料领域的重要里程碑。它不仅丰富了多孔材料的数量，而且将多孔材料从传统的无机领域引入有机和无机的杂化领域。与传统的无机微孔材料（如活性炭和沸石分子筛）相比，有机组分的存在也使得 MOF 具备了有机材料独特的物理和化学性质。

二、金属有机骨架膜简介

基于多样孔尺寸、高比表面积和可调节孔道等特点，MOF 膜已成为膜领域的研究重点。图 4-1 显示了每年发表的涉及金属有机骨架膜的文章数量（来自 Web of Science 数据库，检索词为 metal-organic framework membrane）。自 2006 年以来，有关金属有机骨架膜的文章越来越多，相应的引文数量呈急剧增加的趋势。金属有机骨架膜一出现便成为膜领域的研究热点之一。

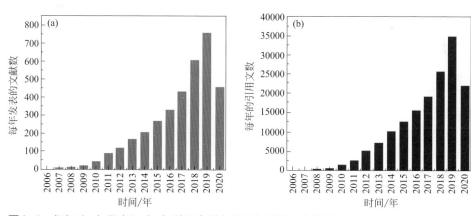

图4-1　每年（a）发表和（b）引用金属有机骨架膜的文章数量
注：Web of Science，截至 2020 年 7 月 16 日

金属有机骨架膜利用自身的孔道结构来实现不同组分的选择性分离。理想情况下，被捕集的组分不能穿透膜，其他组分可以透过膜。实现这一过程主要基于两种分离机理，即分子筛和选择性吸附。通常，分子筛膜的分离性能高度取决于

其孔径，小于膜孔径的物质将被允许通过，而较大的分子将被排斥，不同分子大小的物质之间存在明显的界限。而选择性吸附则主要依据金属有机骨架材料与待分离体系中部分组分之间较强的亲和力。组分的扩散行为将受到限制／促进，以实现高选择性分离。

实现金属有机骨架膜的高效选择性分离的先决条件是拥有完整的分离膜层。一些针孔或微裂纹的存在可能导致分离性能急剧下降。然而，膜材料、载体、溶剂、温度和压力等都将对膜的制备产生巨大的影响。金属有机骨架膜的研究主要集中在如何制备完整且无缺陷的膜层，到目前为止，研究者已开发出多种制备方法，例如原位生长、二次生长和反应晶种法等。原位生长法是将预处理过的多孔载体与合成溶液直接放入反应容器中进行加热合成的方法。尽管原位生长法简单、成本低且方便，但由于这一过程缺乏足够的成核位点，从而难以制备连续均匀的膜层。二次生长法是先制备合适的晶种并将其预先沉积在载体表面，经由二次生长形成连续的晶体膜。由于具有良好的成核位点，通常使用二次生长法能够制备完整的晶体膜。而在反应晶种法中，多孔载体充当无机源与有机前驱体反应，生长出用于二次生长的晶种层。因此，反应晶种法可以形成与支撑体良好结合且分布均匀的晶种层，从而有助于制备高质量的金属有机骨架膜。本章基于原位生长法、二次生长法以及反应晶种法，介绍有关金属有机骨架膜的代表性工作。此外，还将涉及金属有机骨架膜的一些新应用，如手性分离[1-2]和离子截留[3]。

第二节
研究进展

一、原位生长法

由于金属有机骨架膜在某些方面与分子筛具有一定的相似性，目前制备金属有机骨架膜的方法主要借鉴分子筛膜的制备方法，如原位生长法和二次生长法。原位水热合成并不适用于大多数金属有机骨架膜的制备，这是由于金属有机骨架膜的制备过程中，金属离子和有机配体之间发生自组装，其更易在溶液中成核，很难在支撑体上成膜。2009 年 Lai 课题组第一次通过原位水热合成的方法，在多孔 Al_2O_3 支撑体上制备得到连续的 MOF-5 膜[4]。如果仅仅是通过原位水热合成的方法制备 MOF 膜，需要增加反应时间来保证膜层的完整性，因此通过原位水热合成所制备的 MOF 膜多为几十微米，这使得 MOF 膜在应用的过程中有较大的阻碍。Jin 课题组通过原位生长法在 ZnO 和 CuO 支撑体上成功制备出了连续的 MOF-5 和 HKUST-1 膜。从图 4-2 的 SEM 形貌图可以观察到 MOF-5 和 HKUST-1 晶粒均匀地分布在支撑体表面，无支撑体裸露。MOF-5 和 HKUST-1 膜的厚度都是约 30μm，并且都与支撑体结合较好[5]。

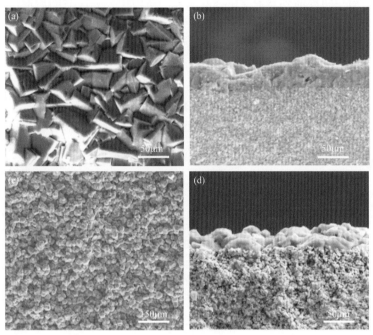

图4-2　SEM图：（a）MOF-5膜的表面；（b）MOF-5膜的断面形貌；（c）HKUST-1膜的表面；（d）HKUST-1膜的断面形貌[5]

二、二次生长法

二次生长法是在支撑体表面预涂晶种，再将其进行水热或溶剂热合成，使晶种层进一步生长从而得到连续致密的金属有机骨架膜。这种合成路线省去了成核阶段，在金属有机骨架膜的制备方面展现其独特的优势。二次生长法中的关键因素是如何将晶种连续均匀地涂覆在支撑体表面。目前已有的报道方法有：浸渍涂晶种法、擦涂晶种法、旋涂晶种法和微波辅助涂晶种法等。其中，浸渍涂晶种法因其操作简单而被广泛使用。金万勤等采用该种方法制备了一系列 MOF 纯膜。

Li 等采用浸渍提拉的方式在氧化铝支撑体上成功制备了 [Ni$_2$(mal)$_2$(bpy)]·2H$_2$O 膜。在晶种制备过程中发现晶种存在颗粒尺寸大的问题，采用机械球磨的方式减小晶种尺寸，且该过程能够显著增加晶种在溶液中的分散程度。然而该过程会对晶种形貌造成极大破坏，球磨过度还可能导致晶种结构坍塌[6]。随后，Yuan 等采用浸渍提拉的方式在打磨光滑的氧化铝支撑体表面制备一层均匀的晶种层。为确保晶种尺寸均一且结构完整，将 ZIF-300 晶种溶液中较大的晶体颗粒采用离心的方式去除。将氧化铝一面浸渍到含有 ZIF-300 晶种的溶液中，一段时间后取出，放置在 50℃的烘箱中进行干燥，随后通过二次生长法在支撑体表面生长均匀无缺陷的 ZIF-300 多晶膜。具体实验流程如图 4-3 所示[7]。

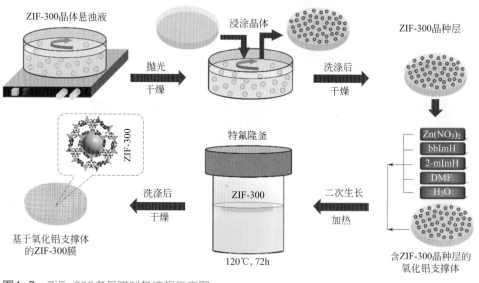

图4-3 ZIF-300多晶膜制备流程示意图

将有机连接基引入构架是金属有机骨架材料的显著特征之一，而这也将其与传统的无机多孔材料区分开来。基于此特征，研究者通过在金、陶瓷和石英等光滑支撑体上进行层层自组装生长制备一些含有顺序结合反应的 MOF 晶体，其中通常使用有机单体作为成核模板。在这基础上，Jin 课题组首次成功应用了层层自组装技术制备了均匀的晶种层，后通过二次生长法合成了连续完整的 HKUST-1 膜[8]。考虑到构成 HKUST-1 的 btc^{3-} 和 Cu^{2+} 在室温下可直接配位，而且 btc^{3-} 又易与羟基配位，故选择表面含有丰富羟基的 α-Al$_2$O$_3$ 作为支撑体，尝试在 α-Al$_2$O$_3$ 支撑体表面逐步沉积 btc^{3-} 和 Cu^{2+}，配位形成 HKUST-1 晶种层，为二次生长制备无缺陷的 HKUST-1 膜奠定了基础。如图 4-4 所示，在氧化铝支撑体表面逐步沉积 btc^{3-} 和 Cu^{2+}，二者配位形成了 HKUST-1 晶种层。在第一个循环之后，在载体表面上观察到源自 Cu^{2+} 的浅蓝色。随着层层自组装循环次数的增加，由于存在越来越多的 Cu^{2+}，蓝色变得越来越明显。最终，在二次生长后，获得了连续且高度共生的 HKUST-1 膜。

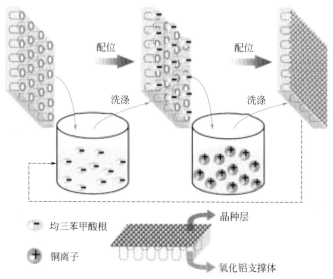

图4-4 层层自组装法制备HKUST-1膜过程示意图

从工业应用的观点来看，在支撑体内侧制膜，可以在操作过程中更好地保护膜免受机械和物理损坏，因此十分具有吸引力。而如何在内腔中制备均匀分布的晶种层是二次生长法制备连续完整金属有机骨架膜的关键。为此，金万勤等提出一种室温下在修饰支撑体表面原位制备均一分布的纳米 ZIF-8 晶种层的方法，即循环前驱体法[9]。此外，该方法通过将溶液在中空纤维内腔不断循环，很好地解决了制备金属有机骨架内膜过程中原料消耗导致的反应不充分问题。如图 4-5 所示，首先采用 3- 氨基丙基三乙氧基硅烷（APTES）对中空纤维支撑体内壁进行硅烷化改性，为晶种与支撑体之间提供了有机连接。随后，将配制好的晶种合成液不间断地在支撑体内腔循环，再经过二次生长，即可制备得到 ZIF-8/ 中空纤维内膜。在该过程中，晶种的合成与涂覆过程合二为一。而 3- 氨基丙基三乙氧基硅烷的存在使合成的晶种与支撑体结合更加牢固，有利于制备得到连续完整的 ZIF-8 膜层。最后，通过二次生长法制备 ZIF-8 膜。气体分离测试表明，内侧中空纤维 ZIF-8 膜表现出良好的分子筛分性能，H$_2$/CO$_2$、H$_2$/N$_2$ 和 H$_2$/CH$_4$ 的分离因子分别为 3.28、11.06 和 12.13。

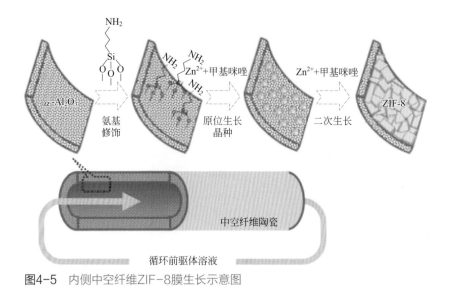

图4-5　内侧中空纤维ZIF-8膜生长示意图

三、反应晶种法

金属有机骨架材料常通过水热或溶剂热方法将金属盐和有机配体混合制备而成。而对于金属有机骨架膜，则可以通过化学相互作用将晶种层和载体连接而后进行溶剂热合成制备得到。晶种和载体的牢固结合可通过使载体参与反应以产生晶种层来实现。为此，金万勤等设计了一种新颖的反应晶种法[10]，其中载体作为无机源与有机配体反应，直接生长晶种层。通过在多孔氧化铝载体上制备金属有机骨架膜成功证明了所提出的反应晶种法的可行性。此处选择的膜材料为 MIL-53(Al(OH)[O$_2$C-C$_6$H$_4$-CO$_2$]·[O$_2$C-C$_6$H$_4$-CO$_2$]$_{0.7}$)，反应晶种法制备膜的过程如图 4-6 所示。首先，α-Al$_2$O$_3$ 载体代替九水合硝酸铝用作铝源供体，它在温和的水热条件下与对苯二甲酸反应生成晶种层。随后硝酸铝和对苯二甲酸在水热条件下二次生长形成 MIL-53 膜。制备的 MIL-53 膜对乙酸乙酯（EAC）/水溶液的共沸物脱水表现出非常高的选择性。在 60℃测试温度中，水／乙酸乙酯混合物［7%（质量分数）H$_2$O］通过 MIL-53 膜后，通量提升至 454g/(m^2·h)，截留率高达 99%（质量分数）。经过 200 多个小时的操作，制得的膜也展现出非常好的稳定性，证明反应晶种法在多孔载体上制造高质量 MOF 膜的有效性。之后，金万勤等通过反应晶种法制备了一系列 MOF 膜，例如 MIL-96[11]、ZIF-78[12]和 Zn-CD[13] 等。

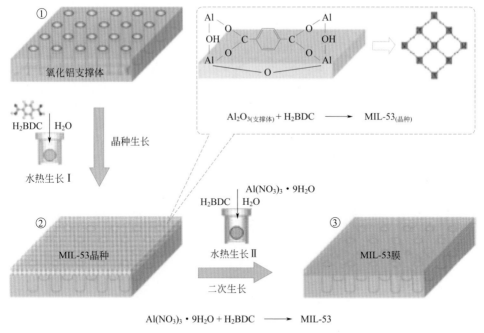

图4-6 采用反应晶种法在 α-Al_2O_3支撑体表面制备MIL-53膜的示意图

四、对扩散法

与金属盐和有机配体直接接触生长结晶不同，对扩散合成具有两种分隔开的配体和金属源溶液，通过底物分离（对扩散合成）或两种不混溶的溶剂界面在支撑体上或在界面处的结晶以形成连续 MOF 膜。在这些方法中，MOF 优先在膜的缺陷处结晶，缺陷为 MOF 前体的扩散提供了途径。这些方法非常适合制造无缺陷的 MOF 膜。而且，由于两种非干扰溶液无法形成大量的 MOF，从而减少了 MOF 前驱体的浪费。2011 年，胡耀心[14] 第一次用浓度扩散的方法在尼龙上制备出平均孔径为 0.1μm 的连续 ZIF-8 膜层。金万勤课题组采用对扩散法成功制备了 ZIF-71/ 中空纤维陶瓷复合膜。制备过程如图 4-7 所示：首先采用相转化法制备了内外径分别为 1.1mm 和 1.9mm 的 α-Al_2O_3 中空纤维陶瓷支撑体。在 MOF 膜制备之前，将支撑体一端密封，另一端与玻璃管连接，垂直放置在试管中。将含有 $Zn(Ac)_2$ 的甲醇溶液 (6.25mmol/L) 和含有有机配体 4,5- 二氯咪唑的甲醇溶液 (25mmol/L) 分别加入试管与中空纤维陶瓷内腔中。经过 4h 扩散反应后，Zn^{2+} 和 4,5- 二氯咪唑在中空纤维陶瓷支撑体表面反应形成完整的膜，将制备得到的膜在 45℃的烘箱中干燥。

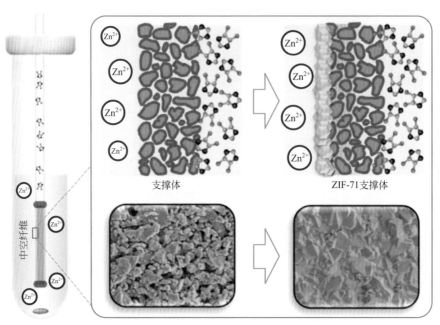

图 4-7　对扩散法制备ZIF-71/中空纤维陶瓷复合膜示意图

五、合成方法对比

金万勤课题组开发的反应晶种法在晶体膜制备方面具有独特的优势。这里，举例说明了原位生长法与反应晶种法的区别。在原位生长制备 MIL-96 膜的反应体系中，H_3btc、$Al(NO_3)_3$、H_2O 和 α-Al_2O_3 支撑体之间同时发生几个反应。根据 MIL-96 的分子式（$Al_{12}O(OH)_{18}(H_2O)_3(Al_2(OH)_4)[btc]_6 \cdot 24H_2O$），$\alpha$-$Al_2O_3$ 与 H_3btc 溶液反应合成 MIL-96 晶体的过程可以记作反应（4-1）。

$$7\alpha\text{-}Al_2O_3 + 6H_3btc + 29H_2O \longrightarrow Al_{12}O(OH)_{18}(H_2O)_3(Al_2(OH)_4)[btc]_6 \cdot 24H_2O \quad (4\text{-}1)$$

反应（4-2）和反应（4-3）是两个确定可以在 α-Al_2O_3 支撑体表面发生的反应。反应方程式如下

$$\alpha\text{-}Al_2O_3 + H_2O \longrightarrow 2AlO(OH) \quad (4\text{-}2)$$

$$14\gamma\text{-}AlO(OH) + 6H_3btc + 22H_2O \longrightarrow Al_{12}O(OH)_{18}(H_2O)_3(Al_2(OH)_4)[btc]_6 \cdot 24H_2O$$
$$(4\text{-}3)$$

两反应可以合并为反应（4-1）；同时，$Al(NO_3)_3$ 与 H_3btc 在主体溶液中发生反应合成 MIL-96 晶体，这个反应记作反应（4-4）。

$$14Al(NO_3)_3+6H_3btc+50H_2O\longrightarrow$$
$$Al_{12}O(OH)_{18}(H_2O)_3(Al_2(OH)_4)[btc]_6 \cdot 24H_2O+42HNO_3 \qquad (4\text{-}4)$$

如图 4-8 所示，在原位生长体系中，反应（4-1）和反应（4-4）在区域 A 和区域 B 同时进行。理想情况下，反应（4-1）首先在区域 A 发生，结果在 $\alpha\text{-}Al_2O_3$ 支撑体表面形成一层均匀的 MIL-96 晶种；然后在 MIL-96 晶种层的基础上，反应（4-4）在区域 B 发生，提供了足够的配体与金属源促使晶种层进行二次生长，制备出连续的膜层。如果反应（4-1）的速率足够快，在 MIL-96 晶种层形成后，反应（4-4）仍能提供足够的配体与金属源保证 MIL-96 晶种的二次生长，这种理想情况可能发生。然而，反应（4-4）是由可溶解的硝酸

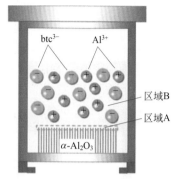

图4-8 原位生长制备MIL-96膜的反应体系中反应（4-1）和反应（4-4）发生的区域示意图[5]

盐作为无机源，与有机配体反应生成 MIL-96 晶体的速率非常快；反应（4-1）是由惰性的 $\alpha\text{-}Al_2O_3$ 支撑体作为无机源，生成 MIL-96 晶种层的速率要远远小于反应（4-4）的速率。因此，在均匀的 MIL-96 晶种层形成后，反应体系内的配体与金属源已不能促使晶种层进行二次生长形成连续的膜层。原位生长制备 MIL-96 膜时，有机配体 H_3btc 同时参与反应（4-1）和反应（4-4），因此反应（4-1）和反应（4-4）的竞争不可避免。图 4-9（a）是原位水热合成法制备 MIL-96 膜的成膜机理示意图。H_3btc 同时与 $\alpha\text{-}Al_2O_3$ 支撑体和自由铝离子反应。通过反应（4-1），$\alpha\text{-}Al_2O_3$ 支撑体可以提供 MIL-96 晶体在其表面生长的成核点。然而，反应（4-4）的速率较快，大部分 H_3btc 会与铝离子反应消耗在主体溶液中，故仅有少量 MIL-96 晶粒在支撑体表面形成。与此不同，通过两步水热反应，反应晶种法消除了竞争反应带来的不利影响。第一步水热反应在支撑体表面形成连续的 MIL-96 晶种层，在这步反应中，由于没有添加 $Al(NO_3)_3$，故 H_3btc 能与 $\alpha\text{-}Al_2O_3$ 支撑体充分反应；在第二步水热反应中，支撑体表面已经形成均匀的 MIL-96 晶种层，晶种可直接二次生长，即可成为连续完整的膜层［图 4-9（b）］。同时，MIL-96 晶种层的存在阻止了 H_3btc 与 $\alpha\text{-}Al_2O_3$ 支撑体之间的反应。

根据上述的分析，采用原位水热合成和反应晶种法分别制备了 MIL-53 纯膜[14]。如图 4-10 所示，采用原位水热合成制备的 MIL-53 膜表面晶体并没有完全覆盖在支撑体上，只是一些孤立的晶体颗粒。即使在较高的合成温度下膜也没有得到改善，原位水热合成法并不适用于 MIL-53 膜的制备。图 4-10（c）和图 4-10（d）对比了用原位水热合成法制备的 MIL-53 晶种层和 MIL-53 晶体。从图

中可知，用支撑体 α-Al_2O_3 代替 $Al(NO_3)_3 \cdot 9H_2O$ 所制得的晶体呈针棒状，与用 $Al(NO_3)_3 \cdot 9H_2O$ 制备而得的 MIL-53 晶体一样，进一步确认了用 Al_2O_3 替代原来的铝源是可行的。其次，从图 4-10（e）可以看出，采用支撑体参与反应制备得到的晶体虽然可以均匀地分布在支撑体表面，并且具有很好的结合力，但是并不能覆盖完全，所以这只能作为一层晶种层，在此基础之上，通过二次合成，获得了连续的完整的 MIL-53 膜。几种合成方法的优缺点对比总结在表 4-1 中。

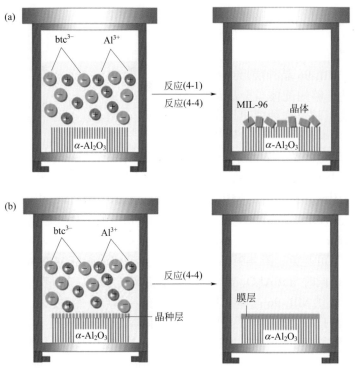

图4-9 （a）原位水热合成法；（b）反应晶种法制备MIL-96膜的成膜机理示意图[5]

表4-1 几种合成方法优缺点对比

膜生长方法	优点	缺点
原位生长法	合成简单	难以合成致密膜
二次生长法	应用广泛	步骤繁杂
反应晶种法	膜致密且与支撑体结合紧密	必须选择具有MOF金属位点的支撑体
对扩散法	利于薄膜制备	应用范围窄

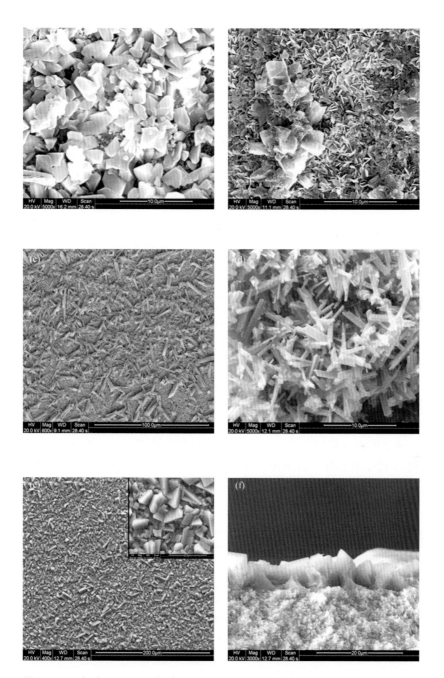

图4-10 （a）170℃和（b）220℃下原位水热合成法制备的MIL-53膜SEM图谱；（c）反应晶种法制备的MIL-53晶种层；（d）Al(NO₃)₃·9H₂O作为铝源制备的MIL-53粉体；（e）反应晶种法制备的MIL-53膜表面与（f）MIL-53膜断面

第三节
金属有机骨架膜调控

在第二节中讨论了制备金属有机骨架膜的常见方法，尤其是在晶种沉积和制备方面进行了总结。选择合适的制备方法对于成膜至关重要，但要想得到目标厚度与形貌的金属有机骨架膜，需要进一步优化膜生长过程的具体参数，如合成温度、生长时间和前驱液酸碱性等，本节就结合具体实例介绍影响成膜的相关因素。

一、合成温度

每一种金属有机骨架都有其特定的最佳合成温度。例如：ZIF-8 在室温下搅拌前驱液即可得到，而 UiO-66 则要在 100℃ 以上的反应釜中才可以合成。在膜生长过程中，合成温度会影响晶体的产率、结晶度和晶体膜的堆积等现象。袁建伟对 ZIF-300 晶体膜进行了系统的合成温度调控，并采用正电子湮灭寿命谱技术对不同合成温度条件下 ZIF-300 膜的结构进行了分析 [7]。如图 4-11 和表 4-2、表 4-3 所示，当合成温度从 80℃ 升到 120℃ 时，自由体积半径从 3.553Å 下降到 3.117Å，这意味着越高的温度越有助于 ZIF-300 膜晶体与晶体之间的生长。而当温度高于 120℃ 时，过高的合成温度会破坏 ZIF-300 的结构，未形成 ZIF-300 膜层，从而导致自由体积的大幅度增加（2000eV）。另外，当合成温度达到 140℃ 时，自由体积半径突然增加到 4.179Å，这也能证明膜层已经被破坏。因此，金万勤等推断，120℃ 将会展现出较好的分离性能。

表4-2　正电子湮灭寿命谱（2000eV）

样品	温度/℃	τ_3/ns	$\Delta\tau_3$/ns	I_3/%	R/Å	ffv/%
1	80	2.878	0.052	14.574	3.553	4.930
2	100	2.422	0.046	13.394	3.215	3.355
3	120	2.301	0.042	11.043	3.117	2.521
4	140	3.881	0.058	9.746	4.179	5.362

注：1Å=10⁻¹⁰m

注：$1Å=10^{-10}m$

表4-3　正电子湮灭寿命谱（5000eV）

样品	温度/℃	τ_3/ns	$\Delta\tau_3$/ns	I_3/%	R/Å	ffv/%
1	80	4.143	0.053	8.379	4.323	5.102
2	100	4.083	0.047	7.844	4.290	4.670
3	120	3.903	0.051	7.317	4.191	4.062
4	140	4.734	0.062	9.413	4.624	7.019

图4-11 不同合成温度下的ZIF-300电镜图

二、生长时间

晶体膜的生长时间最直接影响金属有机骨架膜的厚度。生长时间延长，有利于晶体结构的完善和晶体层的致密化，从而避免出现缺陷。但过度延长生长时间，会导致多晶膜的厚度大大增加，对于分离膜而言，无疑会造成分离性能的下降。黄康等对 $Ni_2(L\text{-}asp)_2(bipy)$ 膜生长时间的考察发现：合成时间过短时［3h、6h，图 4-12（a）和图 4-12（b）］，膜层不连续；时间过长［24h，图 4-12（d）］又会导致膜层过厚。经优化后的合成时间为 12h，如图 4-12（c）和图 4-12（e）所示，膜层连续完整，膜层厚度约为 20μm。相应的断面 EDX［图 4-12（f）］结果表明膜层与支撑体结合紧密[15]。

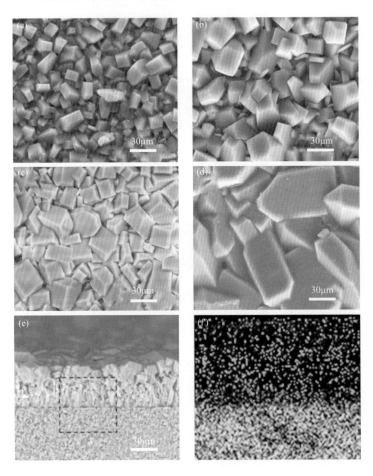

图4-12 （a）3h、（b）6h、（c）12h、（d）24h合成得到的膜层表面SEM图像；(e) 12h合成得到的膜层的断面图；（f）断面EDX表征结果

三、前驱液酸碱性

金属有机骨架的有机配体中常见的一类是含有羧基的多齿配体。溶液的酸碱性会影响有机配体的去质子化程度，从而影响配位反应速率。对于碱性环境，有机胺类或碱性溶液常被用做去质子化试剂，例如合成 MOF-74 过程中三乙胺的加入 [15]。对于酸性环境，有的依靠有机配体在溶液中的电离产生 H⁺，有的依靠外加的酸性试剂，例如 KAUST-7、KAUST-8 等的合成，其中氢氟酸的加入不仅提供酸性环境，还作为反应源之一提供结构所需的氟离子 [16,17]。

四、支撑体影响

在金属有机骨架膜制备的前期，研究者常采用氧化铝支撑体进行纯膜生长，这是由于氧化铝支撑体具有良好的力学性能和化学稳定性，且氧化铝支撑体表面光滑、孔径适中、易于获得等特点也是其成为首要选择的主要原因。针对金万勤等开发的反应晶种法，一系列金属氧化物支撑体被制备，用于提供晶种生长所需的金属离子，例如制备 ZnO 支撑体用于 MOF-5 的生长和采用 CuO 支撑体进行 HKUST-1 纯膜的生长 [5]。

五、溶剂交换影响

金属有机骨架是理想的用于分子分离的微介孔材料。为了获得高的分离性能，需要在多孔支撑体上制备无缺陷 MOF 膜，但要消除膜中的微缺陷或晶间间隙是相当困难的。Dong 等 [12] 在多孔 ZnO 载体上成功制备了 ZIF-78 膜。通过原位热膨胀分析，阐明了薄膜缺陷的形成机理，提出了一种通过控制溶剂分子在 ZIF-78 晶体通道中的扩散来消除薄膜宏观缺陷和晶间间隙的新策略。该方法为在多孔载体上制备高质量 MOF 膜提供了一种高效、通用的方法。具体过程如图 4-13 所示。考虑到加热法和甲醇交换法去除 DMF 的差异，金万勤等发现主要的区别在于 DMF 通过 ZIF-78 窗口的扩散速率。显然，低扩散速率有利于防止缺陷的形成。如果用纯甲醇进行溶剂交换，由于浓度梯度较大，DMF 的扩散仍然过快。因此，制备了一系列不同甲醇浓度的甲醇/DMF 混合物，并将制备的 ZIF-78 膜依次浸入这些溶液中进行溶剂交换。

图 4-14（a）和（b）所示为优化制备流程（控制溶剂交换和干燥过程）活化的 ZIF-78 膜的表面形态。膜呈橙色，表面均匀，无裂纹，覆盖着平均尺寸约为 20mm 的截短六角形晶粒，可以观察到 ZIF-78 膜内颗粒高度共生。图 4-14（c）表明 ZIF-78 层与 ZnO 载体结合良好，膜厚度约为 25mm。

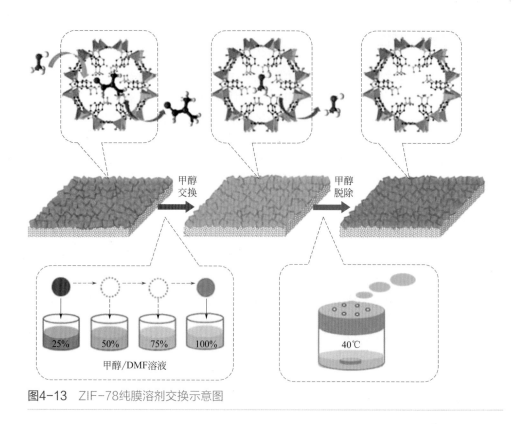

图4-13　ZIF-78纯膜溶剂交换示意图

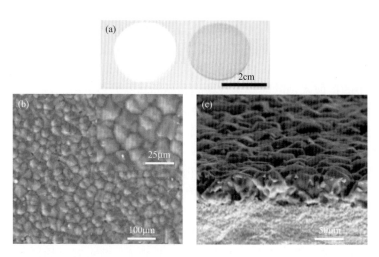

图4-14　（a）氧化锌载体（左）和活化ZIF-78膜（右）的实物图；（b）活化ZIF-78膜表面和（c）横截面的SEM图像

第四节
应用实例

一、手性分离

手性是自然界存在的普遍现象，许多药品、保健食品和农用化学品都具有立体异构体，每种对映异构体均显示出独特的生物活性。生产纯手性对映体对药物安全性和有效性至关重要。在制药、化学工业、农业和临床分析中对手性纯化合物的巨大需求促进了手性拆分技术的实质性发展。尤其是基于膜的分离，其低成本、节能、高处理量、可连续操作和易于扩大规模等优点，使其优于其他拆分外消旋混合物的技术。为了实现良好的手性分离，高手性分离性能膜材料的开发尤为重要。最近，研究者通过合理选择手性构件或模板制备了一系列新的手性MOF[18,19]。理想的手性金属有机骨架材料可以通过开放通道或空腔来区分手性对映体。在Li等的研究中，手性MOF已用于手性吸附分离，并且其中一些具有良好的分离性能。这些研究表明，手性MOF是新一代手性分离膜材料的强力候选。更重要的是，MOF的高孔隙率和低传质阻力使MOF膜具有高通量，而开放的手性通道或空腔也使其具备了较高的选择性。

1. 针对手性亚砜分离

2006年，Kim K等合成出纯手性金属有机骨架 $[Zn_2(bdc)(L\text{-}lac)(dmf)]\cdot(DMF)$ (Zn-BLD)，Zn-BLD具有超高的比表面积，孔道内充满手性识别位。Zn-BLD结构在三个方向上存在尺寸为5Å的通孔，并且配体L-乳酸的部分手性中心暴露在空隙中。将Zn-BLD应用于亚砜类手性化合物对映体的选择性吸附分离时，其 ee 值达到20%～27%[20,21]。而在手性物质的实际应用中，分离产物 ee 值不足30%的纯度很难满足需求，因而，提高Zn-BLD物质的手性分离选择性显得极其重要。图4-15阐述了典型的对映选择性分离过程。将待分离的外消旋甲基苯基亚砜物质引入到Zn-BLD膜表面，膜材料对其中的一种对映体 S-甲基苯基亚砜具有优先吸附能力，这种对映体分子在通过膜孔道时，由于与孔道内的环境存在作用力，渗透速率较慢，而另一种对映体与孔道没有作用力，从而能够快速、优先穿过膜层。

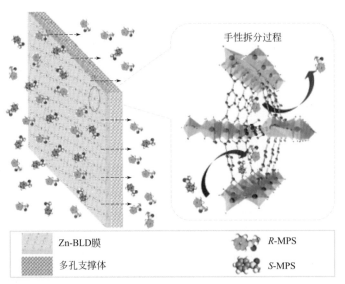

图4-15 用于外消旋MPS对映选择性分离的同手性Zn-BLD膜示意图

在 MOF 物质吸附分离过程中，具有高结晶度的纯相晶体往往具有更高的吸附分离性能。金万勤课题组对 Zn-BLD 晶体合成过程中的合成温度、合成时间及合成液浓度等条件进行了优化，将优化的合成条件下得到的高结晶度的纯相 Zn-BLD 晶体对外消旋的甲基苯基亚砜进行吸附分离，并首次制备手性Zn-BLD 膜 [2]。通过反应晶种法 [6] 在多孔陶瓷载体上制备了完整的手性 Zn-BLD膜，形貌如图 4-16 所示。由图 4-16（a）可知，尺寸约为 2μm 的较规则的 Zn-BLD 晶体粒子均匀地沉积在 ZnO 支撑体上，有利于二次生长成膜。图 4-16（b）中 Zn-BLD 膜的表面图片展示的是大量堆积紧密、交互生长程度较高、平均大小在 10μm 左右的 Zn-BLD 晶体所构成的膜表面，且无缺陷。而图 4-16（c）中的断面图展示了膜层结构，膜与支撑体层次分明，连接紧密，膜厚大约为 25μm。

图4-16 SEM图：(a) Zn-BLD 的晶种层；(b) Zn-BLD 膜的表面；(c) Zn-BLD 膜的断面

虽然 SEM 表征很多时候能够帮助了解膜的微观生长情况，进而初步判断出膜的生长是否连续及完整，但由于它所表征的只是膜的局部形貌，很难完全决断膜是否完整无缺陷。因此，除了 SEM 之外，本实验还采用了单组分气体渗透实验来验证所制备的 Zn-BLD 膜的完整性。对于 ZnO 支撑体而言，其氮气渗透性随着跨膜压差的升高而增大，说明此时气体透过支撑体的过程主要是以黏性流形式存在的。而氮气透过纯手性 Zn-BLD 膜过程中，气体的渗透性在一个固定值范围内出现很小的波动，基本不随跨膜压差的改变而改变，说明此时气体的渗透接近于分子流形式，即证明了 Zn-BLD 膜不存在大孔缺陷。

浓度梯度差驱动着整个渗透过程的进行。在整个渗透实验中，进料侧甲基苯基亚砜物质的浓度变化不超过 2%。图 4-17 表示了渗透侧 S- 甲基苯基亚砜（S-MPS）与 R- 甲基苯基亚砜（R-MPS）的浓度与渗透时间的关系。在渗透侧两种对映体浓度随着渗透时间的增加而增加，且其中 R-MPS 浓度的增速明显比 S-MPS 的要快，说明了渗透侧物质中 R-MPS 的含量要多于 S-MPS 的含量。膜材料 Zn-BLD 骨架孔道里的手性环境与 S-MPS 存在一定的相互作用力，减慢了 S-MPS 在渗透过程中的传输速率，而 R-MPS 与 Zn-BLD 的骨架孔道则不存在此类作用，R-MPS 能够正常顺利通过，两种对映体在传输过程的差异带来了渗透侧左、右旋对映体的浓度差。经过 18h 的渗析之后，两种对映体的浓度差距变得明显，而 48h 之后，对映体选择性显现得最为明显，ee 值达到了 33.0%。

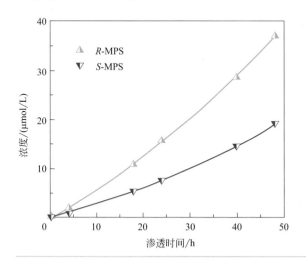

图4-17

Zn-BLD 膜的渗透侧两种对映体的浓度与渗透时间的关系图

注：进料侧的外消旋甲基苯基亚砜初始浓度为 5mmol/L

2. 针对手性醇分离

[Ni$_2$(L-asp)$_2$(bipy)]（缩写为 Ni-LAB）是通过 L- 天冬氨酸、4,4′- 联吡啶和镍

离子合成的另一种手性金属有机骨架材料[22]。如图 4-18 所示,该材料的内表面由氨基酸(天冬氨酸)组装而成,而氨基酸为手性二醇的对映选择性分离提供了吸附位点。

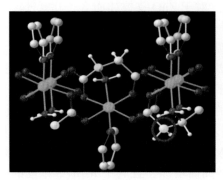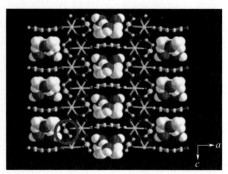

图4-18 [Ni$_2$(L-asp)$_2$(bipy)]晶体结构示意图[21]

二醇对映异构体是合成手性药物和精细化学品的重要中间体。金万勤课题组研究了在多孔陶瓷载体上制备 Ni-LAB 膜以分离消旋 2- 甲基 -2,4- 戊二醇的方法。为了合成合适的 Ni-LAB 晶种,金万勤课题组采用了高能球磨法,以机械方式减小 Ni-LAB 晶体的尺寸。如图 4-19 所示,在浸涂接种步骤后,使接种的陶瓷载体通过二次生长制备成膜。优化制备工艺后,获得了高质量的 Ni-LAB 膜,并通过相同的装置测量得到了 Ni-LAB 膜的手性分离性能。结果表明,在 30℃下,进料浓度为 1.0mmol/L 时,*ee* 值为 35.5%±2.5%。

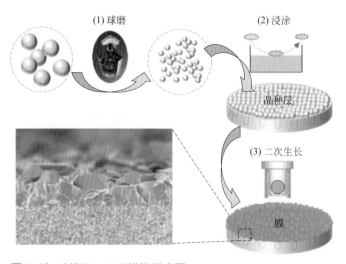

图4-19 制备Ni-LAB膜的示意图

手性分离实验采用自制的手性分离装置进行。如图 4-20 所示，Ni-LAB 膜放置在两个腔室之间，用氟橡胶垫圈进行密封，并用夹子夹紧。进料侧和渗透侧用磁力搅拌装置持续搅拌，以减少浓差极化的影响。在实验过程中，进料侧 2- 甲基 -2,4- 戊二醇浓度的变化不超过 2%。所有的样品在进行气相色谱（Shimadzu GC-14B）分析前都需要用 N- 甲基 - 双（三氟乙酰胺）进行衍化处理。气相色谱分析采用 Lipodex-E 气相毛细柱（MACHEREYNAGEL，长度 25m，内径 0.25mm，外径 0.40mm）进行分析。

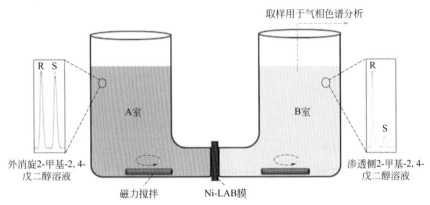

图4-20 Ni-LAB膜手性分离装置示意图

ee 值通过两种对映体的色谱峰面积进行确定，计算公式如下

$$ee = \frac{\left| A_R - A_S \right|}{A_R + A_S} \times 100\% \qquad (4\text{-}5)$$

式中 A_S——S 构型对映体的峰面积；

　　　A_R——R 构型对映体的峰面积。

手性通量通过下式计算得到

$$f = \frac{n}{At} \qquad (4\text{-}6)$$

式中 n——2- 甲基 -2,4- 戊二醇的渗透量，mmol；

　　　A——有效膜面积，m^2；

　　　t——渗透时间，s；

　　　f——手性通量，$mmol/(m^2 \cdot s)$。

图 4-21 为渗透侧 *R*-2- 甲基 -2,4- 戊二醇（*R*-MPD）与 *S*-2- 甲基 -2,4- 戊二醇（*S*-MPD）的浓度与渗透时间的关系。在渗透侧两种对映体浓度随着渗透时间的延

长而增加，其中 R-MPD 浓度的增速明显比 S-MPD 的要快，说明了渗透侧物质中 R-MPD 的含量要多于 S-MPD 的含量。因此，推测 Ni-LAB 膜对 2- 甲基 -2,4- 戊二醇的手性分离机理为优先吸附分离机理。在分离过程中，进料侧更多的 R-MPD 吸附到膜层表面，进入 Ni-LAB 孔道，在渗透侧解吸出来。因此，渗透侧 R-MPD 的含量要多于 S-MPD 的含量。然而，对于膜分离过程，渗透性不仅与吸附性能有关，还与分子在膜层的扩散速率有关。实验中，得到的最高 ee 值为 35.5%，小于吸附选择性。这一结果可能是由 S-MPD 的扩散速率略大于 R-MPD 导致的。

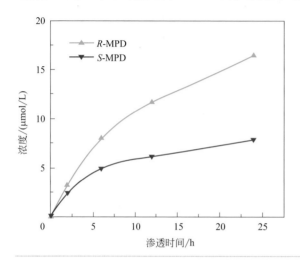

图4-21

渗透侧 R-2-甲基-2,4-戊二醇（R-MPD）与 S-2-甲基-2,4-戊二醇（S-MPD）的浓度与渗透时间的关系

二、气体分离

气体分离，例如轻质烃分离和天然气处理等，广泛用于燃料、塑料和聚合物的散装化学产品的生产等[23]。相比能量密集型和资本密集型的精馏或液体吸收等传统气体分离技术，基于膜的分离技术消耗 10% 的能量[24]。膜技术的分离效率依赖于固体吸附剂的内部孔隙率和表面性质。与经典吸附剂如硅酸盐和碳支撑体料相比，金属有机骨架或多孔配位聚合物是新型的可定制的多孔材料，可实现孔结构的精确调节和功能化，用于分离特定的气体分子。使用 MOF 进行的气体分离目前受到越来越多的关注，因为从金属节点和配体的无数组合中可改进材料的性质，产生无限的结构多样性。另外，配体功能的多样性有助于调节 MOF 对不同气体组分的亲和力，并增强 MOF 对其他基质的黏附力。通过使用独特的 MOF 作为吸附材料，已经实现了许多重要且具有挑战性的气体分离，例如二氧化碳捕获、甲烷或氮气分离、轻质烃分离、异构体分离、惰性气体分离等[23,25]。

为了获得较高的通量与选择性，制备多孔支撑体支撑的不对称膜成为金属有机骨架膜研究的重点[26-28]。到目前为止，实验室中制备的金属有机骨架膜采用的支撑体以片式无机陶瓷支撑体为主[29-32]，主要是因为在片式支撑体表面制备晶体膜较为简单、方便。考虑到片式膜不利于实际工业化应用，部分管式或中空纤维金属有机骨架膜也得到关注[33]。然而，这些工作主要集中在如何在管式或中空纤维支撑体外壁上制备金属有机骨架分离膜，少有工作关注金属有机骨架内膜的制备与应用，尤其是中空纤维内膜。从工业应用的角度出发，在管式支撑体内壁制备金属有机骨架膜，可以有效地避免在运输、装载过程中对晶体膜层造成的物理损伤，有利于金属有机骨架膜的工业放大。制备金属有机骨架内膜主要面临以下几方面困难：①缺乏合适的制膜材料；②难以在中空纤维内腔保持充足的合成溶液；③现有的制膜方法难以应用于中空纤维狭窄的内腔。

ZIF-8 是沸石咪唑酯骨架系列的代表性材料[34]，其基本单元由 2- 甲基咪唑与 Zn^{2+} 构成，每个 Zn^{2+} 与四个甲基咪唑环上的 N 原子进行配位，形成四面体的 ZnN_4 团簇，并由 2- 甲基咪唑环连接构成，是具有方钠石（SOD）沸石类型的三维立体孔道的金属有机骨架材料。其纳米尺寸的孔道（六元环通孔孔径大约是 0.34nm）以及良好的热稳定性使其表现出极其出众的分离性能，特别是在小分子气体分离方面（如 H_2、N_2、CO_2 以及碳氢化合物等）。此外，研究还发现 ZIF-8 晶体可以在室温下以水作为溶剂合成[35]，这一特性使其在膜领域的应用得到进一步推进。

中空纤维 ZIF-8 内膜采用图 4-22 所示的连续循环系统进行制备。实验过程中，所有的制备步骤（包括修饰、预制晶种以及二次生长过程）都是在相同的实验装置中进行，通过改变合成溶液进行支撑体修饰与膜层的制备。所采用的 $\alpha\text{-}Al_2O_3$ 中空纤维陶瓷支撑体通过相转化法制备。

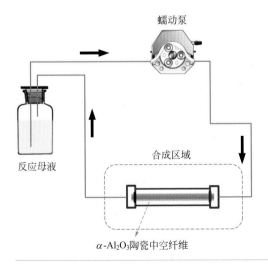

蠕动泵

反应母液

合成区域

$\alpha\text{-}Al_2O_3$陶瓷中空纤维

图4-22
循环前驱体法制备ZIF-8中空纤维内膜装置示意图

气体测试采用 Wicke-Kallenbach 方法。对于 ZIF-8 中空纤维内膜，首先要解决的是如何将内膜密封于气体组件中，以防气体分子从多孔中空纤维陶瓷的横截面泄漏。为了解决该问题，金万勤等将毛细石英管插入中空纤维 ZIF-8 内膜的内腔并密封，随后再将石英管与气体组件密封。对于单组分气体，进料流速为50mL/min。对于双组分进料，总流速为 100mL/min，气体体积比为 1:1。在所有测量中，氦气作为吹扫气，流速为 50mL/min。进料侧与渗透侧均保持常压。图 4-23 是气体分离测试装置示意图，GC 代表气相色谱仪（安捷伦科技 7820A），F 与 p 分别代表流量与压力。

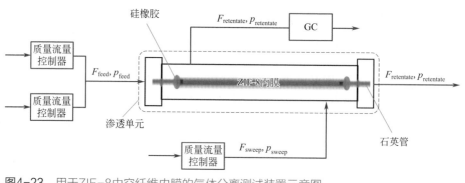

图4-23 用于ZIF-8中空纤维内膜的气体分离测试装置示意图

图 4-24（a）和（b）展示了中空纤维陶瓷内壁制备晶种层前后的 SEM 图。与空白支撑体相比，采用循环前驱体法制备的晶种均匀地分布在 3- 氨基丙基三乙氧基硅烷修饰后的中空纤维支撑体表面，晶种粒径大约在 50 ～ 100nm，均匀分布的纳米级 ZIF-8 晶种有利于完整膜层的形成。然而，当采用未修饰的中空纤维陶瓷支撑体制备 ZIF-8 晶种层时，在支撑体表面难以形成纳米级的 ZIF-8 晶种（图 4-24），表明 3- 氨基丙基三乙氧基硅烷有利于均匀分布的纳米 ZIF-8 晶种的形成。经过二次生长后可以看到 ZIF-8 膜层连续完整，没有大孔缺陷，膜层厚度只有 2μm，并且与支撑体结合良好。超薄的膜层厚度有利于后续气体测试获得较高的通量。

图 4-25 是中空纤维陶瓷 ZIF-8 内膜双组分气体渗透结果，H_2/CO_2、H_2/N_2 和 H_2/CH_4 的分离因子分别达到 3.28、11.06 和 12.13。与单组分气体渗透相比，选择性有所下降，这是由气体间的相互竞争导致的。无论是单组分的理想选择性，还是双组分混合气体的分离因子，都远高于对应的努森扩散计算值，进一步说明采用循环前驱体法制备的中空纤维陶瓷 ZIF-8 内膜是连续完整的，在气体分离方面拥有巨大的应用前景。

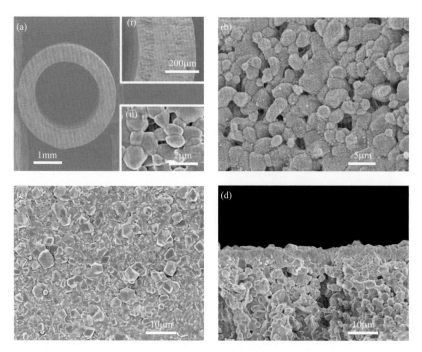

图4-24 SEM图：（a）空白中空纤维陶瓷支撑体；（b）ZIF-8 晶种层；（c）ZIF-8中空纤维内膜表面与（d）断面

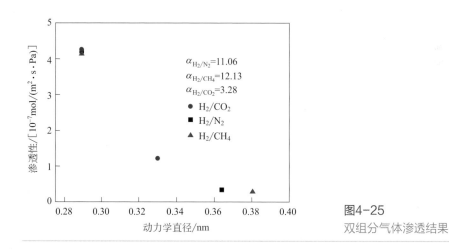

图4-25
双组分气体渗透结果

图 4-26 是中空纤维陶瓷 ZIF-8 内膜长期稳定性实验结果，从图中可以看到，中空纤维 ZIF-8 内膜在连续工作 200h 后性能依然稳定，表明所制备的 ZIF-8 内膜具有很好的稳定性。良好的稳定性得益于 ZIF-8 晶体优秀的化学与热稳定性能。

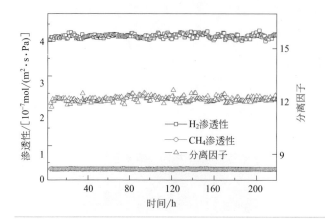

图4-26
中空纤维陶瓷ZIF-8内膜长期
稳定性实验结果

三、渗透汽化分离

渗透汽化是一种新兴的膜分离技术，以料液膜上下游某组分化学势差为驱动力实现传质，利用膜对料液中不同组分亲和性和传质阻力的差异实现选择性分离。膜材料是使渗透汽化过程节能、高效的关键。而新材料的开发为渗透汽化膜材料提供了更多的选择，其中 MOF 材料的可功能化以及表面的亲疏水性质等也被广泛研究，用于适当的渗透汽化分离体系。

1. 醇 / 水分离

Yaghi 等用乙酸锌和 4,5- 二氯咪唑（dcIm）合成了一种新的具有 RHO 拓扑结构的三维多孔金属 - 有机骨架 ZIF-71[36]，其具有 0.48nm 的开孔和 1.68nm 的空腔，表现出固有的疏水性。分子模拟研究表明，醇（甲醇和乙醇）可以被 ZIF-71 晶体选择性地从醇 / 水混合物中吸附，特别是在相对较低的压力下[37]，其 SEM 图如图 4-27 所示。吸附研究进一步证实了 ZIF-71 的高度亲有机性，但是，由于 ZIF-71 晶体表面可能存在氢键，ZIF-71 的吸水率高于模拟预测值[38]。根据纯蒸汽吸附数据，ZIF-71 的乙醇 / 水选择性估计为 11.1。这些结果表明 ZIF-71 可能是一种很有前途的有机溶剂分离膜材料。Dong 等采用反应晶种法在氧化铝支撑体上二次生长出均匀的 ZIF-71 膜层[39]。为了评价 ZIF-71 膜的完整性，在不同的进料压力下测量了单气体分子（He、N₂、SF₆）的透过率。所有气体的渗透性与进料压力无关，表明膜中没有宏观缺陷，证明了 ZIF 膜用于有机溶剂分离的可行性。并将其用于醇（甲醇和乙醇）/ 水和碳酸二甲酯（DMC）/ 甲醇混合物的渗透汽化分离。结果表明，ZIF-71膜具有良好的渗透汽化性能，尤其是在DMC/甲醇分离中，如表4-4所示。

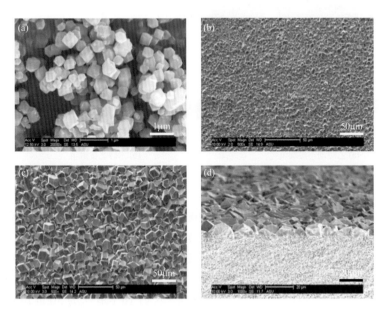

图4-27 SEM图：（a）在甲醇中合成的ZIF-71晶体；（b）ZIF-71晶种层；（c）ZIF-71膜的表面；（d）ZIF-71膜的横截面

表4-4 ZIF-71在25℃下分离5%（质量分数）乙醇（EtOH）/水、甲醇（MeOH）/水和碳酸二甲酯（DMC）/甲醇（MeOH）的渗透汽化性能

体系	通量 /[g/(m² · h)]	分离因子	醇或DMC渗透性 /[g/(m² · h · kPa)]	选择性
乙醇/水	322.18	6.07	117.43	1.50
甲醇/水	394.64	21.38	260.22	4.32
DMC/甲醇	5.34	5.34	102.89	8.08

Huang等通过对扩散法成功制备了ZIF-71/中空纤维陶瓷内膜，并将该膜应用于渗透汽化分离乙醇/水体系。膜层表面较高的有机物亲和力是实现高效有机分离的前提。实验中，分别测定了ZIF-71膜与水和乙醇的接触角。ZIF-71晶体对乙醇具有较好的吸附性，因此只能测试得到乙醇的动态接触角，如图4-28所示。相应的ZIF-71膜与水的静态接触角为92.9°。以上结果证明ZIF-71膜对乙醇具有很好的亲和力。

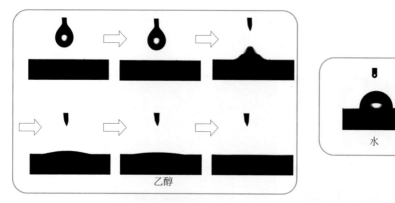

(a) 乙醇动态接触角   (b) 水静态接触角

图4-28　ZIF-71膜层接触角测试结果

此外，采用石英晶体微天平技术（QCM200石英晶体微天平，斯坦福研究股份有限公司）测试ZIF-71的吸附性能。图4-29（a）为实验装置示意图。实验过程如下：将ZIF-71沉积在空白支撑体表面（安装在标准支撑架上），置于35℃真空箱内去除客体分子。随后，将其密封保存在25℃的盒子中。在测试之前，将干燥的氮气（纯度为99.999%）通过线路1连续吹扫1h（流速为50mL/min），使系统达到平衡。测试时，将氮气吹扫路径变为线路2，与此同时，记录金支撑体质量的变化。测试结果如图4-29（b）所示，ZIF-71晶体对乙醇的吸附量随操作时间的延长明显增加，而对水的吸附量增加缓慢，说明ZIF-71具有较强的醇类吸附性能。

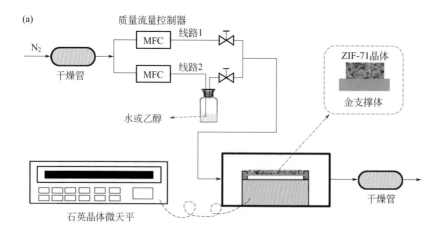

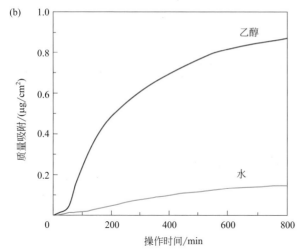

图4-29 （a）采用石英晶体微天平进行吸附测试示意图；（b）ZIF-71晶体的吸附性能测试结果

　　将所制备的ZIF-71/中空纤维复合膜用于含乙醇5%（质量分数）的水溶液的渗透汽化实验，结果如图4-30所示。随着操作温度的升高，膜层通量增加，这是由膜层驱动力增加引起的。与此同时，由于温度升高，ZIF-71晶体对乙醇的吸附能力下降，导致乙醇/水的分离因子从6.88下降到5.02。值得注意的是，在25℃下，所制备的ZIF-71/中空纤维复合膜渗透总通量达到2601g/(m²·h)，其中乙醇通量为691g/(m²·h)，分离因子为6.88，该性能远高于其他文献所报道的性能。

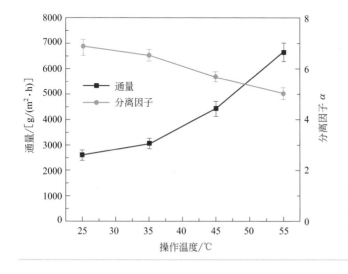

图4-30

ZIF-71/中空纤维复合膜用于5%（质量分数）乙醇/水溶液的渗透汽化实验结果

2. 乙酸乙酯／水分离

乙酸乙酯(EAC)是一种极其重要的有机化工原料和绿色环保型溶剂，年均需求率近几年也在逐年增长。目前，亲水性渗透汽化膜多数为有机高分子膜，但是这类膜普遍存在强度低、化学稳定性不高等缺点。MOF复合膜可结合有机材料和无机材料各自的优势，利用无机材料的耐酸碱、耐有机溶剂以及耐高温等一系列优良性质来提高分离膜的耐溶胀能力和抗压能力，另一方面利用MOF膜层的小孔径达到较高的分离性能。基于此，Hu等以无机陶瓷膜为支撑体材料，研究了MOF/陶瓷复合膜在液体分离方面的应用[10]。

表4-5　MIL-53膜渗透汽化结果（60℃）

进料	分离因子	通量/[kg/(m² · h)]
7%水和93%乙醇	1	5.6
7%水和93%叔丁醇	1.2	3.1
7%水和93%乙酸乙酯	1317	0.5

如表4-5所示，对于93%乙酸乙酯／水溶液，MIL-53膜有很好的脱水性能，在相同的操作条件下，分离因子能够达到1317，通量为0.5kg/(m² · h)。如此高的分离因子，主要是有两个方面的原因：首先，是由于MIL-53膜的分子筛分效应。乙酸乙酯的分子动力学直径为5.2Å，大于水分子的分子动力学直径2.9Å，并且两者均小于MIL-53的孔径（7.3Å×7.7Å）[40]。在渗透汽化分离的过程中，较小的水分子优先透过膜层进入到渗透侧，但由于两者均小于MIL-53孔径，所以这么高的分离因子并不是完全取决于分子筛分效应，另一方面是由于水分子的优先吸附特性。由于MIL-53材料是有机-无机复合化合物，所以其结构中还有大量的—OH，能与水分子形成氢键，促使水分子更容易进入MIL-53膜的孔道之中，从而透过膜层进入到渗透侧。乙醇和叔丁醇/水溶液的分离性能并不理想，首先是因为这两种有机物质的分子动力学直径均小于乙酸乙酯，和水分子一起更容易透过膜；其次相对于乙酸乙酯来说，乙醇和叔丁醇中均含有大量的羟基，削弱了水分子的优先吸附优势。所以MIL-53膜对于乙醇/水和叔丁醇/水溶液没有很好的脱水性能。

表4-6给出了目前常用于乙酸乙酯脱水的膜性能统计表。从表中可以得知，目前用于乙酸乙酯脱水的大多是有机膜，所以金万勤等制备的MIL-53膜不仅开拓了MOF膜在液体分离方面的应用，在无机膜用于乙酸乙酯脱水方面也是一个突破性的进展。综合通量和分离因子来分析，部分有机膜有较高的分离因子，但通量非常低，例如PVA有机膜，分离因子可以达到5000，但是通量仅为22g/(m² · h)，限制了其实际应用。还有些有机膜，虽然有较

大的通量，但是分离因子却很小。例如 PVA-CS/陶瓷复合膜的通量可以达到 2200g/(m² · h)，但是分离因子仅为 500，并不能达到很好的脱水效果。而从所制备的 MIL-53 膜的通量和分离因子综合来看，其在乙酸乙酯脱水方面具有优异的性能。

表4-6 不同分离膜用于乙酸乙酯脱水的性能比较

膜材料	进料水含量 （质量分数） /%	进料温度 /℃	通量 /[g/(m² · h)]	分离因子	参考文献
PVA	2	50	22	5000	[41]
PVA-CS/陶瓷	8	50	2200	500	[42]
PFSA-TEOS/ PAN	2	40	205	496	[43]
PU	8	30	187	42.4	[44]
MIL-53/陶瓷	7	60	454	1317.4	金万勤等

对于 MOF 膜来说，膜层与支撑体的界面结合力是决定膜质量的关键因素。由于 MOF 是一种有机 - 无机杂化材料，如何保证与无机支撑体之间的结合力，延长膜寿命，也是研究者重点关注的方向。原位生长法是一种支撑体参与反应的方法，其最大的特点就是能增强膜层和支撑体之间的结合力，通过乙酸乙酯脱水的长期稳定性试验可以证明该方法的这一优势。图 4-31 显示了 MIL-53 膜渗透汽化脱除乙酸乙酯溶液中水的长期稳定性测试结果。在长达 200h 的连续运行过程中，MIL-53 膜一直保持较高的选择性，证明了膜层和支撑体之间具有很好的结合力，在 200h 不间断错流进料的条件下，仍然没有任何脱落现象。

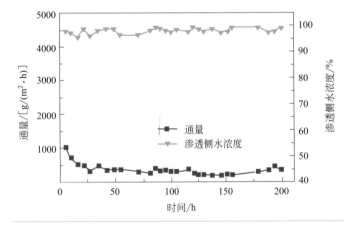

图4-31
MIL-53膜渗透汽化性能随时间的变化曲线

四、离子截留

随着工业的快速发展，金属电镀、采矿、电池、石油提炼、涂料以及色素行业中的重金属离子被直接或间接地排入到环境中。与其他有机污染物不同的是，重金属离子是不可降解的，且对人体具有很严重的伤害，会导致人体各种各样的疾病，因此污水在排放之前必须将其中的重金属离子收集并集中处理。然而当今水处理技术价格昂贵且能耗比较高，因此膜分离技术扮演着越来越重要的角色，其优点在于效率高、能耗低且具有很好的分离能力。因此，开发新型的高效的膜分离材料是至关重要的。

金属有机骨架作为一种新型的分离材料[45,46]，由于其可调的孔径和功能性吸引了科研工作者越来越多的兴趣。近来，Liu 等[47] 报道了 UiO-66 中空纤维膜用于海水淡化和溶剂脱水。Duke 等[48] 将 SAPO-34 和 ZIF-8 膜应用于海水淡化中。沸石咪唑骨架（ZIF）作为 MOF 中重要的一种，尽管在含水的分离体系的应用中尚处于初始阶段，但其以优越的热稳定性和化学稳定性被大量研究用于膜分离中[49,50]。

1. ZIF-300 膜处理重金属污水

沸石咪唑骨架 -300（ZIF-300）是一种具有良好水稳定性的材料，在 N,N- 二甲基甲酰胺和水的混合溶液中，通过 $Zn(NO_3)_2 \cdot 4H_2O$ 与 2- 甲基咪唑和 6- 溴 -1-H- 苯并咪唑发生化学反应得到。ZIF-300 金属有机骨架膜重金属离子和有机染料截留示意图如图 4-32 所示。根据 ZIF-300 的 BET 表征测试，其孔径大小约为 0.79nm，大于水的直径（0.28nm），小于待分离的重金属离子直径（表 4-7）。除此之外，ZIF-300 的晶体结构以及吸附性能在潮湿条件下能保持不变。由于 ZIF-300 具有很好的分子筛分能力和良好的水稳定性，如果将其制备成膜，在重金属分离领域具有良好的应用前景。

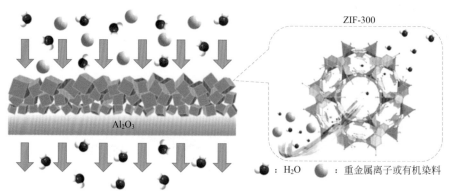

图4-32　ZIF-300金属有机骨架膜重金属离子和有机染料截留示意图[51]

表4-7　水、重金属离子和有机染料的分子动力学直径[52]

水、离子和有机染料	直径或分子质量
H_2O	2.76Å
Cu^{2+}	8.38Å
Co^{2+}	8.46Å
Cd^{2+}	8.52Å
Al^{3+}	9.6Å
罗丹明B (RhB)	479.02Da
甲基蓝 (MB)	373.90Da
甲基橙 (MO)	327.33Da

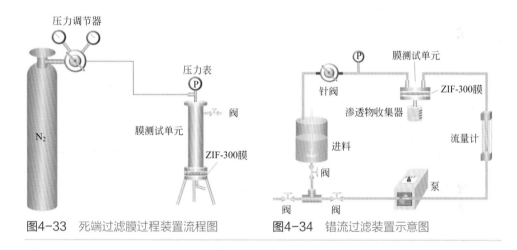

图4-33　死端过滤膜过程装置流程图　　图4-34　错流过滤装置示意图

通过自制的过滤膜组件和错流过滤膜装备评估膜的过滤性能（图4-33、图4-34）。所有重金属离子溶液（$CuSO_4$、$CoSO_4$、$CdSO_4$）的浓度均为10mmol/L，所有的染料溶液（RhB、MB、MO）浓度均为$5×10^{-5}$。为了避免离子和染料的吸附作用，均在3h的稳定性测试之后再采集样品。水的渗透性采用以下公式进行计算

$$J = \frac{V}{Atp} \tag{4-7}$$

式中　V——渗透侧收集到溶液的体积；

A——膜的有效膜面积，m^2；

t——膜分离的时间，h；

p——渗透膜压力，bar，$1bar=10^5Pa$。

重金属溶液的浓度采用电感耦合等离子体（ICP）进行测试，染料的浓度采用紫外光谱（UV-Vis）进行分析。截留率可以用下面的公式进行计算

$$R = \left(1 - \frac{c_p}{c_f}\right) \times 100\% \tag{4-8}$$

式中　c_p——原料侧溶液浓度；

　　　c_f——渗透侧浓度。

最佳合成条件下制备的 ZIF-300 膜的 SEM 图像和 EDX 图谱如图 4-35 所示。对优化的 ZIF-300 膜的重金属离子截留进行死端过滤测试。重金属离子原料与渗透侧溶液浓度采用 ICP 进行分析。如图 4-36（a）所示，ZIF-300 膜在单种离子溶液和混合离子溶液中均表现出良好的截留性能（$CuSO_4$:99.87%、$CoSO_4$:99.63%、$CdSO_4$: 99.32%、$Al_2(SO_4)_3$: 99.52%、$CuSO_4+CoSO_4$（等比例混合）: 98.95%）。另外，ZIF-300 膜对 $CuSO_4$ 的截留率比其他离子高，这是由于其对 Cu^{2+} 的吸附量最小，从而减小了水穿越膜的阻力。此外，选用带有不同电荷的染料考察电荷在膜分离过程中起的作用。罗丹明 B（RhB）为电中性、甲基蓝（MB）为正电

图4-35　最佳合成条件下制备的ZIF-300膜的SEM图像和EDX图谱

荷、甲基橙（MO）为负电荷。有机染料的浓度采用 UV-Vis 进行分析。如图 4-36（b）所示，ZIF-300 膜对染料分子均表现出良好的截留性能（RhB: 99.91%、MB:99.64%、MO: 98.89%）。这些结果表明了 ZIF-300 膜对重金属离子以及染料分子的截留机理均为分子筛分机理。同时，他们进一步证明了优化条件下制备的 ZIF-300 是完整连续且无缺陷的。

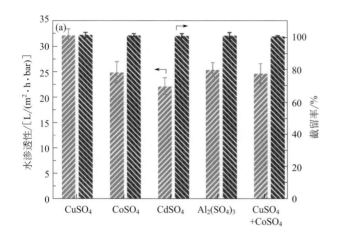

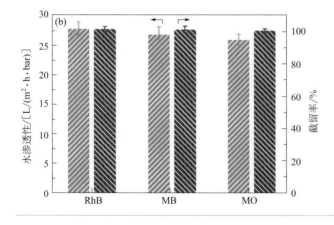

图4-36
（a）ZIF-300膜对不同大小的重金属离子的截留性能；（b）ZIF-300膜对不同电荷的有机染料分子的截留性能

　　为了证明 ZIF-300 膜具有良好的结构稳定性，采用了错流过滤的方式进行测试。如图 4-37 所示，经过约 12h 的测试，ZIF-300 对 $CuSO_4$ 的截留率很高且保持稳定，水的平均渗透性达到 39.2L/($m^2 \cdot h \cdot bar$)，截留率高达 99.21%。这个结果也进一步证明了金万勤等所制备的 ZIF-300 膜在废水处理中具有良好的应用前景。

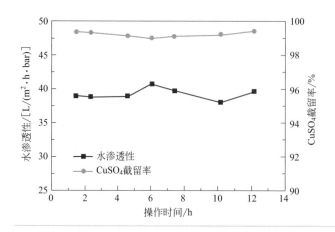

图4-37

ZIF-300膜长期稳定性测试

注：测试压力为101.325kPa，温度为25℃

2. ZIF-300膜稳定性及性能比较

为了研究 ZIF-300 膜的稳定性，金万勤等将测试过的 ZIF-300 膜进行了 XRD 表征（图 4-38）。经过测试之后的 ZIF-300 膜均能保持原来的结构，图谱未发生变化，这表明膜在水溶液中良好的结构稳定性。此外，金万勤等将 ZIF-300 晶体浸没在不同的重金属离子和有机染料溶液中 30 天，之后过滤烘干进行 XRD 表征。发现 ZIF-300 晶体未发生任何结构性的变化，足以表现出 ZIF-300 晶体良好的水稳定性［图 4-38（b）］。

如图 4-39 和表 4-8 所示，金万勤等制备的 ZIF-300 膜展现出极高的水渗透性，比商业膜、无机膜和有机膜高出近 1.5 ～ 49 倍。同时，经过连续对 CuSO$_4$ 溶液的性能测试，发现 ZIF-300 膜能维持较高的截留性能，进一步证明了其分子筛分的机理。

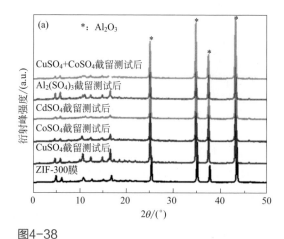

图4-38

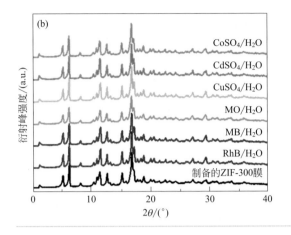

图4-38

（a）经过测试的ZIF-300膜的 XRD图谱；（b）经过30天浸泡之后的 ZIF-300晶体的XRD图谱

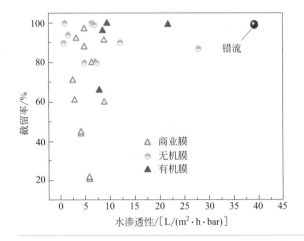

图4-39

与文献报道的不同类型膜材料（商业膜、无机膜、有机膜）的性能比较

表4-8 ZIF-300膜与其他膜材料的性能对比

膜材料	水渗透性 /[L/(m² • h • bar)]	进料	截留率 /%	参考文献
TFC-HR	3.33		92.2	
XLE	9		91.3	
NF-200	5	扑米酮	87.9	[53]
CTA	2.62		71	
SR-1	9		60	
DS-S-DL	7.2	10^{-4} NaF	80	[54]
DS-51-HL	6.48		80	

膜材料	水渗透性 /[L/(m² · h · bar)]	进料	截留率 /%	参考文献
芳香族聚酰胺 (ES 20)	5	50mg/L Ni	97.25	[55]
		50mg/L Cr	97.35	
		50mg/L Cu	98.25	
$ZnAl_2O_4$-TiO_2超滤膜	5.1	10^{-3}mol/L $Cd(NO_3)_2$	93	[56]
		10^{-3}mol/L $Pb(NO_3)_2$	93.4	
		10^{-3}mol/L $Cr(NO_3)_3$	96	
NF270	3	Cu(Ⅱ)	61	[57]
	4.3	Mn(Ⅱ)	44	
	4.25	Cd(Ⅱ)	45	
	6.03	Pb(Ⅱ)	21	
	5.96	As(Ⅲ)	22	
Ag/TiO_2纳米纤维	5	10^{-5} MB	80	[58]
TiO_2纳米纤维	7.5		80	
TiO_2纳米针	6.5	50mg/L MB	99.99	[59]
TiO_2 P25	0.8		90	
TiO_2- SiO_2/Al_2O_3	1.7	20mg/L MO	94	[60]
TiO_2中空纤维	12.2	20mg/L AO7	90.2	[61]
GO/中空纤维陶瓷	1.06	染料分子	100	[62]
纳米链通道GO/PC	27.9	1.5mmol/L RhB	87	[63]
GO-TiO_2/PC	7	10^{-5} RhB	99	[64]
GO-PVDF	21.8	0.02mmol/L MB	99.2	[65]
GO-TMC/PDF	8	7.5mg/L MB	66	[66]
rGO-MWCNTs(10)/ PVDF	9.6	10mmol/L DY	99.8	[67]
	8.7	50mg/L MO	96.1	

参考文献

[1] Wang W, Dong X, Nan J, et al. A homochiral metal-organic framework membrane for enantioselective separation[J]. Chemical Communications, 2012, 48: 7022-7024.

[2] Huang K, Dong X, Jin W, et al. Fabrication of homochiral metal-organic framework membrane for enantioseparation of racemic diols[J]. AIChE Journal, 2013, 59: 4364-4372.

[3] Liu X, Demir N K, Wu Z, et al. Highly water-stable zirconium metal-organic framework UiO-66 membranes supported on alumina hollow fibers for desalination[J]. Journal of the American Chemical Society, 2015, 137: 6999-7002.

[4] Liu Y, Ng Z, Khan E A, et al. Synthesis of continuous MOF-5 membranes on porous α-alumina substrates[J]. Microporous and Mesoporous Materials, 2009, 118: 296-301.

[5] 南江普. 金属有机骨架膜的制备与表征 [D]. 南京：南京工业大学，2012.

[6] 李倩倩. 含锌 - 镍金属有机骨架膜的制备与表征 [D]. 南京：南京工业大学，2014.

[7] 袁建伟. 基于金属有机框架化合物 ZIF-300(301) 分离膜设计与制备 [D]. 南京：南京工业大学，2018.

[8] Nan J, Dong X, Wang W, et al. Step-by-step seeding procedure for preparing HKUST-1 membrane on porous alpha-alumina support[J]. Langmuir, 2015, 27: 4309-4312.

[9] Huang K, Dong Z, Li Q, et al. Growth of a ZIF-8 membrane on the inner-surface of a ceramic hollow fiber via cycling precursors[J]. Chemical Communications, 2013, 49: 10326-10328.

[10] Hu Y, Dong X, Nan J, et al. Metal-organic framework membranes fabricated via reactive seeding[J]. Chemical Communications, 2011, 47: 737-739.

[11] Nan J, Dong X, Wang W, et al. Formation mechanism of metal-organic framework membranes derived from reactive seeding approach[J]. Microporous and Mesoporous Materials, 2012, 155: 90-98.

[12] Dong X, Huang K, Liu S, et al. Synthesis of zeolitic imidazolate framework-78 molecular-sieve membrane: defect formation and elimination[J]. Chemistry of Materials, 2012, 22: 19222-19227.

[13] Huang K, Liu S, Li Q, et al. Preparation of novel metal-carboxylate system MOF membrane for gas separation[J]. Separation and Purification Technology, 2013, 119: 94-101.

[14] 胡耀心. 陶瓷支撑体上氧化钛膜和金属有机骨架膜的制备与应用 [D]. 南京：南京工业大学，2011.

[15] 黄康. 基于金属有机骨架和氧化石墨烯的膜设计与制备研究 [D]. 南京：南京工业大学，2016.

[16] Cadiau A, Adil K, Bhatt P M, et al. A metal-organic framework-based splitter for separating propylene from propane[J]. Science, 2016, 353: 137-140.

[17] Cadiau A, Belmabkhout Y, Adil K, et al. Hydrolytically stable fluorinated metal-organic frameworks for energy-efficient dehydration[J]. Science, 2017, 356: 731-735.

[18] Morris R E, Bu X. Induction of chiral porous solids containing only achiral building blocks[J]. Nature Chemistry, 2010, 2: 353-361.

[19] Bradshaw D, Prior T J, Cussen E J, et al. Permanent microporosity and enantioselective sorption in a chiral open framework[J]. Journal of the American Chemical Society, 2004, 126: 6106-6114.

[20] Li G, Yu W, Ni J, et al. Self-assembly of a homochiral nanoscale metallacycle from a metallosalen complex for enantioselective separation[J]. Angewandte Chemie International Edition, 2008, 47: 1245-1249.

[21] Dybtsev D N, Nuzhdin A L, Chun H, et al. A homochiral metal-organic material with permanent porosity, enantioselective sorption properties, and catalytic activity[J]. Angewandte Chemie International Edition, 2006, 45: 916-920.

[22] Kang Z, Xue M, Fan L, et al. "Single nickel source" in situ fabrication of a stable homochiral MOF membrane with chiral resolution properties[J]. Chemical Communications, 2013, 49: 10569-10571.

[23] Bao Z, Chang G, Xing H, et al. Potential of microporous metal-organic frameworks for separation of hydrocarbon mixtures[J]. Energy & Environmental Science, 2016, 9: 3612-3641.

[24] Lively R P. Seven chemical separations to change the world[J]. Nature, 2016, 532: 435-437.

[25] Adil K, Belmabkhout Y, Pillai R S, et al. Gas/vapour separation using ultra-microporous metal-organic frameworks: insights into the structure/separation relationship[J]. Chemical Society Reviews, 2017, 46: 3402-3430.

[26] Adatoz E, Avci A K, Keskin S. Opportunities and challenges of MOF-based membranes in gas separations[J]. Separation and Purification Technology, 2015, 152: 207-237.

[27] Qiu S, Xue M, Zhu G. Metal-organic framework membranes: from synthesis to separation application[J]. Chemical Society Reviews, 2014, 43: 6116-6140.

[28] Shah M, McCarthy M C, Sachdeva S, et al. Current status of metal-organic framework membranes for gas separations: promises and challenges[J]. Industrial & Engineering Chemistry Research, 2012, 51: 2179-2199.

[29] Arnold M, Kortunov P, Jones D J, et al. Oriented crystallisation on supports and anisotropic mass transport of the metal-organic framework manganese formate[J]. European Journal of Inorganic Chemistry, 2007, 1: 60-64.

[30] Yoo Y, Jeong H K. Rapid fabrication of metal organic framework thin films using microwave-induced thermal deposition[J]. Chemical Communications, 2008, 21: 2441-2443.

[31] Pan Y, Lai Z. Sharp separation of C_2/C_3 hydrocarbon mixtures by zeolitic imidazolate framework-8 (ZIF-8) membranes synthesized in aqueous solutions[J]. Chemical Communications, 2011, 47: 10275-10277.

[32] Liu Y, Zeng G, Pan Y, et al. Synthesis of highly c-oriented ZIF-69 membranes by secondary growth and their gas permeation properties[J]. Journal of Membrane Science, 2011, 379(1): 46-51.

[33] Pan Y, Wang B, Lai Z. Synthesis of ceramic hollow fiber supported zeolitic imidazolate framework-8 (ZIF-8) membranes with high hydrogen permeability[J]. Journal of Membrane Science, 2012, 421: 292-298.

[34] Bux H, Liang F, Li Y, et al. Zeolitic imidazolate framework membrane with molecular sieving properties by microwave-assisted solvothermal synthesis[J]. Journal of the American Chemical Society, 2009, 131: 16000-16001.

[35] Pan Y, Liu Y, Zeng G, et al. Rapid synthesis of zeolitic imidazolate framework-8 (ZIF-8) nanocrystals in an aqueous system[J]. Chemical Communications, 2011, 47: 2071-2073.

[36] Banerjee R, Phan A, Wang B, et al. High-throughput synthesis of zeolitic imidazolate frameworks and application to CO_2 capture[J]. Science, 2008, 5865: 939-943.

[37] Nalaparaju A, Zhao X S, Jiang J W. Molecular understanding for the adsorption of water and alcohols in hydrophilic and hydrophobic zeolitic metal-organic frameworks[J]. The Journal of Physical Chemistry C, 2010, 114: 11542-11550.

[38] Lively R P, Dose M E, Thompson J A, et al. Ethanol and water adsorption in methanol-derived ZIF-71[J]. Chemical Communications, 2011, 47: 8667-8669.

[39] Dong X, Lin Y S. Synthesis of an organophilic ZIF-71 membrane for pervaporation solvent separation[J]. Chemical Communications, 2013, 49: 1196-1198.

[40] Breck D W. Zeolite molecular sieves: structure, chemistry and use[M]. New York: Wiley, 1974.

[41] Salt Y, Hasanoglu A, Salt I, et al. Pervaporation separation of ethylacetate-water mixtures through a crosslinked poly (vinylalcohol) membrane[J]. Vacuum, 2005, 79: 215-220.

[42] Zhu Y, Xia S, Liu G, et al. Preparation of ceramic-supported poly (vinyl alcohol)-chitosan composite membranes and their applications in pervaporation dehydration of organic/water mixtures[J]. Journal of Membrane Science, 2010, 349: 341-348.

[43] Yuan H K, Xu Z L, Shi J H, et al. Perfluorosulfonic acid-tetraethoxysilane/polyacrylonitrile (PFSA-TEOS/PAN) hollow fiber composite membranes prepared for pervaporation dehydration of ethyl acetate-water solutions[J]. Journal of Applied Polymer Science, 2008, 109: 4025-4035.

[44] Devi D A, Raju K V S N, Aminabhavi T M. Synthesis and characterization of moisture-cured polyurethane membranes and their applications in pervaporation separation of ethyl acetate/water azeotrope at 30℃ [J]. Journal of Applied Polymer Science, 2007, 103: 3405-3414.

[45] Furukawa H, Cordova K E, O'Keeffe M, et al. The chemistry and applications of metal-organic frameworks [J]. Science, 2013, 341: 1230444.

[46] Ranjan R, Tsapatsis M. Microporous metal organic framework membrane on porous support using the seeded growth method[J]. Chemistry of Materials, 2009, 21: 4920-4924.

[47] Liu X, Wang C, Wang B, et al. Novel organic-dehydration membranes prepared from zirconium metal-organic frameworks[J]. Advanced Functional Materials, 2017, 27: 1604311.

[48] Duke M C, Zhu B, Doherty C M, et al. Structural effects on SAPO-34 and ZIF-8 materials exposed to seawater solutions, and their potential as desalination membranes[J]. Desalination, 2016, 377: 128-137.

[49] Kwon H T, Jeong H K. In situ synthesis of thin zeolitic-imidazolate framework ZIF-8 membranes exhibiting exceptionally high propylene/propane separation[J]. Journal of the American Chemical Society, 2013, 135: 10763-10768.

[50] Nguyen N T T, Furukawa H, Gándara F, et al. Selective capture of carbon dioxide under humid conditions by hydrophobic chabazite-type zeolitic imidazolate frameworks[J]. Angewandte Chemie International Edition, 2014, 53: 10645-10648.

[51] Yuan J W, Hung W S, Zhu H P, et al. Fabrication of ZIF-300 membrane and its application for efficient removal of heavy metal ions from wastewater[J]. Journal of Membrane Science, 2019, 572: 20-27.

[52] Nightingale E R. Phenomenological theory of ion solvation. Effective radii of hydrated ions[J]. The Journal of Physical Chemistry, 1959, 63: 1381-1387.

[53] Xu P, Drewes J E, Kim T U, et al. Effect of membrane fouling on transport of organic contaminants in NF/RO membrane applications[J]. Journal of Membrane Science, 2006, 279: 165-175.

[54] Hu K, Dickson J M. Nanofiltration membrane performance on fluoride removal from water[J]. Journal of Membrane Science, 2006, 279: 529-538.

[55] Ozaki H, Sharma K, Saktaywin W. Performance of an ultra-low-pressure reverse osmosis membrane (ULPROM) for separating heavy metal: effects of interference parameters[J]. Desalination, 2002, 144: 287-294.

[56] Saffaj N, Loukili H, Younssi S A, et al. Filtration of solution containing heavy metals and dyes by means of ultrafiltration membranes deposited on support made of moroccan clay[J]. Desalination, 2004, 168: 301-306.

[57] Al Rashdi B A M, Johnson D J, Hilal N. Removal of heavy metal ions by nanofiltration[J]. Desalination, 2013, 315: 2-17.

[58] Liu L, Liu Z, Bai H, et al. Concurrent filtration and solar photocatalytic disinfection/degradation using high-performance Ag/TiO_2 nanofiber membrane[J]. Water Research, 2012, 46(4): 1101-1112.

[59] Bai H, Liu Z, Sun D D. Hierarchically multifunctional TiO_2 nano-thorn membrane for water purification [J]. Chemical Communications, 2010, 46: 6542-6544.

[60] Tajer-Kajinebaf V, Sarpoolaky H, Mohammadi T. Sol-gel synthesis of nanostructured titania-silica mesoporous membranes with photo-degradation and physical separation capacities for water purification[J]. Ceramics International, 2014, 40: 1747-1757.

[61] Zhang X, Wang D K, Lopez D R S, et al. Fabrication of nanostructured TiO_2 hollow fiber photocatalytic membrane and application for wastewater treatment[J]. Chemical Engineering Journal, 2014, 236: 314-322.

[62] Aba N F D, Chong J Y, Wang B, et al. Graphene oxide membranes on ceramic hollow fibers-microstructural stability and nanofiltration performance[J]. Journal of Membrane Science, 2015, 484: 87-94.

[63] Huang H, Song Z, Wei N, et al. Ultrafast viscous water flow through nanostrand-channelled graphene oxide membranes[J]. Nature Communications, 2013, 4: 2979.

[64] Safarpour M, Khataee A, Vatanpour V. Preparation of a novel polyvinylidene fluoride (PVDF) ultrafiltration

membrane modified with reduced graphene oxide/titanium dioxide (TiO$_2$) nanocomposite with enhanced hydrophilicity and antifouling properties[J]. Industrial & Engineering Chemistry Research, 2014, 53: 13370-13382.

[65] Han Y, Xu Z, Gao C. Ultrathin graphene nanofiltration membrane for water purification[J]. Advanced Functional Materials, 2013, 23: 3693-3700.

[66] Hu M, Mi B. Enabling graphene oxide nanosheets as water separation membranes[J]. Environmental Science & Technology, 2013, 47: 3715-3723.

[67] Han Y, Jiang Y, Gao C. High-flux graphene oxide nanofiltration membrane intercalated by carbon nanotubes [J]. ACS Applied Materials & Interfaces, 2015, 7: 8147-8155.

第五章
石墨烯膜

研究表明，基于石墨烯的膜材料具有优异的分离性能，为构筑小分子的超快、高选择性的传递通道提供了新思路。氧化石墨烯（GO）纳米片具有独特的单原子厚度和大量的含氧官能团，可经过抽滤、喷涂和旋涂等一系列方法组装成膜。层间通道、选择性孔道或缺陷以及功能化基团是影响石墨烯膜分离性能的重要因素。通过对物理化学性质和微观结构进行精密调控，GO 膜能够在水净化和气体分离中展现出优异的性能，并远超传统聚合物膜的性能上限。

尽管该领域已经取得了众多突破性进展，但是石墨烯膜的发展仍存在挑战。高质量石墨烯的生产是石墨烯膜发展的基础，因此亟需开发绿色、经济的大规模纳米片制备技术。当然，通过精确调控石墨烯的尺寸、官能团以及电荷性质等策略进一步提升膜的分离性能，还需要更深入的研究。另外，提高膜的力学性能也是拓展石墨烯膜应用的重要研究方向之一。经典的膜传递机理无法准确描述石墨烯膜间的传质现象，需要基于先进的表征技术和分子模拟技术，建立适用于二维传质通道的理论模型。未来，需要进一步拓展石墨烯膜及其他二维材料膜在反渗透脱盐、烯烃 / 烷烃分离等更具挑战性的分离体系中的应用。

第一节
概　述

以石墨烯为代表的二维材料的兴起，为开发具有优异分离性能的新一代膜材料提供了新的机遇[1,2]。超薄单原子厚度和几乎无摩擦的表面使石墨烯纳米片能够形成具有极小传质阻力和高通量的膜[3]。均匀分散的结构性纳米孔和石墨烯层间的固有间距为石墨烯膜提供了分子筛分通道，可实现快速和选择性的渗透[4]。通过控制理化性质，石墨烯材料可以表现出独特的分子传输行为，因此，可以对其进行调控以用于不同的分离过程[5]。此外，优异的机械强度和化学稳定性以及低成本的生产方式，使石墨烯膜在实际应用中具有巨大潜力[6]。

石墨烯膜主要分为两大类：多孔石墨烯膜和石墨烯叠层膜。具有纳米孔的多孔石墨烯膜具有出色的分子和离子分离性能[7-9]。为了达到理想的分离性能，需要制备出高质量的单片层石墨烯，而精确、大面积和高密度的打孔技术仍然是一项挑战[3]。另外，将石墨烯材料组装成具有可控通道的层状结构，为大规模的膜制备开辟了一条更实用的路径。Geim 等[10]发现氧化石墨烯叠层（GO）膜不渗透气体和液体，而仅允许水的无阻渗透。随后有研究指出基于石墨烯的叠层膜可用于水净化[11-15]和溶剂脱水[16-18]。如果精密调控石墨烯叠层膜的堆叠结构，它们也可以展现出气体分离特性 [19,20]。石墨烯叠层复合膜表现出与聚合物复合膜相似的结构，该复合膜由上层分离层以及下层多孔支撑体组成。因此，"有机 - 无机复合分离膜"的概念可以扩展到基于石墨烯的膜材料。本章将简要介绍通过各种方法制备并用于不同领域的石墨烯叠层膜（主要基于无机支撑体）的工作。

第二节
制备方法

作为石墨烯最重要的衍生物之一，GO 由于能在溶液中简易且大规模生产，受到广泛的研究。可以采用改进的 Hummers 方法 [21] 通过化学氧化石墨来制备 GO。根据著名的 Lerf-Klinowski 模型 [22]，GO 片层的表面和边缘分布多种含氧官能团，包括环氧基、羟基和羧基。这些基团可以防止因范德华力和 GO 纳米片之间的氢键作用引起的 GO 聚集。因此，GO 纳米片容易分散在水溶液中。而且，GO 易于表现出液晶特性，这使得 GO 纳米片在支撑体上可以形成一致的取向 [23,24]。GO 膜可以制备在聚合物或者无机支撑体上。与聚合物支撑体相比，无机支撑体特别是陶瓷支撑体具有较高的机械强度，良好的物理和化学稳定性，适合制备 GO 膜。值得注意的是，可以通过酸的作用将 Al^{3+} 从氧化铝载体中释放出来，它使 GO 层交联，从而显著增强膜的稳定性 [25]。可以采用不同方法来制备 GO 叠层膜，包括压滤、旋涂、喷涂、层层自组装等方法。

一、压滤

过滤是制备 GO 叠层膜最常用的方法之一，Ruoff 等人首先提出将其作为一种"流动导向"方法。在压差的驱动下，原子厚的 GO 纳米片相互堆叠形成层状结构。在过滤过程中，密闭通道中水的缓慢流动，极大的片层长径比和 GO 片之间的静电力和范德华力，共同作用使得 GO 纳米片有序沉积形成层状结构，可以制备出由聚合物或阳极氧化铝支撑的 GO 平板膜 [10,19,20]。

1. GO/ 中空纤维复合膜

与平板膜相比，中空纤维陶瓷具有许多优势，例如高堆积密度、低成本以及稳定的结构 [26]。但是，由于曲率高且细长，用传统方法难以在中空纤维陶瓷的表面上制备 GO 膜。根据中空纤维陶瓷的几何构型，金万勤等提出采用真空抽吸法来构造 GO 膜[16]。膜的制备过程如图 5-1 所示。中空纤维陶瓷的一侧被密封，另一侧连接到真空泵。因此，GO 纳米片可以以压力为驱动力堆叠在弯曲的中空纤维陶瓷表面上。此方法可制备高堆积密度的 GO/ 中空纤维复合膜。

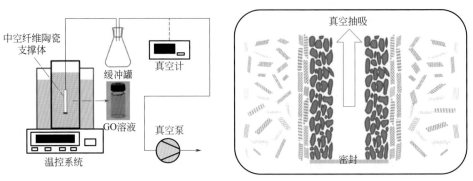

图5-1　（a）GO膜的制造装置；（b）成膜过程

GO 膜表面形貌的 SEM 图像如图 5-2（c）所示，表明该膜表面光滑，除了一些纳米级的褶皱，没有观察到任何缺陷。图 5-2（d）显示，制备的 GO 膜厚度约为 1.5μm，具有层状结构。通过控制 GO 分散液的浓度或改变真空抽吸的操作时间，可以容易地调节 GO 膜的厚度。

图5-2　（a）空白中空纤维（白色）和GO膜（黑色）的照片；（b）中空纤维陶瓷的SEM图像（插图：中空纤维陶瓷的横截放大面）；（c）GO膜表面的SEM图像（插图：空白中空纤维）；（d）GO膜横截面的SEM图像

GO 膜与中空纤维陶瓷之间的界面结合性是 GO 膜工业应用的重要因素。当界面应力超过特定的临界值时，将发生剥离。通过纳米压痕确定 GO 膜的临界载荷为 16.01mN［图 5-3（c）（d）］，证实了 GO 膜与中空纤维陶瓷之间有很强的结合力[27,28]。此外，光学显微镜照片［图 5-3（b）］还显示，划痕实验后 GO 层没有从中空纤维陶瓷的表面剥离，进一步表明 GO 膜与中空纤维陶瓷的粘接良好。较强的结合力可归因于 GO 膜的含氧官能团与中空纤维陶瓷表面上的羟基之间的氢键。因此，与支撑体具有良好结合性的 GO 膜有望用于实际的分子分离。

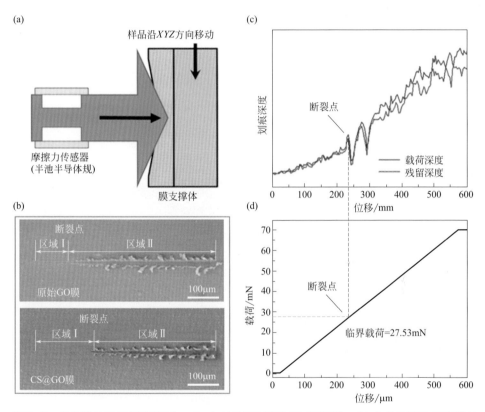

图5-3　GO膜的纳米划痕测试：（a）纳米划痕测试的示意图；（b）GO膜的划痕照片；（c）划痕深度-位移曲线；（d）载荷-位移曲线

Huang 等[29] 系统地研究了在陶瓷 α-Al_2O_3 中空纤维表面制备的 GO 膜的气体分离性能。通过调节操作条件优化了中空纤维陶瓷负载的 GO 膜的微观结构。制备的 GO 膜具有从 H_2/CO_2 混合物中回收 H_2 的潜力。在室温下，单一气体和二元混合物的氢气渗透性都超过 1.0×10^{-7}mol/($m^2 \cdot s \cdot Pa$)，相应的 H_2/CO_2 理想选择性和混合气分离选择性分别达到约 15 和 10。

2. 水合离子精密调控的 GO 膜用于离子精确筛分

金万勤等与上海应用物理研究所方海平、上海大学吴明红等合作，结合理论模拟计算，通过实验证实，离子与 GO 片层内芳香环结构之间存在水合离子 - π 相互作用，在 GO 叠层内引入不同尺寸的水合离子，可实现对 GO 膜层间距的精确控制（精度 10^{-1}nm），相关工作发表于国际顶级期刊 *Nature* 上 [30]。采用压滤法制备了 GO 叠层膜，并通过水合离子精密调控层间距，实现了盐溶液中水分子与不同离子的精确筛分（图 5-4）。对于具有最小水合直径的 K^+，由于 K^+ 的水合层较弱，进入 GO 膜后水合层发生形变，导致更小的层间距。因此，经过 K^+ 溶液浸泡的 GO 膜能阻止水合 K^+ 的进入，进而有效截留盐溶液中包括 K^+ 在内的所有离子，同时还能保持水分子快速透过。该研究工作不仅为 GO 膜的设计制备提供了理论与技术指导，也为其他二维材料在分离膜领域的研究开辟了新思路。

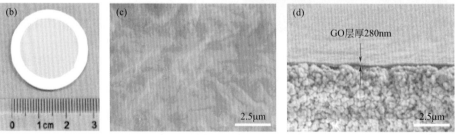

图5-4 （a）GO膜中通过K^+离子固定层间距的示意图；（b）GO膜的实物图；（c）表面 SEM图像；（d）截面SEM图像

金万勤等通过真空抽滤法在阳极氧化铝（AAO）表面制备了超薄的 GO 膜

（图 5-5）[31]。在 GO 膜的制备过程中，GO 纳米片上羧基之间的静电排斥作用通常会导致层间尺寸过大，从而导致精确分子分离（如气体分离）的性能降低。将新的共价键引入 GO 层间通道是一种有效调控层间通道尺寸的方法。金万勤等首次将带有氨基和巯基的小分子半胱氨酸引入到 GO 层间，通过其与含氧官能团的反应，缩小了 GO 膜的层间通道尺寸，从而实现了有效的气体筛分。制备的超薄（约 50nm）GO 膜表现出良好的气体分离性能，H_2 渗透性为 171.5×10^{-10} mol/$(m^2 \cdot s \cdot Pa)$，H_2/CO_2 选择性为 21.3，是 GO 纯膜选择性的 2 倍，并且该膜在连续的混合气测试过程中能够保持其结构稳定性。

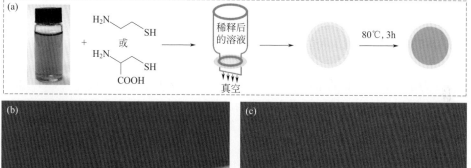

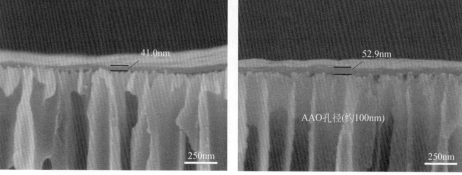

图5-5 （a）制备巯基乙胺交联的GO膜的流程示意图；（b）原始GO的截面SEM图像；（c）半胱氨酸交联后的GO膜的截面SEM图像

3. NPs@rGO 管式陶瓷内膜

与中空纤维外膜相比，管式陶瓷内膜具有机械强度高、膜层不易损坏等优势。金万勤等报道了一种具有放大制备潜力的纳米粒子/还原氧化石墨烯（NPs@rGO）膜[32]（图 5-6）。使用原位合成的 NPs@rGO 纳米片作为膜层的构造单元，通过优化制备参数，在 rGO 纳米片上可生长出尺寸、密度可控的 NPs，然后在多孔陶瓷管的内表面通过压滤制膜。NPs 结合的 rGO 纳米片膜的透水性比对应的膜高 1～2 个数量级，同时保持了对各种有机物和离子的优异截留性能。

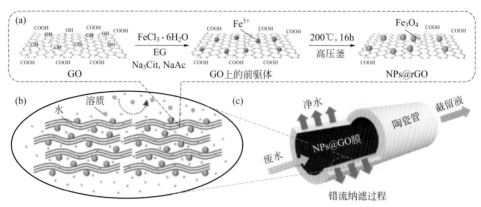

图5-6 （a）原位合成NPs@rGO纳米片；（b）NPs@rGO膜的叠层结构；（c）管式陶瓷内膜的错流过滤过程示意图

　　为了提高 GO 膜的水通量，金万勤等选择纳米粒子原位插层进入 GO 层间，撑开 GO 层间的纳米通道以促进水在膜内的传输。同时，原位生长的刚性纳米粒子锚定在 GO 纳米片上，增强了相邻的 GO 纳米片的相互作用，形成了规整且稳定的二维层状膜结构。采用简单的溶剂热法，以 $FeCl_3 \cdot 6H_2O$ 和 GO 为原料，在 GO 纳米片上原位合成 Fe_3O_4 纳米粒子。带有正电荷的 Fe^{3+} 首先通过静电相互作用附着在带有负电荷的 GO 纳米片上成为成核前驱体。在溶剂热反应过程中，Fe_3O_4 纳米粒子在 GO 上原位生长，同时 GO 也被部分还原成 rGO，最终得到 Fe_3O_4@rGO 纳米片。

　　如图 5-7(a)所示，Fe_3O_4@rGO 纳米片的 XRD 衍射峰在 $20° \sim 70°$ 范围内，与 Fe_3O_4 的衍射峰显示出良好的一致性，证明了 Fe_3O_4 纳米粒子的合成。Fe_3O_4 纳米粒子的原位生长有效减少了 GO 纳米片的团聚，导致了 Fe_3O_4@rGO 的 XRD 图谱中 GO 特征峰的消失。FTIR 表征了复合材料中的官能团，如图 5-7(b)所示，与 GO 相比，Fe_3O_4@rGO 样品中含氧官能团的伸缩振动强度明显减弱，表明 GO 被部分还原。Fe_3O_4 中 Fe—O 的伸缩振动由 $755cm^{-1}$ 偏移到 $580cm^{-1}$，被认为是受到 GO 纳米片上羧基基团配位结合的影响。如图 5-7（c）所示，拉曼光谱显示了在 $1360cm^{-1}$ 和 $1595cm^{-1}$ 处的两个特征峰，分别对应 D 峰和 G 峰。GO 和 Fe_3O_4@rGO 样品的 D 峰和 G 峰强度比（I_D/I_G）几乎不变，证明了 Fe_3O_4 纳米粒子原位生长不会影响 GO 纳米片的微结构。XPS 表征样品的元素组成和化学结构信息，如图 5-7（d）～（f）所示。根据 XPS 结果计算发现，Fe_3O_4@rGO 样品的 C/O 比从 1.9 增加到 3.1，证明 GO 被部分还原。图 5-7（e）中的 Fe 2p XPS 图谱显示出分别位于 711.3eV 和 714.0eV 处的 Fe^{2+} $2p_{3/2}$ 和 Fe^{3+} $2p_{3/2}$ 态的结合能，再次证实了 Fe_3O_4 纳米粒子的合成。图 5-7（f）中的 O 1s XPS 图谱在 532.0eV 处可以观察到明显的特征峰，归因于 Fe—O—C 键的形成，进一步证明了 Fe^{3+} 和 GO 纳米片上含氧官能团之间的配位作用。

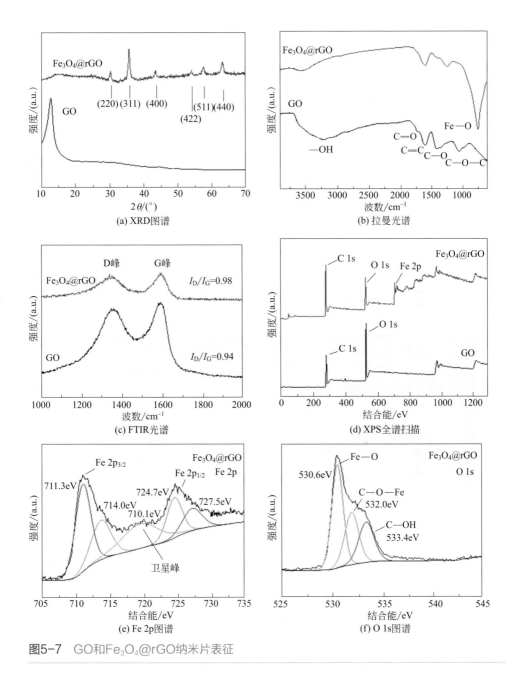

图5-7 GO和Fe₃O₄@rGO纳米片表征

　　TEM 表征了所制备的 Fe_3O_4@rGO 纳米片的形貌特征，如图 5-8（a）所示，柔性的 GO 纳米片上均匀分布了平均尺寸约为 200nm 的 Fe_3O_4 球形纳米粒子。用压滤法将 Fe_3O_4@rGO 纳米片沉积在管式陶瓷内壁表面上，即可形成有序层状堆叠的 Fe₃O₄@rGO 分离膜层。如图 5-8（b）所示，所制备的膜表面 SEM 图表明，原位生长的 Fe₃O₄ 纳米粒子牢固附着在膜表面，且膜表面表现出 GO 典型的纳米级褶皱形貌。图 5-8（c）是所制备的管式陶瓷内膜的实物照片，可以看出管式陶瓷内表面上涂覆有完整无缺陷的深棕色 Fe₃O₄@rGO 分离膜层。图 5-8（d）为放大的 SEM 膜断面图，显示出层状堆叠的 Fe₃O₄@rGO 膜层紧密黏附在多孔 ZrO₂/Al₂O₃ 支撑体上。

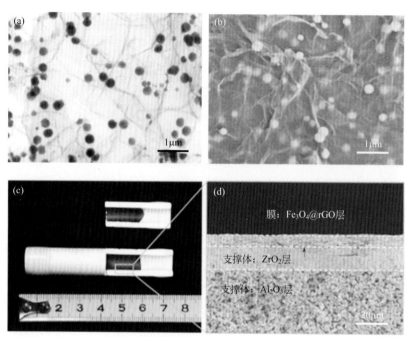

图5-8 （a）Fe₃O₄@rGO纳米片的TEM图；（b）Fe₃O₄@rGO膜管式陶瓷内膜SEM表面图；（c）实物照片；（d）SEM断面图

为了突出原位生长纳米粒子制备的 NPs@rGO 膜的微结构优势，将其与 rGO 膜和使用传统插层方法制备的 Fe₃O₄-rGO 膜（直接将 Fe₃O₄ 纳米粒子与 rGO 分散液混合后制备）进行比较。如图 5-9 所示，这三种膜的断面 SEM 图和示意图显示它们具有完全不同的微结构。没有纳米粒子插层的 rGO 膜表现出紧密堆叠的二维层状结构。Fe₃O₄-rGO 膜层内则出现明显的不均匀纳米粒子插层。局部团聚的纳米粒子导致原有的二维层状堆叠结构被破坏，造成膜层的非选择性缺陷。而原位生长纳米粒子制备的 Fe₃O₄@rGO 膜的断面结构可以观察到 Fe₃O₄ 纳米粒子均匀插入并锚定在几层 rGO 纳米片上，保持了 GO 原有的有序叠层结构。

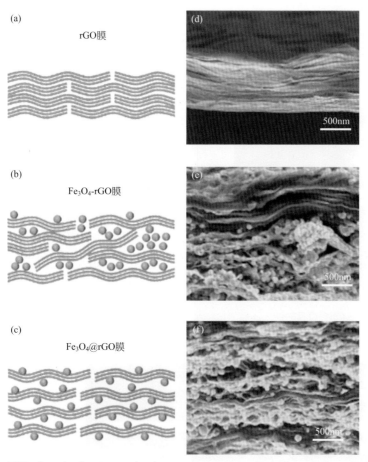

图5-9 （a）rGO、（b）Fe₃O₄-rGO和（c）Fe₃O₄@rGO膜的断面结构示意图；（d）rGO、（e）Fe₃O₄-rGO和（f）Fe₃O₄@rGO膜的断面结构SEM图

　　通过纳米划痕测试来表征 NPs@rGO 膜的力学性能，划痕探针在膜表面水平划动并垂直向下不断增加施加的载荷，通过在界面引入累积的剪切应力导致的膜层破裂程度来确定界面机械强度。如图 5-10 所示，Fe₃O₄@rGO 膜层的破裂转变点位移在约 151μm 处，根据载荷 - 位移图可以得到 Fe₃O₄@rGO 膜的临界载荷为 38.2mN，大于 GO 膜的临界载荷 22.3mN，说明所制备的 Fe₃O₄@rGO 膜具有更高的机械强度。

　　此外，GO 管式膜在高压和错流水净化过程中表现出优异的结构稳定性，是实现 GO 膜规模化制备及应用的重要因素。针对 GO 膜在水溶液中存在的溶胀、再分散和剥离等结构稳定性差的问题，金万勤等通过调控和优化 GO 的物化性质和有机小分子的交联程度来抑制 GO 膜层在水溶液中的溶胀行为。同时，构建了 GO 膜界面黏合层，通过物理和化学协同作用有效增强了 GO 膜层与支撑体之间的界面黏附作用。最终制备的结构稳定的 GO 膜可以在水溶液中保持良好的膜完整性和纳滤分离性能，并且实现了 GO 管式内膜从 7cm 至 40cm 的放大制备（图 5-11），有望用于真实的水净化分离过程。

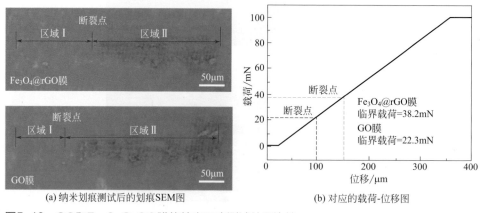

(a) 纳米划痕测试后的划痕SEM图　　　　(b) 对应的载荷-位移图

图5-10　GO和Fe$_3$O$_4$@rGO膜的纳米压痕测试结果比较

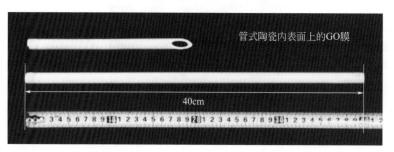

图5-11　结构稳定的GO膜从7cm至40cm的放大制备

二、旋涂和层层自组装

旋涂法是利用旋转支撑体来促进石墨烯材料沉积的通用涂层技术[33]。该方法不仅可以加快制膜过程，而且可以增强材料微观结构的可控性。此外，旋涂可以容易地制造出薄且均匀的 GO 膜。Kim 等[20]报道了通过旋涂法制备 GO膜。制备的薄至 3nm 膜显示出优异的分子筛分特性。此外，层状 GO 膜也可以通过 GO 片的层层自组装来实现。这种方法非常适合通过共价键、静电相互作用或沉积过程中的两种相互吸引力来稳定膜结构[4]。通过改变沉积循环的数量，可以调节 GO 膜的厚度。Hu 和 Mi[15] 通过这种方法组装 GO 纳米片制备水处理膜。通过 1,3,5- 三氯三羰基苯（TMC）交联 GO 片层，经调控的 GO 层间距约为 1nm。

通常，通过组装的 GO 叠层膜的分子传输发生在面内狭缝状的孔和面对面的层间通道中。但是，在亚纳米级的精度下调节狭缝孔和层间通道的尺寸仍然具有很大的挑战。金万勤等提出了一种外力驱动的组装方法，通过结合旋涂和层层自组装来实现亚纳米二维 GO 通道的精密调控[34]。如图 5-12 所示，设计的作用力施加在 GO 叠层膜的内部和外部，它们也分为两种类型——外作用力和内作用力。外作用力是指施加在 GO 叠层膜外部的压力、离心力和剪切力。内作用力是指通过引入聚乙烯亚胺（PEI）到叠层膜内部形成的分子相互作用：共价键、静电相互作用和氢键。内外作用力共同克服了 GO 之间固有的静电排斥作用，从而消除了非选择性堆叠缺陷，有助于 GO 纳米片的高度有序组装。

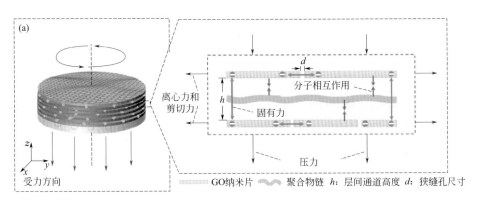

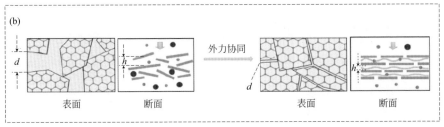

图5-12　GO通道的设计与制备

注：图（a）用外力驱动的组装方法来制造GO通道，它涉及在x、y和z轴上的三维外力，放大的示意图显示了制备过程中膜的受力分析，包括三种主要类型的力：固有力、施加在通道单元外部的外作用力（压力、离心力和剪切力）和层间的内作用力（GO-聚合物分子相互作用）。图（b）为GO组装的2D通道的表面和横截面结构的演变，从无序结构（左）到引入协同外力驱动后形成高度有序的层状结构（右）

图 5-13（a）为空白陶瓷支撑体和制备的外力驱动组装的 GO 膜（EFDA-GO）的实物图。通过外力驱动沉积 GO 纳米片，直径 3cm 的支撑体被连续的棕色 GO 层完全覆盖。如图 5-13（b）所示，金万勤等自制的多孔陶瓷支撑体的平均孔径约 100nm。GO 层均匀地分布在支撑体表面上，通过 SEM 未观察到面内缺陷。横截面图［图 5-13（c）］表明，厚度为 1μm 的有序堆叠的 GO 膜沉积在多孔支撑体上，该陶瓷支撑体既可提供足够的机械强度，又具有可忽略不计的气体传输阻力。

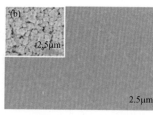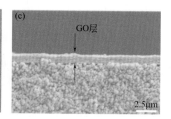

图5-13　（a）空白Al₂O₃支撑体和EFDA-GO膜的实物图；（b）EFDA-GO膜的表面（插图：空白Al₂O₃支撑体）；（c）截面SEM图像
注：图（a）中橡胶垫圈在渗透测试过程中用于保护GO

通过 TEM 表征 GO 叠层膜的纳米结构。仅受外作用力驱动时，GO 纳米片倾向于以几种不同的方向组装，表现相对随机的堆积方式［图 5-14（a）］。这种不规则的堆叠可能会产生细微缺陷，同时造成平面内以及平面 - 平面间孔道的无序排列。而通过附加的内作用力（GO- 聚合物分子相互作用）进行调控之后，GO 纳米片几乎以相同的方向组装，形成了高度有序的层状结构，并且产生亚纳米级传质通道［图 5-14（b）和（c）］。

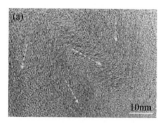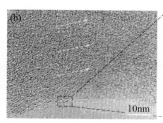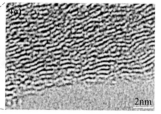

图5-14　（a）通过外作用力制备的GO膜的TEM图像；（b）、（c）EFDA-GO膜的TEM图像
注：黄色虚线箭头是代表GO排布方向的指示线

GO 膜中层间通道尺寸可以通过 X 射线衍射（XRD）技术进行表征[35]。在

内作用力的考察过程中，发现可以通过控制聚合物分子的量来实现 2D 层间通道尺寸的精确控制。如图 5-15 所示，原始 GO 叠层膜在 $2\theta=12.2°$ 处出现特征峰，通过布拉格方程可以计算得到初始层间距约为 0.72nm。将适量的 PEI 分子引入 GO 纳米片中，衍射峰向较低的衍射角移动，证明产生了更大的层间距。但是叠层膜的结晶度并没有明显下降，表明维持了有序的堆叠结构。随着 PEI 浓度增加到 0.25%（质量分数），层间距增加到 0.76nm，特征峰移到 11.5°。由于石墨烯的厚度（0.34nm）占层间距的一部分[13,36]，因此 GO 纳米片之间的空隙尺寸经计算为 0.42nm。较高的 PEI 浓度可以进一步扩大 GO 层间通道，但结晶度会降低，从 XRD 图中

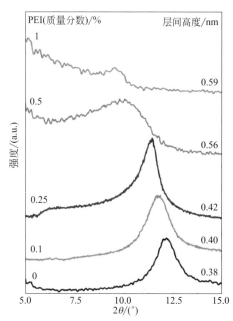

图5-15　PEI溶液浓度为0～1%（质量分数）的EFDA-GO膜的XRD光谱

看出采用 0.5% ～ 1.0%（质量分数）PEI 制备的 GO 叠层膜的半峰宽和强度较低。结合实验和模拟进一步证明，GO- 聚合物分子相互作用为共价键、静电相互作用和氢键。

三、喷涂

金万勤等[37]提出了一种利用喷雾蒸发诱导 GO 纳米片自组装制备陶瓷支撑 GO 膜的方法（图 5-16）。将一定质量的 GO 纳米片添加到水和乙醇的混合溶剂中，以相对较低的温度加速蒸发过程。通过加热板将氧化铝支撑体加热到设定温度，然后分多次喷涂 GO 分散液，直到前一次喷涂的溶液完全干燥后才进行下一次喷涂。喷雾蒸发自组装过程仅需几分钟，在制备相同厚度的 GO 膜时，采用压滤法需要数小时甚至更长的时间。与过滤方法相比，该方法制膜效率更高[38]。

在制膜过程中，单次喷涂包含很少量的 GO 分散液，并且包含许多超小液滴，这些液滴会显著增加蒸发面积，提高蒸发效率[39]。一旦将悬浮液液滴喷洒到加热的氧化铝支撑体上，悬浮的 GO 纳米片的布朗运动就会加速。随着溶剂的蒸发，这些纳米片倾向于更多地参与碰撞和相互作用，并向上移动至液 - 气

界面[38]。就像氧化石墨纸的形成过程一样[40]，在喷雾蒸发组装过程中也存在各种相互作用。在最初的几次涂覆过程中，毛细作用发生在多孔氧化铝支撑体上。此外，氧化铝颗粒的亲水性有利于 GO 在支撑体上的沉积。因此，在此过程中，GO 纳米片能通过毛细力黏附到氧化铝支撑体上。窄管中液体的毛细压力可以计算如下

$$h = \frac{2\gamma\cos\theta}{\rho g r} \tag{5-1}$$

式中　h——窄管中液体的高度，m；

　　　γ——液体的表面张力，N/m；

　　　θ——接触角，(°)；

　　　ρ——液体的密度，kg/m³；

　　　g——局部重力加速度，N/kg；

　　　r——氧化铝支撑体的孔半径，m。

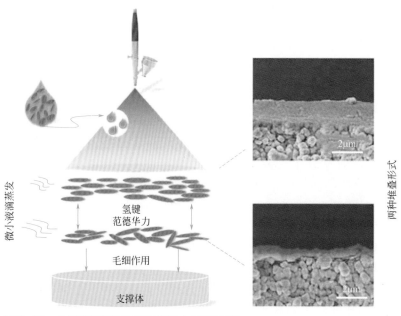

图5-16　GO堆叠在氧化铝支撑体上的示意图

在此，以 50%（质量分数）乙醇/水的二元溶剂为例，γ=0.029N/m，θ=30°（初始液滴接触角），ρ=920kg/m³，g=9.8N/kg，r=10⁻⁷m。h 的计算值为 55.7m，毛细管压力为 0.55MPa。随后相邻 GO 片层之间的氢键和范德华力占主导地位，

导致 GO 逐步堆积。因此，自组装过程可分为两个阶段，包括初始涂层和随后的堆叠过程。最初的几次喷涂覆盖氧化铝颗粒的表面，从而为后续的 GO 纳米片的有序沉积奠定了基础。

　　研究了溶剂蒸发速率对膜制备的影响。实际上，在整个组装过程中都会发生蒸发，因此蒸发速率会对 GO 的堆叠产生持续的影响。最好能使蒸发尽可能快，但是要求形成高质量的 GO 膜。影响蒸发速率的直接因素是温度。不同乙醇含量的乙醇/水溶液的沸点如图 5-17（a）所示，GO 在此温度下是稳定的。因此，可以将加热温度的范围确定为从室温到溶剂沸点。例如，含有 50%（质量分数）乙醇的溶剂的沸点是 355K，因此制膜温度必须在该温度以下。此外，还测试了在接近沸点的加热温度下制备的 GO 膜的性能，该膜表现出相同的气体渗透性。即使增加了喷涂次数，结果也是如此［图 5-17（b）］。这种现象可能是由于在过高的蒸发速率下形成的膜结构较差所致。因此，将加热温度设置为 323K（GO 膜的常用干燥温度），以确保蒸发诱导的过程更温和高效地进行。

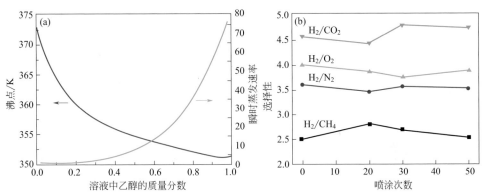

图5-17　（a）计算的沸点和瞬时蒸发速率随水溶液中乙醇质量分数的变化曲线；（b）在343K蒸发温度下制备的GO膜的气体选择性

　　乙醇是一种高效蒸发的溶剂，通常用于蒸发自组装[41]。通过混合不同质量分数的乙醇和水可以实现不同的蒸发速率［图 5-17（a）］。多组分系统的蒸发速率由下式表示[41]

$$R_t = \sum \gamma_i c_i R_i^0 \qquad (5-2)$$

式中　γ_i——组分 i 的活度系数；

　　　c_i——按质量计的浓度；

　　　R_i^0——纯组分 i 的蒸发速率。

　　活度系数 γ_i 为

$$\frac{\lg\gamma_i}{S_i} = \sum_{j=1}^{n}\phi_i B_{ij} - \sum_{j=1}^{n}\sum_{k>j}^{n}\phi_j\phi_k B_{kj} \tag{5-3}$$

式中 ϕ_i 代表任意成分 i 的质量分数，定义为

$$\phi_i = \frac{c_i S_i}{\sum_{j=1}^{n} c_i S_j} \tag{5-4}$$

加权因子 S_i 和二元极限活度系数 γ_{ij}^{∞} 与 γ_{ji}^{∞} 表示为

$$\lg\gamma_{ij}^{\infty} = S_i B_{kj} \tag{5-5}$$

$$\lg\gamma_{ji}^{\infty} = S_i B_{kj} \tag{5-6}$$

式中，B_{kj} 是二元系统的交互作用参数（$B_{kj}=0$）。乙醇和水的二元极限活度系数分别为 γ_{ew}^{∞} =48 和 γ_{we}^{∞} =3.8（其中，e 指乙醇，w 指水）。根据上面的方程，可以计算出各种含量乙醇/水二元溶剂的蒸发速率。这里所有的蒸发速率都是相对于乙酸正丁酯的。纯乙醇和纯水的蒸发速率分别为 1.7 和 0.36。应该注意的是，图 5-17（a）中计算出的蒸发速率是瞬时值，这是由于在蒸发过程中溶剂成分不断变化。然而，多组分系统的蒸发速率始终高于纯水，这意味着随着乙醇比例的增加，蒸发过程将缩短。

第三节
结构修饰

研究证明，石墨烯膜的结构改性能够有效提高膜的分离效率。作为 GO 叠层膜的突出特征，层间距在分子传输中起着至关重要的作用，可以通过物理方法（如组装具有纳米级褶皱的片层）或化学方法（如分子插层和热处理）对其进行调节。

一、氧化石墨烯（GO）膜层间通道的调控

1. 原位生长颗粒插层 rGO 纳米片

金万勤等[32] 提出使用原位生长法制备纳米颗粒插层的 rGO 纳米片，使用该纳米片制备出的膜具有较大的水传输通道，同时能够有效截留有机染料和离子。

类似地，金万勤等提出了用 3D 纳米多孔晶体作间隔物，部分撑开还原氧化石墨烯膜（rGO）堆积的夹层，以提高透水性并保持对污染物的截留率[42]。在这里，选择 UiO-66 作为典型的插层粒子，以嵌入石墨烯叠层中。UiO-66 是一种新型的锆基纳米多孔金属有机骨架（MOF），其中每个锆中心均与 12 个苯 -1,4- 二羧酸酯分子相连。近期研究工作表明，基于尺寸差异的选择性扩散，连续的 UiO-66 膜具有脱盐的潜力。UiO-66 的四面体腔、八面体腔和三角形孔径（分别为约 0.9nm、1.1nm 和 0.6nm）均大于水分子的大小（0.32nm）。因此，当溶液通过堆叠的石墨烯膜的 2D 通道时，水可以自由通过 3D 纳米晶体，而溶质（例如有机染料）被阻隔。为了验证该方法的普适性，选取另一种 3D 多孔材料普鲁士蓝（PB）作为过渡金属氰化物，其具有约 0.4nm 的孔径。多孔纳米晶在占据层间空间并扩大层间通道的同时，自身也提供了通透性的三维孔道用于水分子的快速传质，减小了插层材料在层间对传质的阻碍作用。水分子渗透过多孔纳米晶插层的 rGO 叠层、rGO 叠层和多孔纳米晶的过程如图 5-18 所示。

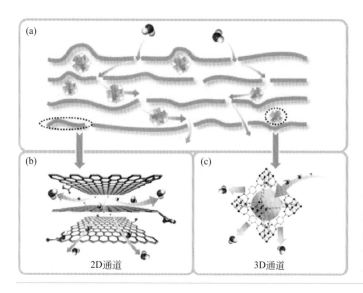

图5-18

水分子渗透过（a）多孔纳米晶插层的rGO叠层、（b）rGO叠层和（c）多孔纳米晶的过程示意图

2. 水合阳离子调控 GO 层间距

金万勤等提出了使用水合阳离子对 GO 膜层间距进行精确调控的策略［图 5-19（a）］[30]。基于金属阳离子与石墨烯片层内芳香环结构之间存在的阳离子 -π 相互作用以及金属阳离子的水化层与 GO 之间的氢键作用，在 GO 叠层内引入不同尺寸的水合金属阳离子，实现在埃米级的精度下有效地控制 GO 膜在水环境中的层间距，并用于水溶液中小尺寸离子的高效截留。

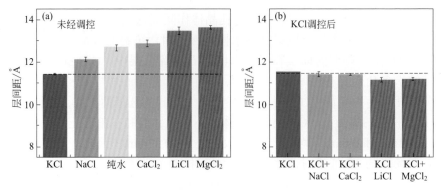

图5-19　（a）GO膜浸入纯水或各种0.25mol/L盐溶液中的层间距；（b）GO膜先浸泡在KCl溶液，然后浸入各种盐溶液中的层间距

注：误差线表示样品三个不同点的标准偏差

　　将通过滴涂法制备的自支撑GO膜分别浸泡在水和不同的盐离子溶液中（盐离子的浓度为0.25mol/L），膜的层间距会发生明显的变化，如图5-19（a）所示，在纯水中GO膜的层间距为(12.8±0.2)Å，与文献报道值一致。然而经KCl、NaCl、$CaCl_2$、LiCl和$MgCl_2$处理后的GO膜的层间距分别为（11.4±0.1)Å、(12.1±0.2)Å、(12.9±0.2)Å、(13.5±0.2)Å和(13.6±0.1)Å。所以在各种溶液中GO层间距的大小顺序为：$MgCl_2$ > LiCl > $CaCl_2$ >纯水 > NaCl > KCl。值得注意的是，经KCl处理后的层间距为11.4Å，比在纯水中的值还小。将GO膜首先浸泡在KCl溶液中，再将其浸入不同的盐离子溶液（与KCl等浓度）后，得到的GO膜的层间距几乎不变，如图5-19（b）所示，对于NaCl、$CaCl_2$、LiCl和$MgCl_2$层间距分别为(11.4±0.2)Å、(11.4±0.1)Å、(11.2±0.2)Å和(11.2±0.1)Å，表明K^+可以有效地控制GO膜的层间距在11Å左右。

3. 小分子交联GO膜

　　此外使用小分子对GO片层进行交联，也是增强GO结构的一种常用方法。为了解决GO膜在水中不稳定的问题，金万勤等引入了分子桥来稳定GO膜[43]。如图5-20所示，GO膜的层间和界面相互作用可以通过两种类型的分子桥得以增强。为了在不牺牲快速透水性的情况下制备规整的GO叠层，金万勤等设计了层间短链分子桥，通过缩合反应和亲核加成反应确保GO叠层膜自组装结构的稳定，从而起到抵抗溶胀的作用。同时，为了有足够的相互作用将GO叠层膜牢固地黏附到支撑体表面，在界面引入了长链分子桥，通过化学Schiff碱反应和范德华力的协同作用增强GO层与支撑体的结合力。

通过分子桥的合理设计，GO 膜结构更加稳定，并且可以在错流、高压和长期测试中保持性能稳定。

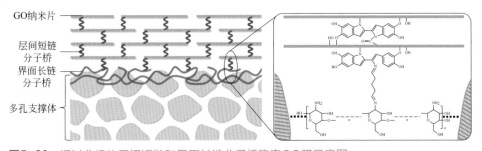

图5-20　通过分级的层间短链和界面长链分子桥稳定GO膜示意图

注：胺单体充当层间短链分子桥（红色的短波浪线），壳聚糖用作界面长链分子桥（蓝色的长波浪线）

当 GO 膜应用于水溶液体系时，GO 纳米片上大量的含氧官能团可实现强水化作用，所以多余的水分子很容易被 GO 层间通道捕获。GO 纳米通道中多余的水分子会导致 GO 膜层溶胀，从而扩大层间距并破坏 GO 膜结构。因此尝试采用层间短链分子桥以交联 GO 叠层膜来抵抗这种溶胀趋势。乙二胺（EDA）与相邻的 GO 纳米片反应形成共价键作用，通过 X 射线衍射（XRD）图谱可以计算出 GO 膜层间距的大小 [图 5-21（a）]。与原始的 GO 膜相比，润湿后的 GO 膜层间距会从 0.80nm 增加到 1.45nm，相比之下，EDA 桥连的 GO 膜在浸入水中后层间距仅从 0.84nm 增加到 0.99nm，这表明 GO 膜内共价键具有抗溶胀作用。从分子结构方面分析，具有脂肪胺基团（提供电子）的 EDA 是具有高电子密度的强亲核试剂，其短链长度只有两个碳原子，因此它能够使原本静电排斥的相邻 GO 纳米片紧密结合。另外，具有芳环的对苯二胺（PPD）表现出更大的空间位阻。有趣的是，尽管 PPD 中的苯环占据了较大的层间空间，但是 PPD 桥接的 GO 膜的层间距溶胀约为 0.11nm（从约 0.91nm 到 1.02nm），小于 EDA 桥接的 GO 膜（约 0.15nm）。因此，干态下分子桥连接的 GO 膜的层间距主要取决于胺单体的空间构型，而湿态下其可变层间距可能取决于 GO 膜内部胺单体的结合强度，后者可能在抑制 GO 溶胀中起更重要的作用，因为溶胀程度和胺单体与 GO 纳米片间的结合能密切相关。但是，由于苯环的高稳定性，芳香族 PPD 中氨基的反应活性相对较低。聚多巴胺（PDA）既具有强结合反应性的脂肪胺基团，又具有高位阻的分子构型，因此将 PDA 用作层间短链分子桥。与其他结构（即 GO-EDA 和 GO-PPD）相比，PDA 桥接的 GO 膜在润湿后仅表现出轻微的峰位偏移（XRD 图谱中），对应的层间距从约 0.90nm 增加到 0.96nm。因此，PDA 在水性环境中具有最好的抗溶胀能力。此外，PDA 独特的自聚合特性有利于实现 GO 膜的可控交联。

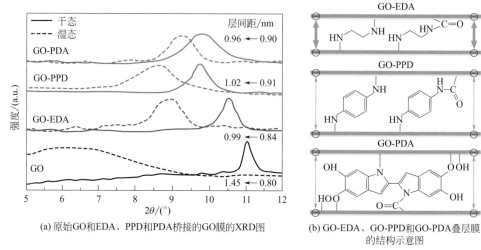

(a) 原始GO和EDA、PPD和PDA桥接的GO膜的XRD图

(b) GO-EDA、GO-PPD和GO-PDA叠层膜的结构示意图

图5-21 层间短链分子桥接GO膜的抗溶胀能力

　　尽管通过层间短链分子桥能够避免 GO 纳米片在水中的再分散，但由于黏附力不足，GO 膜在分离过程中很容易从支撑体上剥离。具有独特二维结构的柔性 GO 纳米片往往仅附着在支撑体表面上，弯曲产生的内部弹性应变反而会导致 GO 膜剥离。使用短链分子修饰难以提升多孔支撑体与 GO 膜的结合力。因此，除了层间短链分子桥外，金万勤等还提出了一种界面长链分子桥的策略，使得 GO 膜与多孔支撑体有较大的接触面积并使两者以化学键的形式结合。改性壳聚糖具有合适的分子量及丰富的功能基团，用以构筑界面长链分子桥。可控的分子量将使壳聚糖能够在多孔支撑体上形成均匀的薄层，分子结构中的大量醛基有利于与 GO-PDA 膜的氨基形成共价键作用，提高界面结合力。

　　小分子交联的策略也被应用于实现气体分离的 GO 膜上。金万勤等[31]首次将小分子巯基乙胺引入到 GO 层间并与含氧官能团反应，缩小了 GO 膜层间通道尺寸，提升了气体的筛分性能。为了证明该策略的普适性，采用了另一种与巯基乙胺结构类似的分子半胱氨酸来交联 GO 膜层。半胱氨酸负载量对 GO 膜层间距的影响如图 5-22(a) 所示。在相对较低的负载量下，半胱氨酸交联的 GO 膜（LCGO）的层间距从 0.98nm 降低至 0.91nm。有趣的是，随着半胱氨酸负载量增加至 6.6%（质量分数），层间距进一步减小。图 5-22（b）显示了 LCGO 和 CGO 膜（巯基乙胺交联 GO 膜）层间距的变化趋势是不同的。CGO 膜的层间高度起初下降，但在更高的小分子负载量下反而增加了。最初下降的原因是含氧官能团与巯基乙胺的反应使含氧官能团减少，而后来的尺寸增加是由于过量的巯基乙胺进入层间通道。相比之下，LCGO 膜层间距连续下降至 0.90nm，这可能归因于交联程度的持续提升，与巯基乙胺交联 GO 膜的层间距减小（从 0.98nm 到 0.91nm）类似。

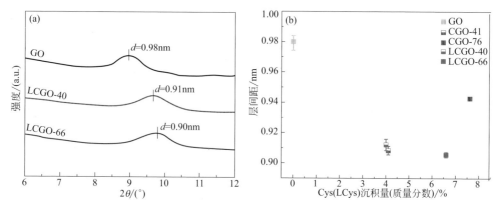

图5-22　（a）不同交联度的LCGO膜和原始GO的XRD图谱；（b）原始GO、CGO和LCGO膜层间距的变化趋势对比

二、氧化石墨烯（GO）膜表面性质调控

除了对 GO 膜层间距进行调节外，GO 膜的表面性质也对膜性能有很大的影响。金万勤等[44]提出了一种使用超薄亲水性聚合物作为 GO 膜表面捕水层的方法，该涂层优先吸附混合物中的水分子，导致跨膜驱动力增加，进而充分利用 GO 叠层间的二维快速水通道，实现快速、选择性的水传输（图 5-23）。

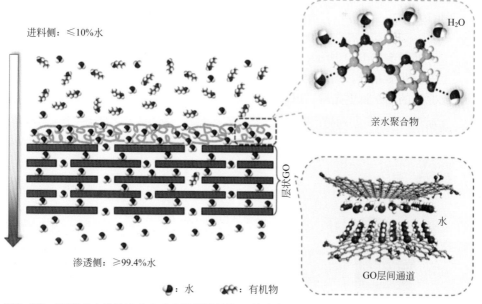

图5-23　利用亲水性聚合物和GO叠层膜的协同效应实现有机溶剂脱水的示意图

1. CS@GO 亲水复合膜

选择壳聚糖（CS）作为亲水性聚合物层，其重复单元中的羟基和氨基能够与水分子形成氢键，使其成为高度亲水的材料（图 5-24）。将 CS 聚合物通过真空抽滤的方法沉积到 GO 膜表面，进而制得该复合膜（CS@GO 膜）。

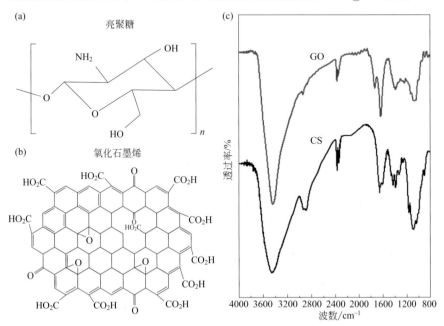

图5-24 （a）CS和（b）GO的结构图；（c）FTIR光谱

如图 5-25（a）所示，制备的 CS@GO 膜呈黄色，并且与原始 GO 相比在外观上没有明显差异。图 5-25（b）显示，CS@GO 膜的表面形态具有许多小的波纹，比原始的 GO 膜更光滑，可能是因为亲水性聚合物修饰了 GO 膜的褶皱形貌。

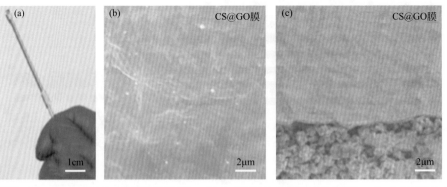

图5-25 （a）CS@GO膜的实物图；（b）CS@GO膜的SEM图像；（c）将CS@GO膜旋转45°后的SEM图像

通过能量色散 X 射线光谱（EDX）进一步表征 CS 聚合物在 GO 膜表面上的分布情况。如图 5-26（a）所示，氮元素均匀分布在 CS@GO 膜的整个表面，而在原始的 GO 膜中没有检测到氮元素，进一步证明了 CS 聚合物均匀地附着在 GO 膜上。如图 5-26（c）所示，在将亲水性 CS 聚合物涂覆到 GO 膜上之后，N 1s 峰移动，表明 GO 和 CS 之间发生了强烈的相互作用。FTIR 进一步证实了这一结果 [图 5-26（b）]。对 CS@GO 膜进行 XPS 表征，可以检测到一个较小的 Al 2p 峰，如图 5-26（d）所示，该信号来自制备过程中采用的 α-Al$_2$O$_3$ 中空纤维支撑体。Al 峰的出现表明 CS 涂层的厚度应该小于 10nm（这项工作中 XPS 的最大探测深度为 10nm），证明形成了超薄的聚合物涂层。

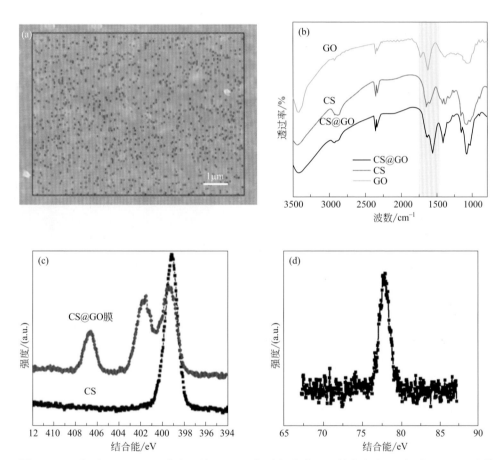

图5-26 （a）CS@GO膜表面的EDX图像（红点表示N的存在）；（b）CS@GO的FTIR表征；（c）CS聚合物和CS@GO膜的XPS N 1s光谱；（d）CS@GO膜的XPS Al 2p光谱

超薄聚合物层可增加膜的机械稳定性，减少对膜的物理损伤。从 CS@GO 膜的载荷 - 位移曲线（图 5-27）看出，临界载荷为 27.53mN，高于原始的 GO 膜，表明亲水性 CS 聚合物层不仅可以增强 GO 膜的水通量，还可以有效地改善膜的机械稳定性。总之，通过氢键等相互作用，成功在 GO 膜上制备了厚度小于 10nm 的超薄亲水性聚合物层。与原始 GO 膜相比，制备的 CS@GO 膜表现出更好的机械稳定性，有利于提升错流操作中的膜稳定性。

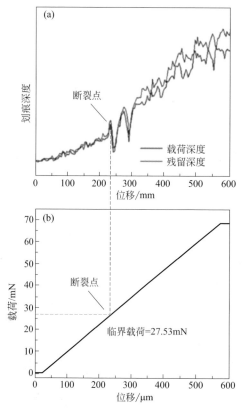
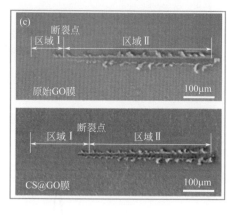

图5-27 （a）CS@GO膜的划痕深度-位移曲线；（b）CS@GO膜的载荷-位移曲线；（c）GO膜和CS@GO膜界面破坏的SEM图像

2. 聚电解质控制 GO 膜表面电荷

受到自然界中电荷相互作用原理和生物离子通道结构的启发，金万勤等提出了 GO 膜表面电荷控制策略，以实现 GO 膜的选择性离子传输[45]。如图 5-28（a）所示，在 GO 膜表面沉积不同类型的聚电解质层使 GO 膜表面形成不同的电荷，膜表面的电荷对盐溶液中带有同种电荷的高价离子产生强静电排斥，而对带有异种电荷的低价离子产生弱静电吸引。通过调控膜表面和盐离子之间的电荷相互作用，表面带电 GO 膜可以有效截留典型的 AB_2 和 A_2B 型盐，且不影响水在膜中的快速渗透。

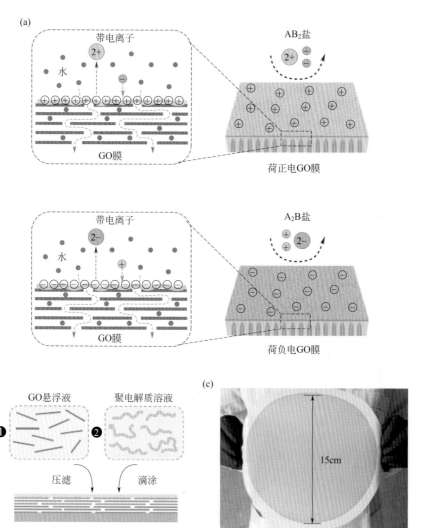

图5-28 （a）GO 膜表面电荷调控的示意图；（b）表面带电 GO 膜制备过程示意图；（c）大面积 GO 膜的实物照片

首先在 PAN 支撑体上加压过滤制备 GO 叠层膜，再通过浸涂的方法在 GO 膜表面修饰不同电荷性质的聚电解质（带正电的聚电解质：PDDA、PEI、PAH；带负电的聚电解质：PSS、PAA、SA），从而制备表面带电荷的 GO 膜。基于这种简易的方法，可以制备大面积的表面均匀带电的 GO 膜 [图 5-28 （b）（c）]。如图 5-29 所示，XRD 结果表明在沉积聚电解质后，GO 膜仍然保持了原有的层状堆叠结构，层间距几乎不变，而通过聚电解质层可以在 GO 膜上引入功能化基团。

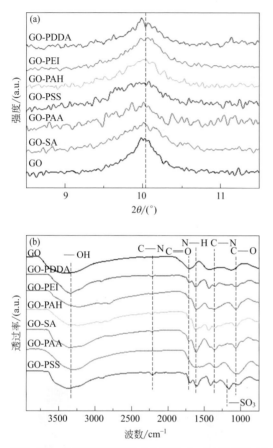

图5-29 GO和表面带电GO膜的（a）XRD和（b）FTIR表征图

如图 5-30 所示，聚电解质和 GO 叠层之间可以通过丰富的位点产生相互作用。FTIR 图谱中—OH 峰的红移证明了功能化基团之间形成了氢键。此外，带正电的聚电解质与带负电的 GO 叠层之间还存在静电吸引作用。

表面带电 GO 膜的 FTIR 和 XPS 表征结果表明，构筑聚电解质层能够在 GO 膜表面引入特征功能化基团。氨基在水中的质子化和磺酸、羧基、羟基在水中的去质子化使 GO 膜表面带有不同的电荷，并且可以通过这些离子化基团的性质和数量来调控 GO 膜表面的电荷性质和电荷密度。如图 5-31 （a）所示，GO-PDDA、GO-PEI 和 GO-PAH 膜表面都带正电荷，电荷密度分别为

+1.8mC/m^2、+0.97mC/m^2 和 +0.53mC/m^2；GO-SA、GO-PAA 和 GO-PSS 膜表面都带负电荷，电荷密度分别为 −1.37mC/m^2、−2.12mC/m^2 和 −2.32mC/m^2。膜表面的电荷密度与其表面的聚电解质的 ζ 电位顺序相同，如图 5-31（b）和（c）所示，表明通过简单地沉积聚电解质层即可使 GO 膜表面带有可调控的电荷性质和电荷强度。

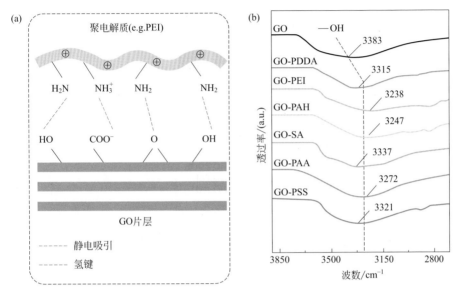

图5-30　（a）聚电解质和GO叠层之间可能的相互作用示意图；（b）GO和表面带电GO膜的红外峰的偏移

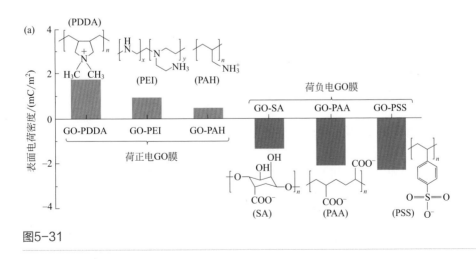

图5-31

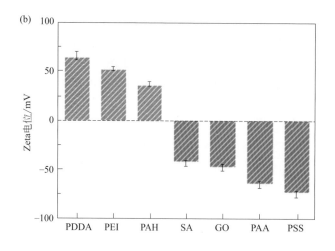

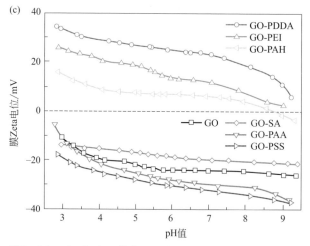

图5-31 （a）表面带电GO膜的表面电荷密度及表层带有离子化基团的聚电解质的分子结构式；（b）GO和聚电解质溶液在pH=2.5～9.5下的Zeta电位；（c）表面带电GO膜在pH=2.5～9.5下的Zeta电位

　　为了研究 GO 膜表面电荷的作用和膜内离子的传输行为，金万勤等对不同盐溶液（$MgCl_2$、Na_2SO_4、$MgSO_4$）进行分离性能测试。如图 5-32（a）所示，表面带电 GO 膜对 $MgCl_2$ 和 Na_2SO_4 这两种不同类型的盐表现出不同的截留率变化趋势。带有正电荷的 GO 膜对 $MgCl_2$ 的截留率更高，而带有负电荷的 GO 膜对 Na_2SO_4 的截留率更高，且随着膜表面电荷密度从高度带正电变化到高度带负电，表面带电 GO 膜的盐截留率呈线性变化。而表面带电 GO 膜的水渗透性则与 GO

膜表面沉积的聚电解质种类有关，如图 5-32（b）所示，表面亲水性更强的 GO 膜具有更高的水渗透性。

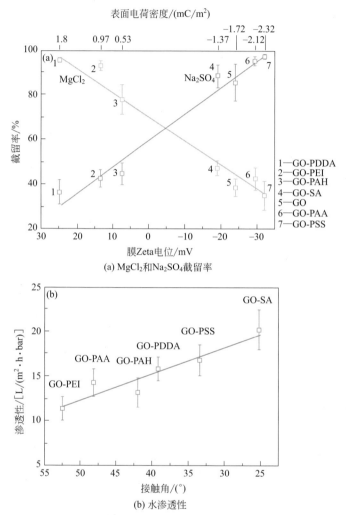

图5-32　不同电荷密度的表面带电GO膜的性能

使用 QCM 表征了聚电解质的吸水性，当带有水蒸气的吹扫气经过样品时，样品的质量变化反映了材料对水的吸附能力，结果如图 5-33 所示。不同的聚电解质表现出不同的吸水性，且它们的吸水性与沉积聚电解质后制备的表面带电 GO 膜的水渗透性成正相关，说明聚电解质不仅改变了 GO 膜表面的电荷性质，也增强了 GO 膜的表面亲水性。

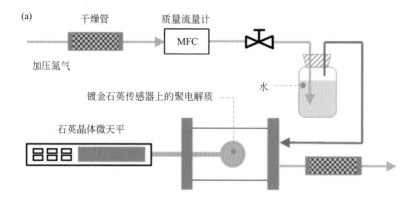

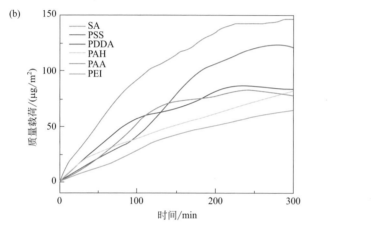

图5-33 （a）QCM测试示意图；（b）不同聚电解质的吸水性

　　为了消除测试条件和膜厚等因素的影响，计算了表面带电 GO 膜的盐渗透系数和水 / 盐选择性，如图 5-34 所示。当 GO 膜的表面电荷从高度带正电变化到高度带负电时，$MgCl_2$ 的渗透系数呈现上升趋势，而 Na_2SO_4 的渗透系数近似线性下降。因而，高度带正电的 GO-PDDA 膜表现出最高的水 /$MgCl_2$ 选择性，达到 2.2×10^5，且水 /$MgCl_2$ 选择性随着膜表面电荷向负电转变而发生指数级衰减。相反，高度带正电的 GO-PDDA 膜具有相对低的水 /Na_2SO_4 选择性，随着膜表面电荷向负电转变，水 /Na_2SO_4 选择性快速增长 20 倍，高度带负电的 GO-PSS 膜表现出最高的水 /Na_2SO_4 选择性，达到 5.4×10^5。这样完全相反的趋势表明，带正电荷的 GO 膜倾向于排斥含有二价阳离子（A^{2+}）的 AB_2 型盐，而带负电的 GO 膜倾向于排斥含有二价阴离子（B^{2-}）的 A_2B 型盐。

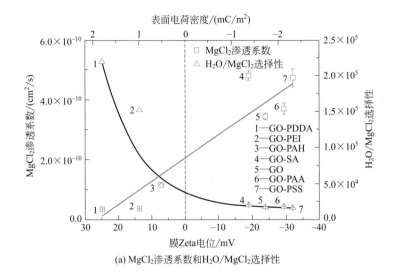

(a) MgCl$_2$渗透系数和H$_2$O/MgCl$_2$选择性

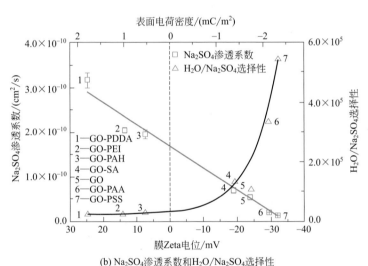

(b) Na$_2$SO$_4$渗透系数和H$_2$O/Na$_2$SO$_4$选择性

图5-34 不同电荷密度的表面带电GO膜的性能

由于带电的 GO 膜表面与带同种电荷的高价离子之间的静电排斥作用主导了盐在膜内的渗透,进一步推测表面带电 GO 膜的离子传输也与离子的价态密切相关。分别使用含有不同阳离子和阴离子价态比值(Z^+/Z^-)的盐溶液进行过滤实验,结果发现,盐中阳离子和阴离子的价态比值显著影响其在表面带电 GO 膜中的渗透,如图 5-35 所示。对于带正电的 GO 膜来说(例如 GO-PDDA 膜),膜表面吸引阴离子而排斥阳离子,随着 Z^+/Z^- 从 2/1 变化到 1/2,盐的渗透被抑制,使水 / 盐选择性表现出 MgCl$_2$ > MgSO$_4$ > Na$_2$SO$_4$ 的顺序。而对于带负电的 GO

膜来说（例如 GO-PSS 膜），膜表面吸引阳离子而排斥阴离子，盐渗透系数和水/盐选择性随着 Z^+/Z^- 的改变正好呈现完全相反的趋势。这是因为膜表面与带有同种电荷的离子之间的静电排斥，和膜表面与带有异种电荷的离子之间的静电吸引，存在着竞争关系。带正电的 GO 膜在 $Z^+/Z^- < 1$ 的情况下（例如 Na_2SO_4），或者带负电的 GO 膜在 $Z^+/Z^- > 1$ 的情况下（例如 $MgCl_2$），膜表面对高价异种电荷离子的吸引会超过对低价同种电荷离子的排斥，从而促进盐透过 GO 膜。当 $Z^+/Z^-=1$ 时（例如 $MgSO_4$），带正电的 GO 膜和带负电的 GO 膜对其传输行为的影响主要基于对离子的尺寸筛分效应。此时膜表面对同种电荷和异种电荷离子的静电排斥和吸引作用相平衡，Mg^{2+}（0.428nm）和 SO_4^{2-}（0.397nm）水合离子半径的差异会影响盐的渗透。带正电的 GO 膜表面倾向于排斥 Mg^{2+} 并吸引 SO_4^{2-}，尺寸较小的 SO_4^{2-} 更容易透过膜，从而获得相对较高的盐渗透系数。相反，尺寸较大的 Mg^{2+} 通过带负电的 GO 膜时会产生较大的空间位阻，使膜具有较低的盐渗透系数。

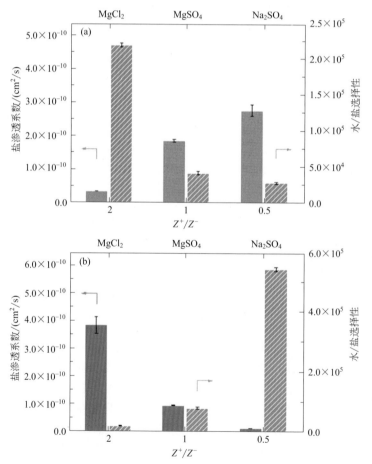

图5-35　（a）带正电的和（b）带负电的GO膜对不同 Z^+/Z^- 值盐的盐渗透系数和水/盐选择性

为了进一步揭示表面带电 GO 膜的离子传输机理，借助理论计算来研究 GO 膜表面与离子之间的相互作用能变化规律。金万勤等采用 Derjaguin-Landau-Verwey-Overbeek（DLVO）理论，其中范德华力通过 Hamaker 方程表达，静电力通过泊松 - 玻尔兹曼双电层模型求解。图 5-36 比较了 GO 膜表面与离子之间的相互作用能。

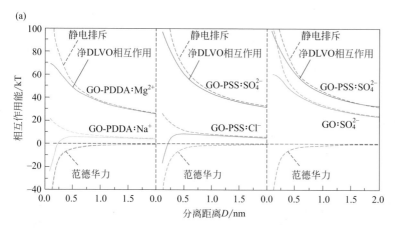

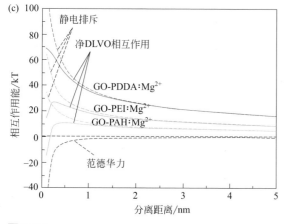

图5-36

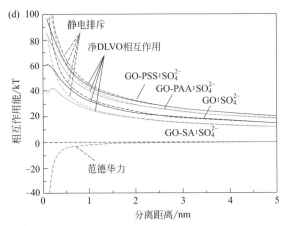

图5-36 （a）带电离子与带电膜表面的DLVO相互作用能；（b）表面单元积分（SEI）模型计算DLVO相互作用能的公式及示意图；带电离子与（c）带正电和（d）带负电的GO膜表面的DLVO相互作用能

分别比较了三种不同情况：①高度带正电的 GO-PDDA 膜与带同种电荷的二价 Mg^{2+} 和一价 Na^+ 之间的 DLVO 相互作用能；②高度带负电的 GO-PSS 膜与带同种电荷的二价 SO_4^{2-} 和一价 Cl^- 之间的 DLVO 相互作用能；③高度带负电的 GO-PSS 膜和带负电的 GO 膜与带同种电荷的二价 SO_4^{2-} 之间的 DLVO 相互作用能。结果发现，无论是带正电荷还是带负电荷的膜表面，都对带有同种电荷的高价离子表现出较大的相互作用能垒。带电膜表面对带有异种电荷离子的相互作用也遵循相同的规律。

以上研究结果表明，可以针对不同类型的盐设计表面带电 GO 膜，实现可控的离子传输行为。例如，针对 AB_2 型盐，表面带正电的膜对 A^{2+} 的排斥力比其对 B^- 的吸引力大，从而倾向于阻止 A^{2+} 透过，为了平衡溶液中的电荷，B^- 也被同时截留。这解释了在带正电荷的 GO 膜中观察到的 AB_2 型盐（例如 $MgCl_2$）的渗透系数比 A_2B 型盐（例如 Na_2SO_4）的渗透系数低数倍的现象。此外，增加膜表面的电荷密度也会有效增加膜表面与带电离子之间的相互作用能垒。因此，高度带正电的 GO 膜能够阻碍 $MgCl_2$ 的传输，而高度带负电的 GO 膜能够阻碍 Na_2SO_4 的传输。

三、支撑体性质对氧化石墨烯（GO）膜性能的影响

目前，GO 膜相关的研究工作主要集中在调控 GO 膜层物理结构和化学性质以获得更好的分离性能上，然而，很少有研究关注支撑体对 GO 膜的制备和分离

性能的影响。实际上，支撑体的选取与膜层的组装过程、膜结构和膜性能都密切相关。针对该问题，金万勤等选取了三种典型的GO膜支撑体：多孔陶瓷支撑体、聚丙烯腈（PAN）支撑体和聚碳酸酯（PC）支撑体，主要研究了支撑体表面形貌和粗糙度、表面化学基团、主体孔结构等因素对GO膜结构和性能的影响[46]（图5-37）。

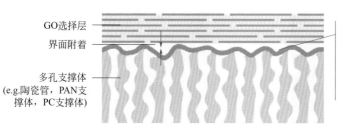

图5-37 支撑体对GO制备和分离性能的影响示意图

首先将一定量的GO粉末溶解在去离子水中，经过超声处理，得到均匀的GO分散液（0.01mg/mL）。为了获得相对一致的GO纳米片横向尺寸，将上述GO分散液以12000r/min离心20min去除上清液中的小尺寸纳米片，将再分散后的GO分散液在6000r/min下离心20min去除底沉淀中的大尺寸纳米片。随后，在202.65kPa的压力驱动下，将所得的GO分散液均匀沉积在支撑体上形成规整堆叠的膜层（图5-38），最终得到的GO膜在45℃下真空干燥过夜。

在GO膜的制备过程中，GO纳米片在压力驱动下沉积在支撑体表面并组装成层状结构。由于范德华力的作用，GO纳米片倾向于附着在支撑体表面。因此，支撑体的表面形貌结构将显著影响GO的成膜过程。选择了三种支撑体，分别为陶瓷管、PAN和PC支撑体，它们的表面形貌和粗糙度如图5-39所示。

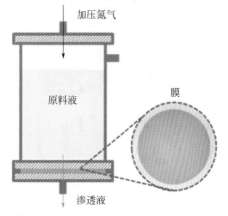

图5-38 压力驱动制备GO膜的示意图

由于这三种支撑体的材料组成和制备工艺不同，表现出了各异的表面形貌特征。陶瓷管是由ZrO_2和Al_2O_3粉体颗粒烧结形成的，因此陶瓷管表面表现出粗糙不平的形貌［图5-39（a）和（d）］，平均表面粗糙度较大（103.4nm）。相比之下，聚合物支撑体都表现出相对平坦的表面。PAN支撑体表面是由相转化形成的致密皮层，可以观察到典型的结节状结构和均匀分布的微孔［图 5-39（b）和（e）］，平均表面粗糙度为 11.9nm。而刻蚀制备的 PC 支撑体具有非常光滑的表面和相对低密度的圆形直通孔［图 5-39（c）和（f）］，平均表面粗糙度只有5.1nm。

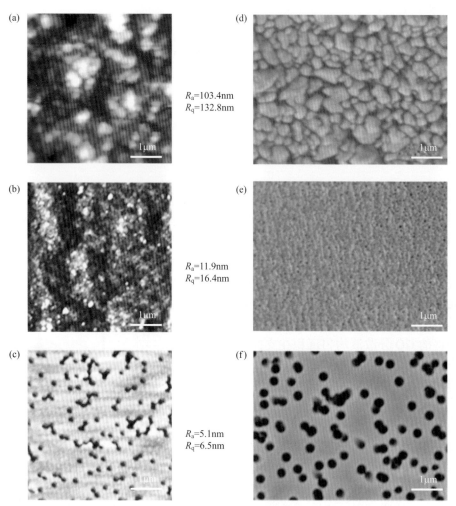

图5-39　不同支撑体表面形貌和粗糙度：（a）陶瓷管、（b）PAN、（c）PC支撑体的AFM图和表面粗糙度数据、（d）陶瓷管、（e）PAN、（f）PC支撑体的表面SEM图

　　考虑到 GO 纳米片的高度柔性，GO 纳米片在沉积过程中会包裹支撑体表面的凹凸处，优先附着在支撑体表面，然后再进一步堆叠组装成层状结构。如图 5-40（a）～（c）所示，在 GO 膜的表面 SEM 图中，可以清楚地观察到支

撑体表面被 GO 纳米片完全覆盖并形成连续无缺陷的膜层。GO 膜表面表现出典型的褶皱形貌，并且下层支撑体的轮廓隐约可见。特别是陶瓷管支撑的GO 膜，可以清楚地看到 GO 膜层下支撑体的起伏。从断面 SEM 图［图 5-40（d）~（f）］可以更清晰地观察到，超薄的 GO 膜层紧密附着在支撑体的表面，形成 GO 复合膜。

图5-40　不同支撑体上GO膜的表面和断面SEM图像：（a）、（d）为GO/陶瓷管膜；（b）、（e）为GO/PAN膜；（c）、（f）为GO/PC膜

进一步对不同支撑体上的 GO 膜层进行了 XRD 和拉曼表征（图 5-41）。不同支撑体上的 GO 膜层具有相似的层状堆叠结构，层间距约为 0.8nm，I_D/I_G 约为 0.9，表明不同支撑体对 GO 膜层顶部的组装行为和堆叠结构并没有明显的影响。

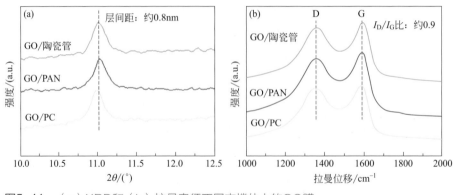

图5-41 （a）XRD和（b）拉曼表征不同支撑体上的GO膜

　　支撑体的表面化学结构可以提供与GO膜层相互作用的活性位点，对增强GO膜层与支撑体之间的界面结合性，以及提高GO膜的长期稳定性都起到至关重要的作用。通过XPS表征不同支撑体表面基团的化学组成和相对含量，结果如图5-42所示。陶瓷管支撑体的O 1s谱图［图5-42（a）］显示了Zr—O、Al—O和O—H特征峰，对应的结合能分别为529.8eV、531.1eV和532.0eV，说明ZrO$_2$/Al$_2$O$_3$支撑体表面存在丰富的羟基。PAN支撑体的C 1s图谱［图5-42（b）］中出现了C—C、C—N、C—O和C=O的特征峰，对应的结合能分别为284.6eV、285.7eV、286.6eV和288.8eV，说明PAN支撑体表面含有大量氰基和含氧官能团。此外，PC支撑体的C 1s图谱也出现了C—C、C—H和C—O的特征峰［图5-42（c）］，对应的结合能分别为284.5eV、285.1eV和286.5eV，说明PC支撑体表面存在大量的甲基和少量含氧官能团。

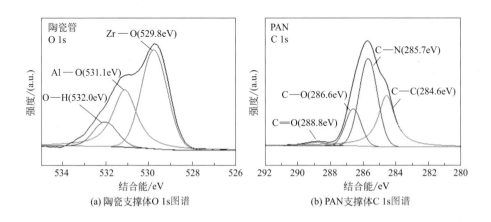

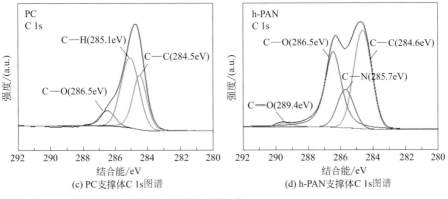

(c) PC支撑体C 1s图谱   (d) h-PAN支撑体C 1s图谱

图5-42   XPS表征不同支撑体表面的化学组成

研究表明，GO 纳米片的表面和边缘存在丰富的含氧官能团，包括羟基、羧基和环氧基等，可能会与支撑体表面的含氧官能团之间形成氢键作用，增强 GO 膜层与支撑体之间的相互作用。因此，GO 膜层与支撑体之间的相互作用，与支撑体表面的含氧官能团数量密切相关。为了进一步增加支撑体表面含氧官能团数量以增强 GO 膜的界面结合性，对 PAN 支撑体进行简单温和的碱性水解处理。将 PAN 支撑体浸泡在 NaOH 溶液中，55℃处理 2h，可以观察到 PAN 支撑体表面从白色到淡黄色的明显颜色变化，说明水解过程使其表面性质发生改变。使用 XPS 表征来证明水解 PAN（h-PAN）支撑体的表面化学结构变化。图 5-42（d）表明，h-PAN 支撑体的 C 1s 谱图在 285.7eV 处出现减弱的 C—N 特征峰，而在 286.5eV 处出现增强的 C—O 峰，说明水解处理后 PAN 支撑体表面的氰基数量减少，而羟基数量增加。

基于氢键理论，推测陶瓷管支撑体和 h-PAN 支撑体表面的羟基会与 GO 膜层的羟基、羧基和环氧基等形成氢键相互作用，如图 5-43 所示，而 GO 膜层与 PC 支撑体之间只存在较弱的范德华相互作用。基于这些支撑体的表面化学结构，推测陶瓷管支撑体和 h-PAN 支撑体与 GO 膜层之间具有较好的界面结合性，而 PC 支撑体与 GO 膜层之间缺乏强相互作用，可能难以在实际操作中保持膜的完整性。

上述研究发现，支撑体的表面形貌和化学结构会影响 GO 膜层的组装和制备，而支撑体的主体孔结构也是决定 GO 膜机械强度和传质性能的重要因素。从图 5-40 和图 5-43 支撑体的断面结构中可以发现，三种支撑体具有截然不同的主体孔结构。陶瓷管支撑体是由无机颗粒烧结堆积形成的，所以表现出致密多孔的结构，具有非常高的机械强度，但传质阻力也较大。金万勤等使用泡压法测试了由不同粒径的无机粉体烧结形成的陶瓷管支撑体的孔结构，结果发现它们都具有较窄的孔径分布，平均孔径分别为 20nm、225nm 和 790nm，如图 5-44（a）所示。金万勤等还测试了这些陶瓷管支撑体的纯水渗透性，如图 5-44（b）所示，发现符合普遍规律，即孔径越大，水渗透性越高。

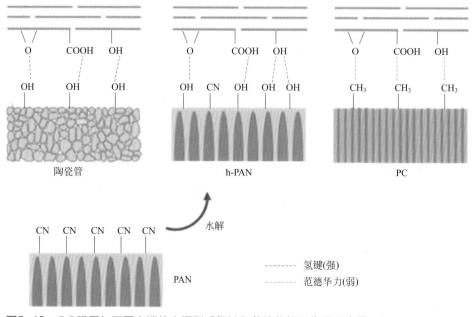

图5-43　GO膜层与不同支撑体之间形成氢键和范德华相互作用示意图

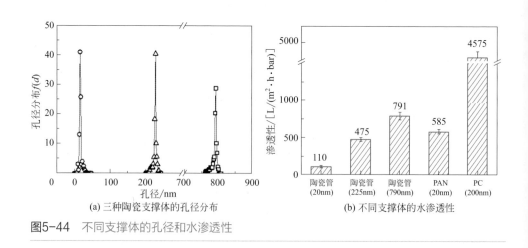

(a) 三种陶瓷支撑体的孔径分布

(b) 不同支撑体的水渗透性

图5-44　不同支撑体的孔径和水渗透性

20nm 的 PAN 支撑体具有非对称的主体结构，顶层是约 1μm 的致密皮层，底层则由圆柱形指状大孔组成。PAN支撑体这样的孔结构能够为GO膜层的组装提供平坦的表面，有利于形成较薄的GO膜层，同时底层的大孔结构能在提供足够机械强度的同时，降低支撑体带来的传质阻力。因此，在相同孔径条件下，PAN支撑体具有$5.85L/(m^2 \cdot h \cdot kPa)$的水渗透性，比陶瓷管支撑体的水渗透性高出4倍以上。而200nm的PC支撑体具有贯穿整个支撑体的圆形直通孔道，具有极低的传质阻力，因而表现出超高的水渗透性，达到$45.75L/(m^2 \cdot h \cdot kPa)$。然而，如图5-40（f）所示，PC支撑体内的直通孔道很容易坍塌，即使是非常小心的样品制备过程也会导致PC支撑体主体孔结构发生严重变形，说明PC支撑体的力学性能较差。

此外，GO膜的稳定性是制约其实际应用的重要因素。因为GO膜层在水中容易出现溶胀和再分散等现象，难以长时间保持膜的完整性。许多研究者报道了用交联等方法增强GO片层之间相互作用以克服GO膜层在水中的溶胀趋势。然而，GO膜层与下层支撑体之间的界面结合性也是决定GO膜能否在实际操作过程中维持稳定性的关键因素之一，但目前对GO膜界面结合性的考察仍然较少。使用更接近实际工业应用的错流操作来评价不同支撑体上GO膜的界面结合性。图5-45比较了错流操作前后不同支撑体上的GO膜的局部放大照片，从中可以明显观察到这些GO膜界面结合性的差异。陶瓷管支撑的GO膜层牢固地黏附在支撑体上，没有明显的裂纹或缺陷。GO膜层与陶瓷管支撑体具有良好的界面结合性主要有两个原因：一方面，陶瓷管支撑体较大的表面粗糙度和GO材料的高度柔性，使GO膜层与陶瓷管支撑体紧密贴合，具有足够大的接触面积，提供范德华相互作用。另一方面，陶瓷管支撑体表面的羟基与GO膜层上的含氧官能团之间形成氢键作用，进一步增强了界面结合性。在错流操作后，PAN支撑的GO膜表面可以观察到一些小裂纹和轻微的膜层剥落，而经过水解的h-PAN支撑的GO膜则表现出最优的界面结合性，经过错流操作，膜表面没有任何损坏和剥离现象。这主要是由于水解处理后的h-PAN支撑体表面引入了丰富的含氧官能团，可以与GO膜层上的含氧官能团形成大量的氢键作用，从而获得显著增强的界面结合性。同时，可以清楚地观察到PC支撑体上的GO膜层几乎完全从支撑体表面剥离，主要是因为PC支撑体表面非常光滑，不利于GO膜层的附着，且PC支撑体与GO膜层之间缺乏强相互作用。

上述工作表明，支撑体的表面形貌、化学结构和主体孔结构对GO膜组装行为、界面结合性和纳滤性能都有显著影响。具有粗糙表面和刚性结构的陶瓷管支撑体为GO膜层提供了足够的接触面积和机械强度，具有更好的工业放大和应用潜力。水解后的PAN支撑体表面含有丰富的含氧官能团，可以有效增强与GO膜层的界面结合力，同时其高度多孔的底层和平整的表面皮层使GO膜易于组装，且具有低的传质阻力，从而获得稳定的高纳滤性能。而PC支撑体具有圆形直通孔道，表现出超高的水渗透性，但缺乏表面功能化基团导致其与 GO 膜层较差的黏附性。这项工作为研究支撑体对 GO 膜的组装成膜行为的影响提供了新的角度，也为实现 GO 膜的工业化应用提供了理论参考。

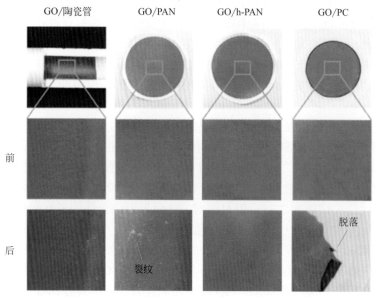

图5-45 错流操作前后不同支撑体上的GO膜的局部放大照片

第四节
膜应用

GO 叠层膜制备简易，具有出色的机械强度和良好的柔韧性。平面内结构缺陷或狭缝孔，以及层间通道是两种主要的传输方式。特别地，GO 上的含氧官能团提供了用于进一步功能化的活性位点。本节将介绍 GO 膜在水处理、有机溶剂纳滤、溶剂脱水和气体分离中的应用。

一、水处理

Geim 等人[10] 的早期研究发现，亚微米厚度的 GO 膜不能透过气体和液体，但能不受阻碍地蒸发水，水的渗透性比 He 大 10 倍[3]。随后，Geim 课题组研究了不同物质在 GO 膜中的扩散行为[13]，在水合半径 0.45nm 处显示出清晰的界线，能够筛分较大直径的分子。这些发现使研究人员将 GO 膜用于水处理，包括纳滤（NF）、超滤（UF）和正向渗透（FO）等过程。为了获得较高的通量和机械强度，通常将亚微米或数微米厚的 GO 膜沉积在多孔聚合物或无机支撑体上制备复合膜。

纳滤是一种介于超滤和反渗透之间的压力驱动膜分离过程，广泛用于过滤分离各种溶质分子和多价离子。金万勤等对制备的 $Fe_3O_4@rGO$ 膜进行了较为全面的纳滤性能考察[32]，包括对有机染料（RhB、MO、MB）、内分泌干扰物（BPA）和重金属离子（Cu^{2+}、Cd^{2+}）体系的分离。

1. $Fe_3O_4@rGO$ 膜去除有机染料分子的纳滤过程

有机染料是工业印染废水中的主要污染物之一，在有机染料去除实验中，金万勤等选择了三种不同电荷性质和分子量的典型有机染料分子：MO（327.33Da）带有负电荷，MB（373.90Da）带有正电荷，RhB（479.02Da）呈电中性。如图 5-46所示，$Fe_3O_4@rGO$ 膜对有机染料分子的截留率均高于 95%，且截留率顺序遵循它们的分子量顺序，说明 $Fe_3O_4@rGO$ 膜对有机染料分子的分离由尺寸筛分效应主导。

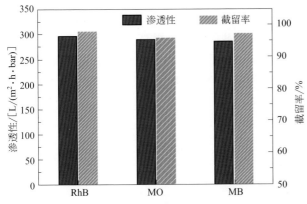

图5-46 $Fe_3O_4@rGO$膜对有机染料分子去除的纳滤性能

BPA 是一种典型的内分泌干扰物，即使在极低浓度下也会对物种的生长和繁殖产生不利影响。GO 由于其较大的比表面积和丰富的含氧官能团，对 BPA 分子具有较强的吸附分离能力。因此，对 $Fe_3O_4@rGO$ 膜进行了 BPA 分离实验，使用甲醇和水的混合溶剂对使用后的膜进行清洗，如图 5-47 所示。结果发现，$Fe_3O_4@rGO$ 膜可以有效去除水体中的微量 BPA 分子，并且在 6 个循环下仍然保持高分离性能。

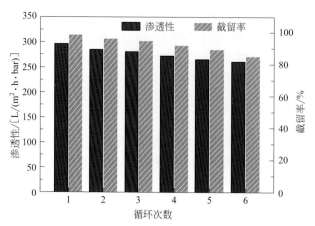

图5-47 Fe₃O₄@rGO膜对内分泌干扰物BPA的循环分离实验

Fe$_3$O$_4$@rGO 膜对有机分子的分离主要是基于尺寸筛分效应和吸附特性，而在重金属离子分离体系中，静电排斥和配位作用被认为是重金属离子截留的主要原因。金万勤等考察了溶液的 pH 值对膜表面电荷性质和重金属离子分离的影响。如图 5-48 所示，当 pH 值小于 6 时，较低的截留率可以归因于重金属离子与氢离子的竞争关系，因为酸性条件下过量的氢离子倾向于占据膜表面基团的活性位点。随着 pH 值从 3 增加到 7，重金属离子的配位作用和负电荷膜表面对阴离子的静电排斥作用增强，重金属离子的截留率显著提高。继续增加 pH 值，重金属离子开始发生水解。因此，Fe$_3$O$_4$@rGO 膜对重金属离子的截留率在 pH 值约为 8 时达到最大值，对 Cu^{2+} 的截留率为 99.81%，对 Cd^{2+} 的截留率为 98.59%。

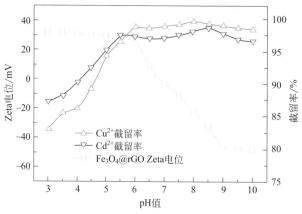

图5-48 不同pH值条件下Fe₃O₄@rGO的Zeta电位及Fe₃O₄@rGO膜对重金属离子（Cu²⁺、Cd²⁺）的截留率

除了优异的分离性能，实际膜分离过程还要求 GO 膜具有足够的结构稳定性。金万勤等将制备的 Fe₃O₄@rGO 膜在高压和错流条件下进行测试。如图 5-49（a）所示，rGO 膜在低压下（101.325～506.625kPa）的水渗透性随着压力的增大急剧下降至原有的 50%。这是因为 rGO 膜内的纳米通道仅靠少量的含氧官能团支撑，在高压条件下容易出现孔道收缩或塌陷。而 Fe₃O₄@rGO 膜在整个 101.325～1519.875kPa 的操作压力范围内都维持了稳定的超高水渗透性，即使在 1.5MPa 的最高压力下，水渗透性只损失了 5%，这主要是由于膜内插层的刚性 Fe₃O₄ 纳米粒子可以有效防止压力对纳米通道的破坏。

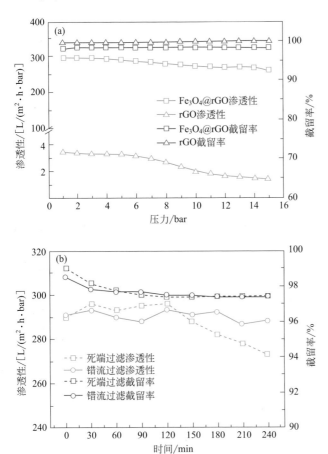

图5-49　（a）101.325～1519.875kPa压力下和（b）死端/错流操作下Fe₃O₄@rGO膜的水渗透性和截留率

错流过滤在实际工业过程中被广泛应用，和死端过滤相比，错流过滤采用半连续操作，更高效且可以避免膜表面的浓差极化，但是错流过滤过程中流体的切向运动会对膜表面产生剪切应力。然而在水溶液中，由于强烈的水合作用 GO 膜容易发生溶胀和再分散，即使是部分还原的 GO 膜（rGO 膜）也无法在错流操作条件下长时间保持膜的完整性。在 NPs@rGO 膜微结构设计中，原位生长的纳米粒子与相邻的 GO 纳米片之间通过配位作用相连接，这种"自交联"作用有效提高了膜的结构稳定性。因此，在长时间测试（240min）中，所制备的 $Fe_3O_4@$rGO 膜在错流条件下保持了优异且稳定的分离性能，如图 5-49（b）所示。相比于目前大多数报道的仅用于低压死端过滤测试的 GO 膜，该工作中的 NPs@rGO 膜具有出色的膜结构稳定性。

2. TiO₂@rGO 膜去除有机染料分子的纳滤过程

通过引入具有特殊性质的纳米粒子材料，制备得到的 NPs@rGO 膜表现出多样化的功能性。例如本节制备的 TiO₂@rGO 膜，不仅对各种染料分子和重金属离子具有较好的分离性能，而且具有 TiO₂ 材料的光催化抗污染特性，如图 5-50 所示。TiO₂@rGO 膜在过滤红色 RhB 染料溶液后，膜表面被严重染色成紫红色，而在光催化技术辅助下，膜表面的污染可被有效降解去除。

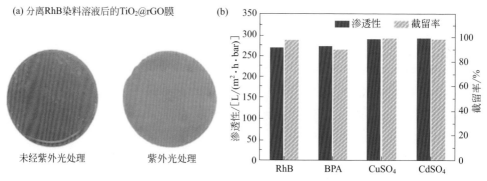

图5-50　（a）TiO₂@rGO膜在分离RhB染料溶液后的照片；（b）TiO₂@rGO膜的分离性能

图 5-51 对比了目前基于 GO 等无机材料制备的纳滤膜的分离性能。文献 [32] 中的 NPs@rGO 膜表现出非常高的水渗透性，达到约 3L/(m² · h · kPa)，比报道的大多数 GO 膜和其他无机材料膜高 5 ～ 10 倍，比商品化纳滤膜高 1 ～ 2 个数量级。更重要的是，在高压和错流等更接近实际应用的操作条件下，NPs@rGO 膜仍然能够保持优异的分离性能。此外，NPs@rGO 膜制备在商用陶瓷管的内表面上，具有高机械强度和化学稳定性，且可以有效防止运输和使用过程中对膜层的损伤。

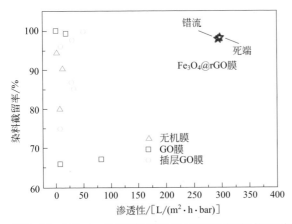

图5-51 NPs@rGO膜纳滤性能与文献报道性能的对比

3. UiO-66@rGO 膜去除有机染料分子的纳滤过程

GO 膜的染料截留机制主要为尺寸筛分而不是材料对染料的吸附[42]。实验结果也表明，更高的插层量并没有提升膜层的截留性能，说明吸附并不是主导因素。以 UiO-66arGO-0.7 和 UiO-66arGO-1.3 两个膜为例，前者渗透性为 0.14L/(m^2·h·kPa)，后者为 0.33L/(m^2·h·kPa)；前者 RhB 截留率为 99% 而后者降低为 89%。同时，在较长的测试过程中，两种膜的截留率保持稳定，如图 5-52 所示。若染料的截留依赖于纳米晶体的吸附，那增加纳米晶体的含量有利于提高截留率，但实验结果恰好相反，表明截留过程还是以筛分为主导，而增加的渗透性则归因于多孔纳米晶在层间的插层。

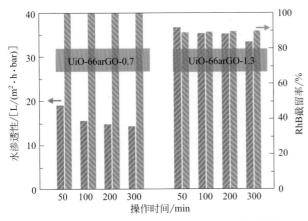

图5-52 连续测试过程中UiO-66arGO膜的截留性能

4. 表面带电 GO 膜用于盐截留

如前文所述，表面带电 GO 膜能够实现可控的离子传输，使其适用于二价盐的截留，在工业软水和饮用水生产等领域具有应用前景[45]。因此，金万勤等考察了 GO 膜和表面带电 GO 膜的盐截留性能，如图 5-53 所示。结果发现，GO 膜对盐的截留率都比较低，这是因为 GO 叠层在水溶液中会出现溶胀现象，水合作用撑大的 GO 层间距相比于水合离子尺寸偏大，不具有筛分离子的能力。通过改变 GO 膜的表面电荷可以显著改善膜的盐截留率。带正电的 GO-PEI 膜表现出高达约 95% 的 $MgCl_2$ 截留率，是 GO 膜对 $MgCl_2$ 截留率（约 42%）的 2.3 倍。类似的，带负电的 GO-PAA 膜对 Na_2SO_4 的截留率也高达约 96%。值得注意的是，GO 膜需要达到约 100nm 才能获得较高的分离性能，因为 GO 叠层在一定厚度条件下才能形成较为光滑无缺陷的理想平面，从而能够实现聚电解质层的均匀沉积以提供充足的电荷。更重要的是，研究发现表面带电 GO 膜的水渗透性几乎没有降低，这表明 GO 叠层内的快速水传输纳米通道被完整保留并得到充分利用。

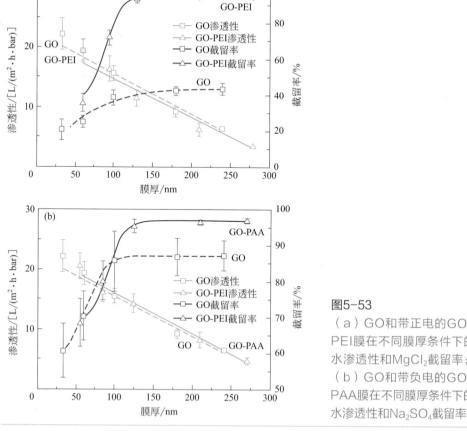

图5-53

（a）GO和带正电的GO-PEI膜在不同膜厚条件下的水渗透性和$MgCl_2$截留率；

（b）GO和带负电的GO-PAA膜在不同膜厚条件下的水渗透性和Na_2SO_4截留率

为了比较和突出表面带电 GO 膜的结构特点，金万勤等制备了另外两种不同构型的 GO-PEI 膜，分别为层层自组装 GO-PEI 和混合基质 GO-PEI 膜，如图 5-54所示。可以观察到层层自组装 GO-PEI 膜具有更致密的层状结构，因为带正电的 PEI 层与带负电的 GO 层之间存在丰富的静电吸引作用。混合基质 GO-PEI 膜以 PEI 为连续相，GO 为分散相，小分子量的 PEI 聚电解质会部分进入 PAN 支撑体的多孔结构中，表现出较为严重的孔渗现象。由于这些膜表面都带有较高密度的正电荷，它们对 $MgCl_2$ 的截留率都保持在约 95%。然而膜构型的差异使它们具有完全不同的水渗透性。表面带电 GO-PEI 膜的水渗透性明显高于其他两种膜，证明了该表面电荷控制策略的优越性。表面带电 GO 膜仅在膜表面形成高密度电荷，可以充分利用 GO 叠层原有的纳米通道，从而能够同时获得较高的水渗透性和盐截留率。

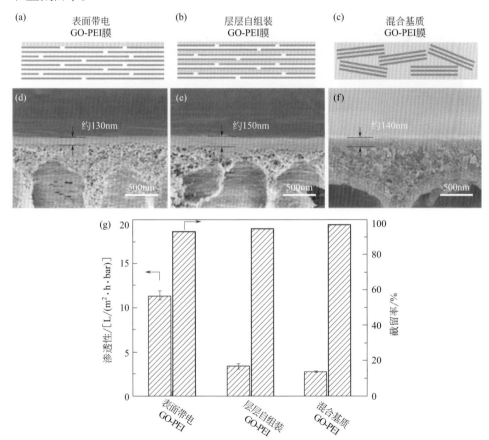

图5-54 （a）、（d）表面带电GO-PEI膜；（b）、（e）层层自组装GO-PEI膜；（c）、（f）混合基质GO-PEI膜的典型结构示意图和断面SEM图；（g）表面带电、层层自组装和混合基质GO-PEI膜的水渗透性和$MgCl_2$截留率

还可以通过插层纳米粒子的方法将表面带电 GO 膜的水渗透性从约 0.15L/ $(m^2 \cdot h \cdot kPa)$ 提升到约 0.56L/$(m^2 \cdot h \cdot kPa)$，且不影响盐截留率，如图 5-55 所示。这证明了金万勤等提出的表面电荷控制策略与 GO 纳米孔道优化相独立，不受传统膜材料渗透系数和选择性此消彼长关系的制约。

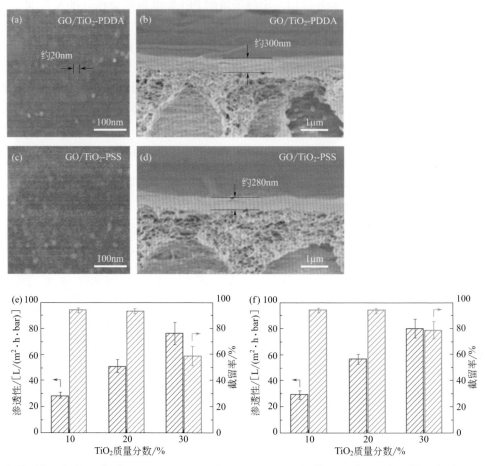

图5-55　（a）～（d）GO/TiO$_2$-PDDA和GO/TiO$_2$-PSS膜的SEM表面和断面图；（e）GO/TiO$_2$-PDDA膜的水渗透性和MgCl$_2$截留率；（f）GO/TiO$_2$-PSS膜的水渗透性和Na$_2$SO$_4$截留率

　　通过对 GO 表面电荷和内部孔道的合理设计，优化的表面带电 GO 膜对 MgCl$_2$ 的截留率为 93.2%，水渗透性为 0.512L/$(m^2 \cdot h \cdot kPa)$；对 Na$_2$SO$_4$ 的截留率为 93.9%，水渗透性为 0.568L/$(m^2 \cdot h \cdot kPa)$。图 5-56 表明，表面带电 GO 膜的优异性能高于大多数的纳滤膜（包括二维材料膜、TFN/TFC 膜和商品化聚合物纳滤膜），具有极大的应用潜力。

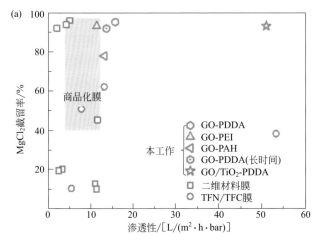

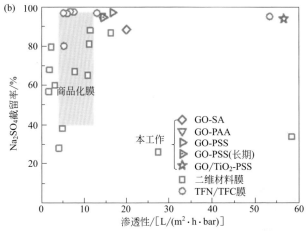

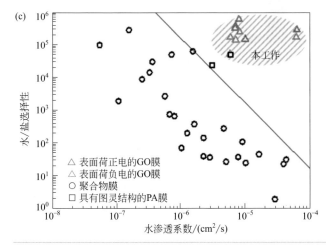

图5-56

（a）表面带正电的GO膜（GO-PDDA、GO-PEI、GO-PAH、TiO$_2$纳米粒子插层GO-PDDA膜）的MgCl$_2$截留率和水渗透性；（b）表面带负电的GO膜（GO-SA、GO-PAA、GO-PSS、TiO$_2$纳米粒子插层GO-PSS膜）的Na$_2$SO$_4$截留率和水渗透性，及与二维材料膜（方形）、TFN/TFC膜（圆形）和商品化聚合物纳滤膜（灰色区域，例如陶氏的NF270、NF90、NF200膜；GE的DK、DL系列膜；Hydranautics的ESNA系列膜）的性能比较；（c）表面带电GO膜的水渗透系数和水/盐选择性，实线为聚合物膜的此消彼长上限

5. 基于阳离子精密调控的 GO/ 多孔陶瓷膜用于离子渗透

基于阳离子精密调控层间通道尺寸的策略，金万勤等制备了多孔陶瓷支撑的 GO 薄膜，并进行离子渗透实验[30]。如图 5-4（b）～（d）所示，制备得到的 GO 膜表面均匀无缺陷，且与支撑体结合紧密。FESEM 表征表明 GO 层的厚度可薄至 280nm。通过改变 GO 分散液的体积可以调控 GO 膜层的厚度，本研究还制备了厚度为 550nm 和 750nm 的 GO 膜，分别称为 GO-280、GO-550 和 GO-750 膜。

首先用 GO-750 膜进行单盐离子渗透实验。未经处理的 GO-750 膜的 Na^+、Mg^{2+} 和 Ca^{2+} 通量分别为 0.190mol/($m^2 \cdot$ h)、0.019mol/($m^2 \cdot$ h) 和 0.025mol/($m^2 \cdot$ h)。而将 GO-750 放入 KCl 溶液中浸泡 1h 后，Na^+、Mg^{2+} 和 Ca^{2+} 的通量显著降低，甚至低于仪器的检测限［图 5-57(a)］。证明了 K^+ 对 GO 膜层间距的有效控制，与未经处理的 GO 膜相比，超过 99% 的离子可被截留。但其仍然可让水分子通过膜层，该膜在 Na^+ 的渗透实验中水通量为 0.1L/($m^2 \cdot$ h)。降低膜的厚度至 280nm 时［图 5-57（b）］，水通量提高至 0.36L/($m^2 \cdot$ h)，而 Na^+ 的通量是未经处理的 GO 膜的 Na^+ 通量的 1/150，并且该膜在 5h 内可以展现较好的分离稳定性。

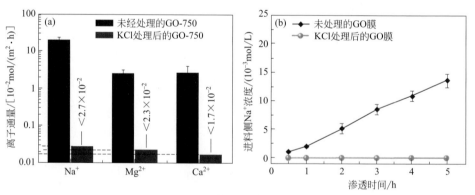

图5-57 在KCl 处理前后（a）Na^+、Mg^{2+}和Ca^{2+}透过厚度为750nm的GO膜（GO-750）的通量以及（b）Na^+透过厚度为280nm的GO膜（GO-280）的通量

金万勤等进一步研究了 Na^+ 调控的 GO 膜的离子截留行为，如图 5-58 所示。采用 Na^+ 调控的 GO 膜，其 Ca^{2+} 和 Mg^{2+} 通量分别为 0.25×10^{-2}mol/($m^2 \cdot$ h) 和 0.2×10^{-2}mol/($m^2 \cdot$ h)，虽然高于 K^+ 调控的 GO 膜的离子通量，但 Ca^{2+} 和 Mg^{2+} 通量比未经控制的 GO 膜低 90%，表明该方法具有一定的普适性规律。

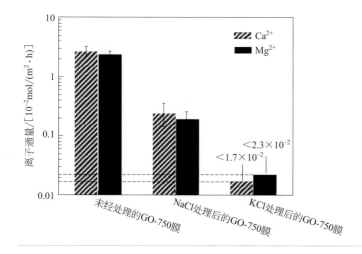

图5-58

未经处理的GO-750膜、NaCl处理后的GO-750膜以及KCl处理的GO-750膜的Mg^{2+}和Ca^{2+}通量对比

GO 膜的厚度也会影响离子的截留效果。金万勤等进一步考察了 KCl 控制 GO 膜的膜厚对单盐离子 Na^+ 渗透的影响。如图 5-59 所示，与未经处理的 GO 膜相比，GO-280 膜的 Na^+ 通量降低至原通量的 1/148，GO-550 膜的 Na^+ 通量降低至原通量的 1/163，而 GO-750 膜可以实现几乎所有 Na^+ 的截留，表明增加膜厚可以提升离子的截留性能。这是由于 GO 片层的堆叠结构随着厚度的增加而趋向于逐渐规整化。

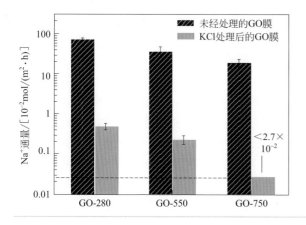

图5-59

不同膜厚GO膜的Na^+单盐离子通量比较

图 5-60 显示了汲取侧 NaCl 的浓度变化对离子截留性能的影响。当 NaCl 的浓度从 0.01mol/L 增加到 0.25mol/L 时，Na^+ 的通量始终低于 0.005mol/(m²·h)，表明 K^+ 对 GO 层间通道的有效控制。甚至当 NaCl 浓度增加到 0.5mol/L 时，Na^+ 的通量为 0.042mol/(m²·h)，仍然比未经处理的 GO 膜低 95%。然而当 NaCl 浓

度超过 1mol/L，Na$^+$ 的通量急剧增加。这可能是由于高的盐离子浓度提供了较高的离子传输推动力，导致 Na$^+$ 的快速传输。另外，离子的通量很大程度上取决于离子的水合半径大小。在高的离子浓度下，离子的水合半径会降低，从而提高了离子的扩散速率。

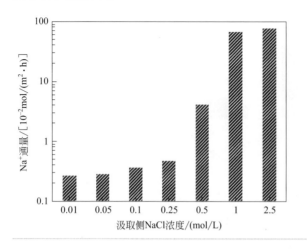

图5-60

汲取侧NaCl浓度对于Na$^+$单盐离子渗透行为的影响

金万勤等还研究了多种离子混合对膜的离子截留性能的影响。GO-750 膜的混合盐离子的渗透实验如图 5-61 所示，对于未处理的 GO 膜，进料侧为纯水，而汲取侧为 0.25mol/L NaCl、0.25mol/L CaCl$_2$ 和 0.25mol/L MgCl$_2$ 水溶液。但对于 KCl 处理的 GO 膜，进料侧为 0.25mol/L KCl，而汲取侧为 0.25mol/L KCl、0.25mol/L NaCl、0.25mol/L CaCl$_2$ 和 0.25mol/L MgCl$_2$ 水溶液。在混合盐离子的情况下，Na$^+$ 的通量下降至 1/43，而 KCl 处理的 GO-750 膜可截留 93% 的二价离子 Ca^{2+} 和 Mg^{2+}。与单盐离子渗透实验相比，在混合离子体系中 GO 膜对离子的截留能力有所下降，这是由于较高的离子浓度梯度提供了更高的扩散推动力，而且离子与膜层之间的相互作用更加复杂。

为了进一步提高膜在长期测试过程中的稳定性，金万勤等制备了 rGO 膜并进行离子渗透实验（如图 5-62 所示）。KCl 处理的 rGO 膜的 Na$^+$ 通量为 0.063mol/(m^2·h)，是未经处理的 rGO 膜的 1/5 左右。另外，rGO 膜比 GO 膜展现出更好的长期稳定性，在大于 24h 的测试过程中 Na$^+$ 通量保持稳定，表明离子控制的 rGO 膜具有一定的实际应用潜力。

目前 GO 叠层膜可以用于尺寸较大的有机分子和水合离子的分离[47]，但是将层间通道和平面孔尺寸控制在亚纳米级以内以获得高脱盐率，仍然是极具挑战性的。另外，为了将石墨烯膜应用于反渗透（RO）脱盐工艺，对 GO 膜的力学性能提出了更高的要求。

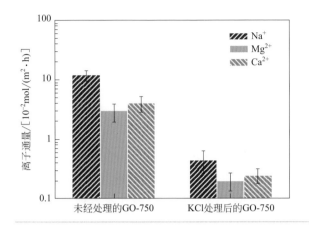

图5-61
KCl处理前后Na⁺、Mg²⁺和Ca²⁺的混合离子渗透实验

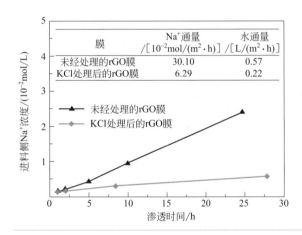

图5-62
rGO膜的单盐离子（Na⁺）渗透实验

二、有机溶剂纳滤

GO膜在多种有机溶剂（例如丙酮、甲醇、甲苯和正己烷等）中能保持稳定，适用于有机溶剂纳滤（OSN）[48]。Shi等[49]研究了GO膜在有机介质中的渗透性。他们发现在乙醇中GO膜的通道尺寸为0.98nm。因此，甲苯、丙酮等小分子可以透过，而褐发红300等大分子会被截留。Li等[50]在1013.25kPa的压力下测试了GO/中空纤维陶瓷膜的纯甲醇和丙酮的渗透性，表明GO膜在有机溶剂纳滤领域有应用前景。Gao等[51]使用真空过滤方法来制造AAO（阳极氧化铝）支撑的超薄rGO膜，其厚度约为20nm，用于有机溶剂的纳滤。该膜的丙酮渗透性高达2.15L/(m²·h·kPa)，比目前商业化的OSN膜高约2个数量级。该膜不仅在有机溶剂（例

如甲醇、丙酮和二甲基甲酰胺）中保持稳定，甚至耐受强酸性（例如硫酸）、碱（例如氢氧化钾）以及氧化性介质（例如硝酸）。即使在高 EB（伊文思蓝）浓度（1.0g/L）、强酸性溶液（0.5mol/L 盐酸）中，仍保持 100% 的 EB 截留率。此外，该膜在高压（101.325 ~ 506.625kPa）和长期运行测试（30h）中具有很高的稳定性。

三、渗透汽化

1. GO/ 中空纤维膜分离碳酸二甲酯和水

亲水性 GO 片层之间的快速水传输为基于 GO 膜的渗透汽化溶剂脱水奠定了基础。通过压滤或层层自组装法将 GO 纳米片沉积在多孔聚合物和无机支撑体上，以制备 GO 叠层膜用于溶剂脱水，如从醇水溶液 [如乙醇（EtOH）、异丙醇（IPA）和正丁醇（1-BtOH）] 中选择性除去水 [3]。通常，将用于渗透汽化的 GO 膜的厚度控制在亚微米以下，减小分子传输阻力。有机溶剂分子通常比有机染料小得多，一般小于 1nm。金万勤等报道的采用真空抽吸法制备的 GO/ 中空纤维膜被用于分离碳酸二甲酯（DMC）/ 水混合物 [16]。通常，来自 DMC 反应器的产物由 50% ~ 70% 的甲醇、30% ~ 40% 的 DMC 和 1% ~ 3% 的水组成。经过基本的分离过程后，DMC 产品仍然包含少量的水 [52]。显然，使用 PV 进行脱水具有许多优势，例如能耗低和生态友好，特别是当水作为产品中需要去除的微量杂质时 [53]。金万勤等研究了三种不同浓度的 DMC/ 水混合物，水含量分别为 1%（质量分数）、2%（质量分数）和 2.6%（质量分数）。为了避免进料侧的相分离，将进料侧的水浓度控制在 3%（质量分数）以下。如图 5-63 所示，总通量随着操作温度或进料侧水含量的增加而增加，这是因为驱动力提高了，而较低的操作温度和较高的水含量有利于获得较高的分离因子。

在 25℃和 2.6%（质量分数）的水含量下，渗透侧水浓度超过 95%（质量分数），分离因子为 740，总通量达到 1702g/(m²·h)。在 40℃时，该通量将超过 2100g/(m²·h)，选择性几乎没有降低，该性能优于之前报道的膜性能（表 5-1）。

表 5-1　GO 膜与其他膜的 DMC/ 水混合物分离性能比较

膜	进料水含量（质量分数）/%	操作温度/℃	渗透侧水含量（质量分数）/%	分离因子	渗透侧通量/[(g/(m²·h)]
壳聚糖	2.6	25	97.5	1460	305
交联壳聚糖	2.6	25	90.0	337	49
聚乙烯醇/聚丙烯腈复合膜	2.7	50-70	94.7	644	800
GO膜	2.6	25	95.2	740	1702

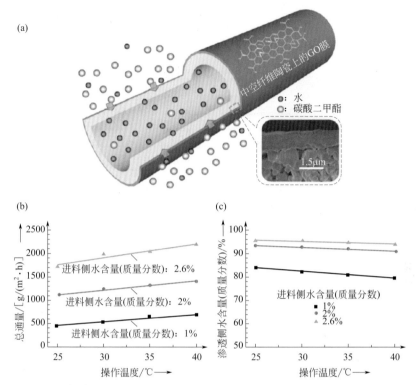

图5-63 （a）用于DMC/水分离的GO膜结构示意图；（b）总通量和（c）DMC/水混合物的渗透液中的水含量随操作温度和进料侧水含量的变化曲线

GO层间距大于水（0.265nm）和DMC（介于0.47~0.63nm）的动力学直径，即水和DMC都可以通过该通道。然而，PV结果表明，尽管水含量不到3%，但水的通量比DMC的通量大得多。因此使用GO膜对DMC/水混合物进行高选择性分子分离，除了分子筛分还存在其他分离机理。PV工艺的分离性能主要取决于膜表面的吸附能力和通过膜的扩散能力。因此，可能是GO膜对水的优先吸附导致了水分子聚集在GO膜的表面并阻碍其他分子进入（图5-64）。

为了进一步证明该推测，采用了石英晶体微天平技术（QCM）来确定GO膜的吸附能力（图5-65）。如图5-65（b）所示，随着操作时间的延长，GO膜表面的水含量迅速增加，而DMC含量增长却非常缓慢。这些结果表明，GO膜确实具有更高的吸水能力。此外，可以发现甲醇分子在水和DMC之间表现出中等的吸附能力。

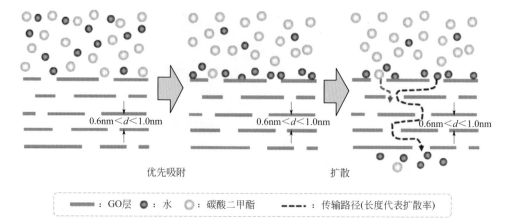

优先吸附　　　　　　　　扩散

▬ ：GO层　⬤：水　◯：碳酸二甲酯　┅┅：传输路径(长度代表扩散率)

图5-64　可能的分离机理的示意图

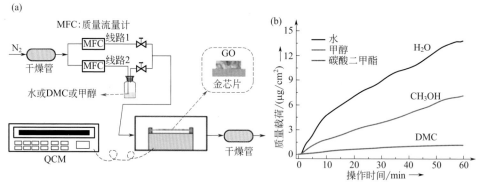

图5-65　（a）通过QCM进行吸附测量的示意图；（b）GO对水、甲醇和DMC的吸附能力

2. CS@GO 膜用于正丁醇脱水

将 CS@GO 膜用于正丁醇的渗透汽化脱水，如图 5-66（a）所示，与原始GO 膜相比，CS@GO 膜的分离因子显著增加。在 30℃下，CS@GO 膜的分离因子为 2580，约为同一温度下原始 GO 膜的 5 倍，而通量保持在较高水平。通过进一步提高工作温度，通量急剧增加，分离因子逐渐降低。对于 CS@GO 膜，正丁醇和水通过膜的活化能（E_a）分别为 32.27kJ/mol 和 21.49kJ/mol，这表明随着操作温度的升高，渗透液中正丁醇的质量分数的增加比水更多。因此，在高温下可获得较高的通量和较低的分离因子。与原始的 GO 膜相比，CS@GO 膜的渗透侧水含量在整个测试温度范围（30 ~ 70℃）中均高于99.4%。值得注意的是，在 70℃时，CS@GO 膜的通量会超过 10000g/(m² · h)，并同时保持所需的分离因

子（1523）。该高通量可以大大降低膜工艺的投资成本，在工业应用中有极大的潜力。与最先进的膜（包括有机、无机和 GO 膜）相比，该 CS@GO 膜具有优越的性能［图 5-66（c）］。

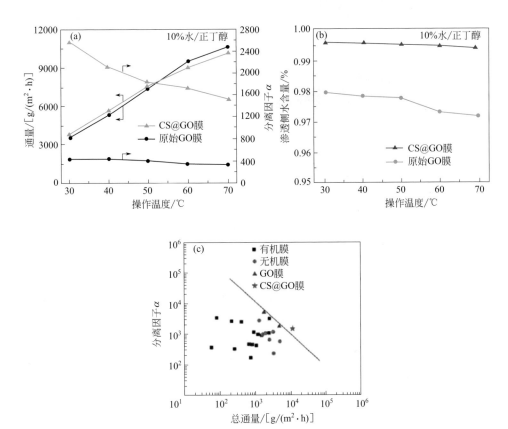

图5-66　（a）对于10%（质量分数）的水/正丁醇溶液，原始GO膜和CS@GO膜的通量和分离因子；（b）渗透液中水的质量分数与操作温度的关系；（c）GO膜和CS@GO膜与用于水/正丁醇脱水的先进膜的性能比较

　　此外，金万勤等还研究了 CS@GO 膜中的分离机理。对于 CS@GO 膜，亲水性聚合物层因为氢键作用对水分子具有很强的吸附能力，在提升 GO 膜的选择性透水性能中起至关重要的作用。如图 5-67（a）所示，CS@GO 膜的接触角减小，表明该膜变得更加亲水。采用石英晶体微天平技术比较 GO 和 CS 的吸水能力，图 5-67（b）表明，CS 的吸水能力比 GO 强得多，这也有利于渗透汽化脱水过程。

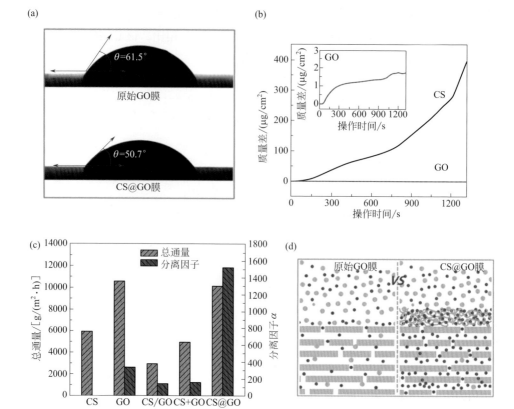

图5-67 （a）原始GO膜与CS@GO膜的接触角；（b）通过QCM测量的CS和GO吸水能力，插图是GO吸水能力的放大图；（c）CS、GO、CS/GO、CS+GO和CS@GO的正丁醇脱水（质量分数为10%）性能比较；（d）GO膜和CS@GO膜中可能的水/正丁醇分离过程示意图

注：图（c）中CS、GO、CS/GO、CS+GO和CS@GO分别代表原始CS/中空纤维膜、GO/中空纤维膜、CS/GO/中空纤维膜、CS+GO/中空纤维杂化膜和CS@GO/中空纤维膜，图（d）中水—蓝色实心圈；正丁醇—紫色实心圈；GO纳米片—灰色片；亲水性聚合物—绿色线

通过比较不同膜的分离性能，可以进一步证明 GO 和 CS 亲水性聚合物层的协同作用。图 5-67（c）表明，尽管 CS 材料具有很强的吸水能力，但单个 CS 膜并未表现出较高的正丁醇脱水性能。通过在原始 GO/中空纤维膜表面涂覆单独的 CS 分离层，CS/GO/中空纤维复合膜呈现出比纯 CS 膜更高的分离因子。但是，由于传质阻力的增加，通量和分离因子比 GO/中空纤维膜低得多。同样地，CS+GO 混合基质膜也无法获得更高的性能，因为 GO 纳米片的无序分布切断了水分子的传输通道。以上结果证实了单独的 CS 膜或 GO 膜不能实现高选择性的水渗透。此外，无论通过复合还是混合方法，CS 层和 GO 膜的各种简单组合都无法制得高性能膜。因此，聚合物层对水的强烈吸附和 GO 膜的水分子传输通道

的协同作用可实现膜的快速选择性水传输。原始的 GO 膜表面上的水分子不足，因此不能充分利用快速的输水通道［图 5-67（d）］。通过巧妙设计 CS@GO 结构，超薄亲水性聚合物捕获的水分子可以快速通过 GO 膜中的快速水通道，从而实现了极高的脱水性能。

四、气体分离

Li 等和 Kim 等报道了两项关于石墨烯膜气体分离的开创性研究[19,20]。Li 等[19] 通过真空过滤法在 AAO 支撑体上制造了超薄的 GO 膜，其厚度接近 1.8nm，该膜表现出选择性的气体传输，对 H_2/CO_2 和 H_2/N_2 混合物的分离选择性分别高达 3400 和 900。实验证明，主要的传输途径是 GO 纳米片内的选择性结构缺陷，而不是层间通道。

1. GO/中空纤维陶瓷复合膜

金万勤等[29] 在中空纤维陶瓷上抽滤制备了 GO 膜，测试了 GO 膜的单组分气体渗透性，包括 H_2、CO_2、O_2、N_2 和 CH_4。从图 5-68 可以看出，随着分子量的改变，这些气体分子的渗透性以 $H_2 > CH_4 > N_2 > O_2 > CO_2$ 的顺序降低。H_2/CO_2、H_2/O_2、H_2/N_2 和 H_2/CH_4 的理想选择性（图 5-69）分别为 15.0、7.5、7.2 和 6.4。与其他气体相比，CO_2 的渗透性急剧下降，这可以归因于 GO 材料的化学性质。GO 纳米片边缘含有大量的羧基，这些极性基团与 CO_2 分子中的 C=O 键发生相互作用，抑制了 CO_2 在 GO 叠层膜中的传输。

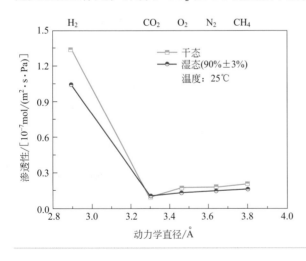

图5-68
干湿态下纯气体渗透性（H_2、CO_2、O_2、N_2 和 CH_4）与分子动力学直径的关系

此外，金万勤等还研究了湿度对气体传输的影响。如图 5-68 所示，当在进料气中添加湿蒸汽时，大多数气体的渗透性都会降低，因为 GO 通道中的水分

子限制了气体传输。但是，观察到 CO_2 的渗透性略有增加。该结果进一步证实了 CO_2 分子与 GO 中的羧酸基团具有特殊的相互作用。由于 CO_2 渗透性的增长，在加湿条件下 H_2/CO_2 的理想选择性明显降低（图 5-69），表明湿气不利于从 H_2/CO_2 混合物中回收氢气。

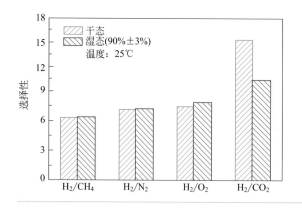

图5-69
干湿态进料对 H_2/CH_4、H_2/N_2、H_2/O_2 和 H_2/CO_2 的选择性

　　单组分气体的测试只能得出理想选择性，因为在此过程中气体分子的传输是相对独立的。但是，通常无法忽略不同气体之间的相互作用，因为它可能导致混合物分离选择性与理想选择性存在偏差。表 5-2 列出了单组分气体和二元混合体系的气体分离性能。中空纤维陶瓷负载的 GO 膜对混合气的测试结果显示出与单气测试类似的规律。但是，由于不同气体分子之间的竞争性吸附和扩散，相应的渗透性和分离因子有所降低。尽管 H_2/CO_2 分离因子下降，但它在实际的氢气回收过程中具有一定的潜力。如图 5-70 所示，金万勤等制备的 GO/中空纤维膜表现出优异的气体分离性能，超过了 Robeson 上限。

表5-2　干态下纯气及混合气的气体分离性能

单气	渗透性/[mol/(m²·s·Pa)]	H_2 理想选择性	H_2/其他气体分离因子	混合气	渗透性/[mol/(m²·s·Pa)]	H_2 理想选择性	H_2/其他气体分离因子
H_2	1.34	—		H_2（50% CO_2）	1.20		10.22
CO_2	0.09	14.98		CO_2（50% H_2）	0.11		
O_2	0.18	7.48		H_2（50% O_2）	1.04		4.69
N_2	0.19	7.21		O_2（50% H_2）	0.20		
CH_4	0.21	6.37		H_2（50% N_2）	1.03		4.43
				N_2（50% H_2）	0.21		
				H_2（50% CH_4）	1.24		4.67
				CH_4（50% H_2）	0.24		

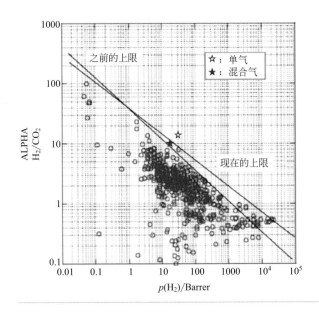

图5-70
GO/中空纤维膜的H_2/CO_2性能
与Robeson上限比较

为了考察进料组成对氢气回收率的影响，考察了 H_2 含量对膜分离效果的影响。如图 5-71 所示，随着 H_2 浓度的增加，由于驱动力的增加，H_2 的渗透性略有增加，而 CO_2 渗透性几乎不变。因此，H_2/CO_2 分离因子保持在 10 左右，说明该膜的分离性能几乎不受进料中 H_2 含量的影响。

图 5-72 给出了渗透侧中相应的 H_2 和 CO_2 含量（摩尔分数）与进料中 H_2 浓度的关系。显然，当进料为等物质的量时，将获得超过 90% 的高 H_2 浓度混合物。根据图 5-71，对于 H_2/CO_2 混合物中 H_2 浓度为 20% 的情况，仅在两次纯化后，最终混合物的 H_2 浓度就会超过 95%。

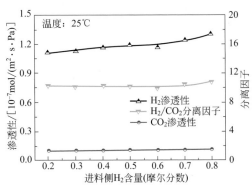

图5-71　进料中H_2浓度对H_2/CO_2混合物分离性能的影响

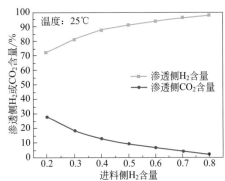

图5-72　渗透侧中的H_2和CO_2含量随进料中H_2浓度的变化曲线

图 5-73 说明了在等比例混合体系下 H_2 和 CO_2 的渗透性以及在 $50 \sim 200\,℃$ 下的分离因子的变化情况。由于温度升高促进了气体分子扩散，H_2 和 CO_2 的渗透性都随着操作温度的升高而迅速增加，但是 H_2/CO_2 的分离因子逐渐下降，表明在加热过程中 GO 膜不可避免地形成了一些孔，这些孔有助于改善渗透性。

XPS 测试结果表明，大多数含氧官能团在热处理后消失了，该过程是不可逆的（图 5-74），说明 GO 膜适用于低温（常温）下的工业气体分离。

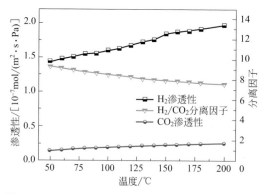

图5-73　温度对H_2/CO_2分离的影响

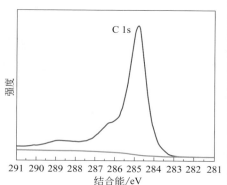

图5-74　加热处理后的GO膜的X射线光电子能谱结果

如表 5-3 所示，在室温下等物质的量的 H_2/CO_2 二元混合物的分离过程中，中空纤维陶瓷负载的 GO 膜表现出非常好的重复性，所有膜均在相同条件下制备。H_2 和 CO_2 的单气渗透性分别约为 $1.3\times10^{-7}\,mol/(m^2\cdot s\cdot Pa)$ 和 $0.09\times10^{-7}\,mol/(m^2\cdot s\cdot Pa)$，相应的理想选择性约为 15，这种良好的重现性将有利于实际应用。此外，在不同测试条件下对 GO/中空纤维膜进行了 H_2/CO_2 分离性能测试（图 5-75），证明 GO/中空纤维膜在不同的测试条件下均展现出良好的稳定性。

表5-3　GO膜的重复性

膜编号	纯气			混合气		
	渗透性×10⁷[mol/(m²·s·Pa)]		H_2/CO_2 理想选择性	渗透性×10⁷[mol/(m²·s·Pa)]		H_2/CO_2 选择性
	H_2	CO_2		H_2	CO_2	
M04	1.34	0.09	14.98	1.20	0.11	10.22
M02	1.23	0.07	16.68	1.09	0.10	10.01
M03	1.47	0.11	13.82	1.30	0.12	9.73
M01	1.41	0.09	15.74	1.21	0.12	9.30
M05	1.34	0.09	14.50	1.26	0.10	10.85

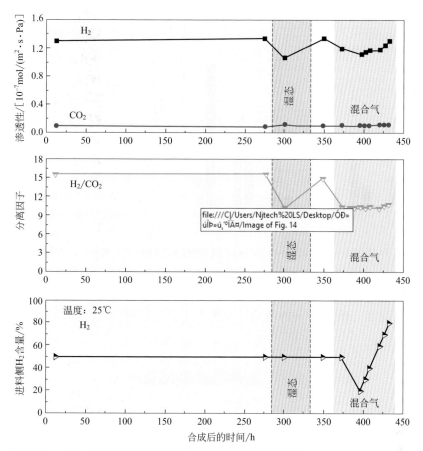

图5-75 GO/中空纤维膜在不同测试条件下的长期稳定性

2. 喷雾蒸发诱导法制备GO/陶瓷复合膜

金万勤等通过喷雾蒸发诱导法制备了GO/陶瓷复合膜。通过优化堆叠结构，膜表现出选择性透H_2的传输行为。在膜制备过程中，改变蒸发速率会导致不同的气体渗透性能。如图5-76所示，对于GO-0.1和GO-0.3的不均匀膜（代表乙醇在溶剂中的质量分数为10%和30%），缺陷的存在导致相对较高的H_2渗透性和较低的H_2选择性，GO-0.5和GO-0.7膜由于合适的堆积速度和相对良好的分散性而更适合用于气体分离。当蒸发过程过分缩短，在高乙醇质量分数的溶剂中GO的分散性变得更差时，GO-0.9和GO-1膜的H_2/CO_2选择性接近于空白氧化铝支撑体，这可能是蒸发速率过快引起的裂纹和缺陷造成的。

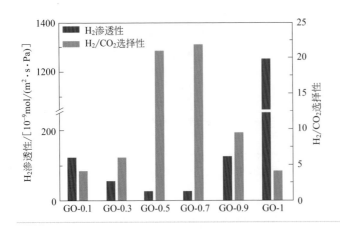

图5-76

不同的蒸发速率得到的GO
膜的气体渗透性

喷雾蒸发诱导的 GO 膜中的传输机制如图 5-77 所示。对于 GO 层堆叠不致密的情况，较大的缺陷会降低分离性能。对于 GO 叠层膜，有两种主要的气体传输方式。一个是由平行堆叠的 GO 纳米片形成的曲折路径，另一个是 GO 纳米片中的狭缝孔。喷涂时间的增加导致传质路径更加曲折，因此导致更高的传输阻力。

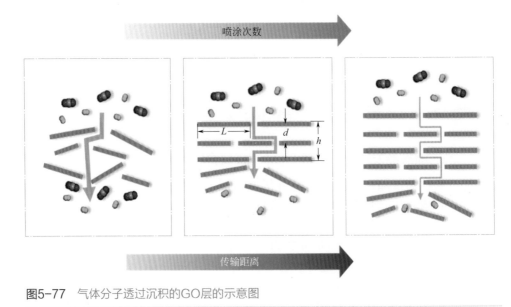

图5-77 气体分子透过沉积的GO层的示意图

3. 外力驱动组装制备的 GO 膜

此外，由外力驱动组装制备的 GO 膜（EFDA-GO 膜）具有高度有序的结构，也可用于气体分离[34]。实验中分别对 H_2 和 CO_2 进行了气体渗透性测试，如图 5-78（a）所示，所制备的 EFDA-GO 对 H_2/CO_2 表现出优异的分子筛分特性，H_2 渗透系数为（2797 ~ 3996）×10^{-16}mol·m/(m^2·s·Pa），H_2/CO_2 选择性为 29 ~ 33。该性能明显超过了聚合物膜的性能上限[54]。另外，EFDA-GO 膜的 H_2 渗透系数比商品化聚苯并咪唑（PBI）和聚酰亚胺（PI）膜高 2 ~ 3 个数量级，选择性提高了 3 倍[55]。与一些新型的先进膜材料［如自具微孔聚合物（PIMs）[56]、碳分子筛（CMS）[57]、MOF 膜[58-60] 以及层状的 GO 膜与 MoS_2 膜[19,21,61]］相比，经过外力驱动制备的 GO 膜也具有很强的竞争力。亚纳米级的气体传质通道使所制备的 GO 膜能够超快和高选择性地渗透 H_2，这对满足工业中的高效分离需求具有重要意义[62]。该膜在 100h 连续渗透测试中显示出优异的稳定性能［图 5-78（b）］，经过长期操作后的膜表面未产生缺陷。

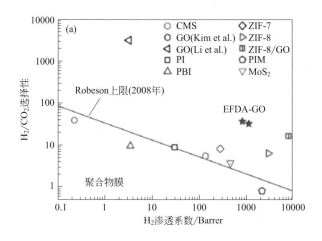

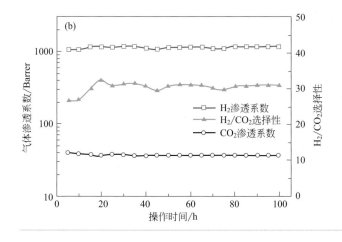

图5-78

（a）EFDA-GO膜的H_2/CO_2分离性能与Robeson上限比较；（b）EFDA-GO膜的H_2/CO_2长期运行测试

注：气体渗透测试在0.2MPa和25℃下进行

研究了操作压力对气体分离性能的影响。可以观察到，EFDA-GO 膜在进料压力为 0.2 ～ 0.7MPa 时表现出稳定的 H_2/CO_2 分离性能。然而，当进料压力大于 0.7MPa 时，CO_2 渗透系数开始增加，而 H_2/CO_2 选择性逐渐降低。由于 GO 具有丰富的含氧官能团，GO 与 CO_2 分子具有很高的亲和力[23,47]。高压下的渗透系数增加和选择性降低可能是由塑化作用引起的，这种塑化作用通常出现在气体分离膜中[51-53,63]，此时渗透分子可以与膜材料形成强烈的相互作用。C_3H_8 的气体渗透系数随压力增加而降低，而 H_2/C_3H_8 的选择性显著提高。还进行了 H_2/CO_2 和 H_2/C_3H_8 的混合气体分离 [图 5-79（c）]，尽管与单组分气体渗透结果相比，选择性和渗透系数有所下降（这可能是由混合气体的竞争性吸附导致的），但制备的 EFDA-GO 膜仍显示出良好的分子筛分性能。

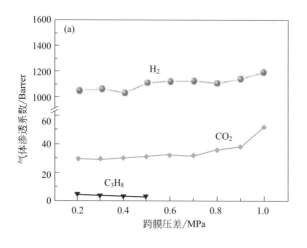

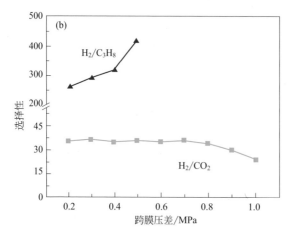

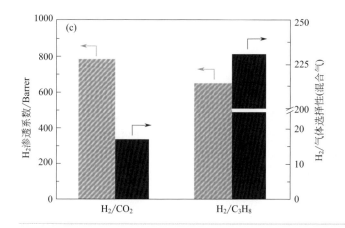

图5-79

（a）不同跨膜压差下气体渗透系数变化；（b）不同跨膜压差下H_2/C_3H_8、H_2/CO_2选择性变化；（c）EFDA-GO膜的混合气体分离性能

注：两种混合气均为等体积组成的混合气，总通量为30mL/min，N_2作为吹扫气，通量为30mL/min

研究者发现 GO 材料的侧边尺寸对制造高质量的分离膜非常重要。Chi 等[64]使用温和的冻融剥落法得到较大的 GO 纳米片，然后通过调节 pH 值来纯化剥落的 GO 纳米片，可以有效地减少在 GO 片上产生的缺陷，并且可以获得尺寸均匀的 GO 片层，并通过旋涂制备出 20nm 的超薄 GO 膜用于氢气纯化。

4. 巯基乙胺插层的 GO 膜

金万勤等将带有氨基和巯基的小分子巯基乙胺引入到 GO 层中，与含氧官能团反应，缩小 GO 膜的层间距，从而有效提升了膜的气体筛分性能[31]。制备的超薄（约 50nm）GO 膜表现出良好的气体分离性能，H_2 渗透性为 171.5×10^{-10} mol/$(m^2 \cdot s \cdot Pa)$，H_2/CO_2 选择性为 21.3，是纯 GO 膜选择性的 2 倍。

对 GO 的沉积量做了考察。不同 GO 沉积量的纯 GO 膜具有完全不同的气体分离性能。如图 5-80 所示，金万勤等研究了 GO 沉积量分别为 0.025mg(GO-250)、0.0375mg(GO-375)、0.050mg(GO-500)和 0.075mg(GO-750)的 GO 膜。随着 GO 沉积量的增加，H_2 的渗透性逐渐降低到小于 166.5×10^{-10} mol/$(m^2 \cdot s \cdot Pa)$。渗透性下降是因为较厚的 GO 叠层膜具有较长的传输通道。H_2/CO_2 选择性呈现先上升后下降的趋势。随着 GO 沉积量从 0.025mg 增加到 0.05mg，选择性不断提高，这是由于 GO 纳米片沉积在 AAO 支撑体上，减少了膜内的缺陷。当沉积量增加至 0.075mg 时，较厚的 GO 膜倾向于形成自支撑的结构，此时 PDA 和 GO 之间的静电吸引力大大降低，导致选择性下降。在这些 GO 膜中，GO-500 表现出最高的性能，其 H_2 渗透性为 311.36×10^{-10} mol/$(m^2 \cdot s \cdot Pa)$，H_2/CO_2 选择性为 9.1。因此，确定 0.050mg 为最佳 GO 沉积量并进行考察。

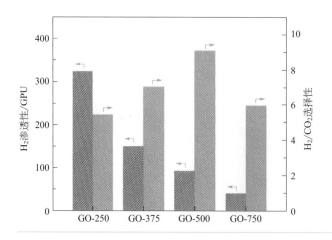

图5-80
原始GO膜的GO沉积量对
H_2/CO_2分离性能的影响
注：测试压力为0.15MPa，温度为25℃

通过引入具有反应活性的小分子巯基乙胺来交联GO纳米片，以提升膜的分离性能。实验过程中探究了反应时间对膜分离性能的影响，如图5-81所示，反应3h后，H_2/CO_2选择性增加至21.3。当反应时间达到5h时，H_2的渗透性几乎没有变化，表明巯基乙胺和GO之间已经充分反应，过度加热反而导致选择性下降。因此选择3h作为最佳反应时间。

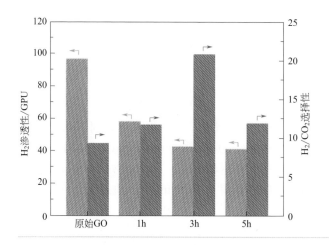

图5-81
CGO膜反应时间对H_2/CO_2分离性能的影响

制备了具有不同巯基乙胺负载量的CGO膜，考察掺杂量对膜性能的影响。CGO-41膜的H_2渗透性比纯GO膜低，而H_2/CO_2选择性有所提高（图5-82），说明降低GO层间通道尺寸可以提高筛分性能。随着巯基乙胺含量从4.1%（质量分数）进一步增加到7.6%（质量分数），H_2渗透性和H_2/CO_2选择性同时提高。交联过程使得堆叠结构更紧密，阻碍CO_2分子进入传输通道，有利于提升分离选择性。这一点也可以从吸附测试结果进行验证，交联之后的 GO 粉体的 CO_2 吸附量显著降低（图 5-83）。掺杂量优化后的 CGO-76 膜［7.6%（质量分数）巯基乙胺掺杂的 GO 膜］展现出最优的性能，H_2/CO_2 选择性高达 21.3，且 H_2 的渗透性高达 $171.5 \times 10^{-10} mol/(m^2 \cdot s \cdot Pa)$。

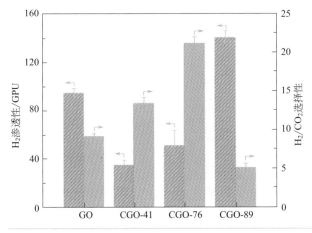

图5-82

CGO膜中巯基乙胺负载量对H_2/CO_2分离性能的影响

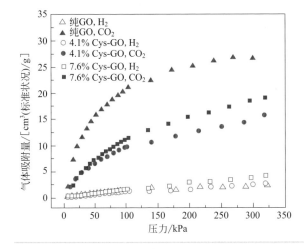

图5-83

25℃下GO纯膜、4.1%（质量分数）半胱氨酸CGO膜和7.6%（质量分数）半胱氨酸CGO膜对CO_2和H_2的吸附等温线

为验证该方法的普适性，金万勤等采用了另一种与巯基乙胺类似的分子半胱氨酸来交联 GO 纳米片，制备的半胱氨酸交联的 GO 膜同样展现出比纯 GO 膜更高的分离选择性。图 5-84 表明，交联 GO 膜具有优异的气体分离性能，特别是 CGO-76 膜的性能超过了 2008 年的 Robeson 上限。在接下来的工作中，可以在 GO 层间引入具有更多交联基团和亲 CO_2 基团的分子，以进一步提高筛分性能和 CO_2 吸附能力。

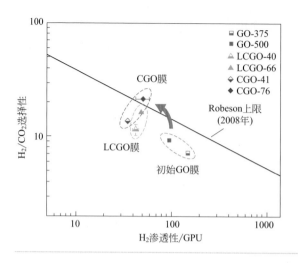

图5-84

原始GO、CGO和LCGO膜的H_2/CO_2分离性能比较

为探究膜性能的稳定性，测试了该膜在25℃下对等摩尔比的H_2/CO_2混合气的分离性能。如图5-85所示，CGO-76膜的H_2/CO_2选择性在最初的10h内持续增加，然后达到相对稳定的状态，H_2渗透性约为$66.6×10^{-10}$mol/(m^2·s·Pa)，H_2/CO_2选择性约为25。与纯气体测试相比，混合气测试的H_2渗透性的下降可能归因于气体的竞争性吸附。总之，CGO-76膜在70h的连续测试过程中仍保持其分离性能，具有较好的稳定性。

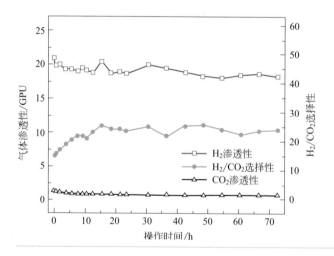

图5-85

CGO-76膜的连续运行测试

石墨烯叠层膜的发展为石墨烯膜在工业气体分离中的应用提供了新的思路。一些典型的石墨烯气体分离膜性能如表5-4所示。

表5-4 基于无机支撑体的GO膜用于气体分离

石墨烯复合膜	膜厚	进料条件	渗透性或渗透系数	选择性	参考文献
GO/AAO	9nm	H_2/CO_2 H_2/N_2	10^{-7}mol/(m^2·s·Pa)	3400 900	[20]
EFDA-GO/ α-Al$_2$O$_3$	1μm	H_2/CO_2	3842.8×10^{-16}mol·m/(m^2·s·Pa)	29	[33]
旋涂-GO/AAO	20nm	H_2/CO_2	3.4×10^{-7}mol/(m^2·s·Pa)	240	[64]
ZIF-8改性的 GO/α-Al$_2$O$_3$	70nm	H_2/CO_2	799.2×10^{-10}mol/(m^2·s·Pa)	406	[65]

参考文献

[1] Novoselov K S, Geim A K, Morozov S V, et al. Electric field effect in atomically thin carbon films[J]. Science, 2004, 306: 666-669.

[2] Geim A K, Novoselov K S. The rise of graphene[J]. Nature Materials, 2007, 6: 183-191.

[3] Liu G, Jin W, Xu N. Graphene-based membranes[J]. Chemical Society Reviews, 2015, 44: 5016-5030.

[4] Mi B J S. Graphene oxide membranes for ionic and molecular sieving[J].Science, 2014, 343: 740-742.

[5] Huang H, Ying Y, Peng X. Graphene oxide nanosheet: an emerging star material for novel separation membranes[J].Journal of Materials Chemistry A,2014, 2: 13772-13782.

[6] Geim A K. Graphene: status and prospects[J].Science, 2009, 324: 1530-1534.

[7] Surwade S P, Smirnov S, Vlassiouk I, et al. Water desalination using nanoporous single-layer graphene[J]. Nature Nanotechnology, 2015, 10: 459-464.

[8] Jain T, Rasera B C, Guerrero R J S, et al. Heterogeneous sub-continuum ionic transport in statistically isolated graphene nanopores[J]. Nature Nanotechnology, 2015,10: 1053-1057.

[9] Boutilier M S H, Sun C, Ohern S C, et al. Implications of permeation through intrinsic defects in graphene on the design of defect-tolerant membranes for gas separation[J]. ACS Nano, 2014, 8: 841-849.

[10] Nair R, Wu H, Jayaram P N, et al. Unimpeded permeation of water through helium-leak-tight graphene-based membranes[J].Science, 2012, 335: 442-444.

[11] Han Y, Xu Z, Gao C. Ultrathin graphene nanofiltration membrane for water purification[J].Advanced Functional Materials, 2013, 23: 3693-3700.

[12] Huang H, Song Z, Wei N, et al. Ultrafast viscous water flow through nanostrand-channelled graphene oxide membranes[J].Nature Communications, 2013, 4: 2979.

[13] Joshi R K, Carbone P, Wang F, et al. Precise and ultrafast molecular sieving through graphene oxide membranes[J]. Science, 2014, 343: 752-754.

[14] Goh K, Jiang W, Karahan H E, et al. All - carbon nanoarchitectures as high - performance separation membranes with superior stability[J].Advanced Functional Materials, 2015, 25: 7348-7359.

[15] Hu M, Mi B. Enabling graphene oxide nanosheets as water separation membranes[J]. Environmental Science & Technology, 2013, 47: 3715-3723.

[16] Huang K, Liu G, Lou Y, et al. A graphene oxide membrane with highly selective molecular separation of aqueous organic solution[J].Angewandte Chemie International Edition, 2014, 53: 6929-6932.

[17] Hung W, Tsou C, De Guzman M, et al. Cross-linking with diamine monomers to prepare composite graphene oxide-framework membranes with varying d-spacing[J]. Chemistry of Materials, 2014, 26: 2983-2990.

[18] Tang Y P, Paul D R, Chung T. Free-standing graphene oxide thin films assembled by a pressurized ultrafiltration method for dehydration of ethanol[J]. Journal of Membrane Science, 2014, 458: 199-208.

[19] Li H, Song Z, Zhang X, et al. Ultrathin, molecular-sieving graphene oxide membranes for selective hydrogen sparation[J]. Science, 2013, 342: 95-98.

[20] Kim H W, Yoon H W, Yoon S, et al. Selective gas transport through few-layered graphene and graphene oxide membranes[J]. Science, 2013, 342: 91-95.

[21] Hummers W S, Offeman R E. Preparation of graphitic oxide[J].Journal of the American Chemical Society, 1958, 80: 1339.

[22] He H, Klinowski J, Forster M, et al. A new structural model for graphite oxide[J]. Chemistry Physics Letters, 1998, 287: 53-56.

[23] Kim J K, Han T H, Lee S L, et al. Graphene oxide liquid crystals[J]. Angewandte Chemie International Edition, 2011, 50: 3043-3047.

[24] Xu Z, Gao C J. Graphene chiral liquid crystals and macroscopic assembled fibres[J]. Nature Communications, 2011, 2: 571.

[25] Yeh C N, Raidongia K, Shao J, et al. On the origin of the stability of graphene oxide membranes in water[J]. Nature Chemistry, 2015, 7: 166-170.

[26] Wang Z, Ge Q, Shao J. High performance zeolite LTA pervaporation membranes on ceramic hollow fibers by dipcoating-wiping seed deposition[J]. Journal of the American Chemical Society, 2009, 131: 6910-6911.

[27] Wei W, Xia S, Liu G, et al. Interfacial adhesion between polymer separation layer and ceramic support for composite membrane[J]. AIChE Journal, 2010, 56: 1584-1592.

[28] Hang Y, Liu G, Huang K, et al. Mechanical properties and interfacial adhesion of composite membranes probed by in-situ nano-indentation/scratch technique[J]. Journal of Membrane Science, 2015, 494: 205-215.

[29] Huang K, Yuan J, Shen G, et al. Graphene oxide membranes supported on the ceramic hollow fiber for efficient H_2 recovery[J]. Chinese Journal of Chemical Engineering, 2017, 25: 752-759.

[30] Chen L, Shi G S, Shen J, et al. Ion sieving in graphene oxide membranes via cationic control of interlayer spacing[J]. Nature, 2017, 550: 415-418.

[31] Cheng L, Guan K C, Liu G P, et al. Cysteamine-crosslinked graphene oxide membrane with enhanced hydrogen separation property[J]. Journal of Membrane Science, 2020, 595: 117568.

[32] Zhang M C, Guan K C, Shen J, et al. Nanoparticles@rGOmembrane enabling highly enhanced water permeability and structural stability with preserved selectivity[J]. AIChE Journal, 2017, 63: 5054-5063.

[33] Richardson J J, Bjornmalm M, Caruso F. Technology-driven layer-by-layer assembly of nanofilms[J]. Science, 2015, 348: 2491.

[34] Shen J, Liu G, Huang K, et al. Subnanometer two-dimensional graphene oxide channels for ultrafast gas sieving[J]. ACS Nano, 2016, 10: 3398-3409.

[35] Su Y, Kravets V G, Wong S L, et al. Impermeable barrier films and protective coatings based on reduced graphene oxide[J]. Nature Communications, 2014, 5: 4843.

[36] Shen J, Liu G, Huang K, et al. Inside back cover: membranes with fast and selective gas - transport channels of

laminar graphene oxide for efficient CO_2 capture[J]. Angewandte Chemie International Edition, 2015, 54: 697.

[37] Guan K, Shen J, Liu G, et al. Spray-evaporation assembled graphene oxide membranes for selective hydrogen transport[J]. Separation and Purification Technology, 2017, 174: 126-135.

[38] Chen C, Yang Q, Yang Y, et al. Self-assembled free-standing graphite oxide membrane[J].Advanced Materials, 2009, 21: 3007-3011.

[39] Gilje S, Han S, Wang M, et al. A chemical route to graphene for device applications[J]. Nano Letters, 2007, 7: 3394-3398.

[40] Dikin D A, Stankovich S, Zimney E, et al. Preparation and characterization of graphene oxide paper[J]. Nature, 2007, 448: 457-460.

[41] Brinker C J, Lu Y, Sellinger A, et al. Evaporation-induced self-assembly: nanostructures made easy[J].Advanced Materials, 1999, 11: 579-585.

[42] Guan K C, Zhao D, Zhang M C, et al. 3D nanoporous crystals enabled 2D channels in graphene membrane with enhanced water purification performance[J]. Journal of Membrane Science, 2017, 542: 41-51.

[43] Zhang M C, Mao Y Y, Liu G Z, et al. Molecular bridges stabilize graphene oxide membranes in water[J]. Angewandte Chemie International Edition, 2020, 59: 1689-1695.

[44] Huang K, Liu G, Shen J, et al. High - efficiency water - transport channels using the synergistic effect of a hydrophilic polymer and graphene oxide laminates[J]. Advanced Functional Materials, 2015, 25: 5809-5815.

[45] Zhang M C, Guan K C, Ji Y F, et al. Controllable ion transport by surface-charged graphene oxide membrane[J]. Nature Communications, 2019, 10: 1253.

[46] Zhang M C, Sun J J, Mao Y Y, et al. Effect of substrate on formation and nanofiltration performance of graphene oxide membranes[J]. Journal of Membrane Science, 2019, 574: 196-204.

[47] Perreault F, De Faria A F, Elimelech M. Environmental applications of graphene-based nanomaterials[J]. Chemical Society Reviews, 2015, 44: 5861-5896.

[48] Chong J, Wang B, Li K. Graphene oxide membranes in fluid separations[J]. Current Opinion in Chemical Engineering, 2016, 12: 98-105.

[49] Huang L, Li Y, Zhou Q, et al. Graphene oxide membranes with tunable semipermeability in organic solvents[J]. Advanced Materials, 2015, 27: 3797-3802.

[50] Aba N F D, Chong J Y, Wang B, et al. Graphene oxide membranes on ceramic hollow fibers-microstructural stability and nanofiltration performance[J].Journal of Membrane Science, 2015, 484: 87-94.

[51] Huang L, Chen J, Gao T, et al. Reduced graphene oxide membranes for ultrafast organic solvent nanofiltration[J]. Advanced Materials, 2016, 28: 8669-8674.

[52] Won W, Feng X, Lawless D, et al. Separation of dimethyl carbonate/methanol/water mixtures by pervaporation using crosslinked chitosan membranes[J]. Journal of Membrane Science, 2003, 31: 129-140.

[53] Chapman P D, Oliveira T A C, Livingston A G, et al. Membranes for the dehydration of solvents by pervaporation[J]. Journal of Membrane Science, 2008, 318: 5-37.

[54] Robeson L M. The upper bound revisited[J]. Journal of Membrane Science, 2008, 320: 390-400.

[55] Yang T, Xiao Y, Chung T S. Poly-/metal-benzimidazole nano-composite membranes for hydrogen purification[J]. Energy& Environmental Science, 2011, 4: 4171-4180.

[56] Carta M, Malpassevans R, Croad M, et al. An efficient polymer molecular sieve for membrane gas separations[J]. Science, 2013, 339: 303-307.

[57] Shiflett M B, Foley H C. Ultrasonic deposition of high-selectivity nanoporous carbon membranes[J]. Science,

1999, 285: 1902-1905.

[58] Zhang X, Liu Y, Li S, et al. New membrane architecture with high performance: ZIF-8 membrane supported on vertically aligned ZnO nanorods for gas permeation and separation[J]. Chemistry of Materials, 2014, 26: 1975-1981.

[59] Li Y, Liang F, Bux H, et al. Molecular sieve membrane: supported metal-organic framework with high hydrogen selectivity[J].Angewandte Chemie, 2010, 49: 548-551.

[60] Huang A, Liu Q, Wang N, et al. Bicontinuous zeolitic imidazolate framework ZIF-8@GO membrane with enhanced hydrogen selectivity[J].Journal of the American Chemical Society, 2014, 136: 14686-14689.

[61] Wang D, Wang Z, Wang L, et al. Ultrathin membranes of single-layered MoS_2 nanosheets for high-permeance hydrogen separation[J]. Nanoscale, 2015, 7: 17649-17652.

[62] Gin D L, Noble R D. Designing the next generation of chemical separation membranes[J]. Science, 2011, 332: 674-676.

[63] Won W, Feng X, Lawless D J. Pervaporation with chitosan membranes: separation of dimethyl carbonate/methanol/water mixtures[J]. Journal of Membrane Science, 2002, 209: 493-508.

[64] Chi C, Wang X, Peng Y, et al. Facile preparation of graphene oxide membranes for gas separation[J].Chemistry of Materials, 2016, 28: 2921-2927.

第六章

混合基质膜

本章总结了近年来另一类有机 - 无机复合分离膜——混合基质膜的研究进展。有机、无机两相的协同作用显著提升了复合膜在气体分离和渗透汽化等各类膜过程中的性能。虽然一维和二维填料具有高长宽比，且能在各自表面构筑连续的传递通道，但是其在聚合物中杂乱的取向在一定程度上限制了它们的应用。相比之下，含有连续孔道结构的三维填料因其可以构筑快速传递通道，受到研究者的关注。

尽管已经取得了很大的进步，但是在混合基质膜的发展道路上依旧存在一些机遇和挑战：①聚合物和填充颗粒两相间的相互作用对混合基质膜的结构和性能至关重要，但目前对界面作用和界面形貌的定量化描述依旧不明确，因此亟须发展相关技术和理论；②在聚合物中掺入大量多孔材料，构筑连续型、低扩散阻力的传输通道已成为提高膜性能的有效手段，在这一过程中填料分散的均匀性和界面形貌对膜性能具有重要影响；③对填充颗粒的化学结构和拓扑结构进行有效调控，以进一步提高膜的分离性能；④制膜过程中，小尺寸填料易团聚并形成无选择性缺陷。为提高膜的通量，制备超薄膜已成为大势所趋，这也为研发小尺寸填料提出新的要求。此外，需要建立多学科（化学、材料科学、物理和化学工程）交叉的研究方法，进一步深化对混合基质膜的认识。纳米材料的飞速发展为填充颗粒的设计和优化提供了强有力的支持，将会进一步推动混合基质膜向前发展。

第一节
概　述

迄今为止，传统膜材料包括聚合物材料和无机材料。但是受性能和成本影响，这两类膜在工业应用上受到很大限制。近年来，膜领域出现了一种新型的膜材料，又称为混合基质膜（mixed matrix membrane，MMM）。如图 6-1 所示，混合基质膜通常是将无机颗粒均匀地分散到聚合物中制备而成的。其主体（A 相）一般是聚合物相，分散相（B 相）为无机颗粒。混合基质膜将聚合物膜易加工、低成本的优点与无机膜高性能、高稳定性的优点进行了有效结合。混合基质膜的发展为突破传统聚合物膜渗透系数与选择性之间存在的制约关系开辟了经济、有效的道路。众所周知，聚合物膜的权衡效果是由于聚合物材料的链刚性、链段间距和链段极性之间的相互限制以及上述因素对渗透组分的溶解扩散的各自影响而产生的[1,2]。例如，刚性大的聚合物链可以提高扩散选择性，但是由于链间距减小，其渗透系数降低。渗透系数与选择性的互限关系不能通过交联、接枝和共聚这些简单的化学改性方法来克服。对混合基质膜来说，因无机填料的加入而产生的位阻效应和表面作用可以改变链段的排列方式，通过这种方式可以获取最优的自由体积分数和自由体积孔道分布尺寸，进而提高膜的扩散系数和扩散选择性。特别是含有分子筛的混合基质膜，分子筛含有的纳米级孔道为分子提供了额外的传质路径，这有利于提高扩散系数和扩散选择性。而且，还可以通过在填料表面接枝能与气体分子产生强相互作用或者可以作为传输载体的基团来提高吸附选择性。与纯聚合物膜相比，混合基质膜的渗透系数和选择性均有所提高。

A聚合物相

B填充相

图6-1 混合基质膜示意图

为解释分散相在连续相中的许多特性和构造情况，如颗粒对称性、颗粒尺寸、颗粒形貌和颗粒含量，研究者提出了许多模型。目前绝大多数研究都集中在使用长宽比接近于1的填充颗粒（如分子筛和MOF）。当复合膜中的填充颗粒含量低于40%（体积分数）时，这些模型对膜性能的预测基本相同 [3]。其中，Maxwell公式结构简单、模型明确，被广泛使用，它最初是用来计算复合材料介电性质的 [4]。理想情况下混合基质膜的Maxwell传质方程如下

$$P_{MMM} = P_p \left[\frac{P_d + 2P_c - 2\phi_d (P_c - P_d)}{P_d + 2P_c + \phi_d (P_c - P_d)} \right] \tag{6-1}$$

式中 P_{MMM}——混合基质膜有效渗透系数；

ϕ_d——体积分数；

P_c——连续相气体渗透系数；

P_d——分散相气体渗透系数；

P_p——聚合物相渗透系数。

混合基质膜的界面形貌对分离性能有重要影响。理想情况下，复合膜的性能就是聚合物相和分散相性能的叠加，将两相的渗透系数和分散相的体积分数代入Maxwell方程中，可以预测混合基质膜的分离性能。

本章将简要介绍混合基质膜在渗透汽化（例如有机溶剂脱水和生物醇回收）和气体分离方面的最新进展。传统的无机填料（如分子筛和硅纳米颗粒）已经被广泛地研究和使用，近几年，新型纳米材料的研发也为混合基质膜的发展注入了新动力。诸如多面体低聚倍半硅氧烷（POSS）、氧化石墨烯（GO）等二维材料

以及金属有机骨架材料（MOF）等新的无机材料都已被掺入到混合基质膜中并展现出优异的分离性能。掺入填充颗粒以后，膜的自由体积发生改变，同时填充颗粒表面和内部的传质通道也会受到影响，这主要取决于填充颗粒的尺寸以及界面处的膜结构。以上两点都会引起混合基质膜性能的改变。因此，首先从不同尺寸的填充颗粒和表面结构的控制对混合基质膜的最新进展进行介绍。

第二节
分子筛填料混合基质膜

分子筛、介孔二氧化硅和正蓬勃发展的 MOF/COF 等一系列 3D 或阶梯式填料，都具有中空结构或内部多孔结构，这些材料掺入聚合物中可以构筑快速分子传输通道。本节将重点介绍含有分子筛和 MOF 混合基质膜的最新研究进展。

一、沸石分子筛

分子筛是应用最广的多孔填料，具有优异的化学性质和多样的微孔结构，这使它有望在各种膜过程和分离过程中发挥作用。尽管在分子筛混合基质膜方面进行了大量的研究工作，分子筛分散不均和界面形貌依旧是限制混合基质膜性能的关键问题。Koros 组从实验和数学模型方面对分子筛混合基质膜进行了系统的研究[3]。

分子筛表面含有丰富的羟基，因此通常利用分子筛与硅偶联剂之间的甲硅烷基化反应调节混合基质膜两相间的相互作用。Wan 等[5]通过接枝乙烯基三乙氧基硅烷（VTES）对分子筛表面进行乙烯基改性，经过改性的分子筛可以与交联剂（RTV615B）和 PDMS 预聚物（RTV 615A）在铂系催化剂作用下发生氢化硅烷化反应，这样在制膜过程中聚合物和分子筛之间可以形成具有共价作用的界面。与未改性的复合膜相比，VTES 改性的沸石 /PDMS 混合基质膜在不同掺杂量下对乙醇 / 水的渗透汽化选择性得到了有效提高。

金万勤等[6]提出一种利用接枝 / 涂覆方法制备 ZSM-5/PDMS 混合基质膜的策略。先在分子筛表面接枝正辛基，再将 PDMS 涂覆其上，图 6-2 为利用此法改性的 ZSM-5。在进行改性之前，由于 ZSM-5 颗粒的密度和表面性质各异，颗粒沉降在正庚烷中［图 6-2（a）］。加入正辛基三乙氧基硅烷（OTES）后，由一个或多个氧乙基的水解引发无水甲硅烷基化，紧接着水解的 OTES 分子和 ZSM-5

表面所含的羟基发生缩合反应，生成 Si—O—Si 或 Al—O—Si 两种键，这样 ZSM-5 表面接枝上了正辛基硅烷［图 6-2（b）(e)］。随后，在改性溶液中加入少量的 PDMS 聚合物［PDMS 总量的 10%（质量分数）］，在 ZSM-5 表面引入了一层很薄的 PDMS 镀层［图 6-2（c）(e)］。最后，将改性的 ZSM-5 颗粒掺入交联的 PDMS 溶液中制备混合基质膜［图 6-2（d）］。

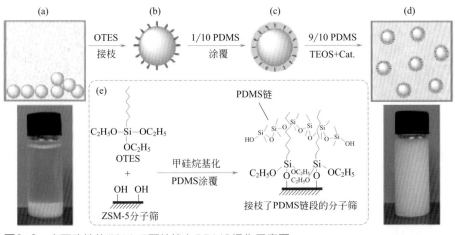

图6-2 表面改性的ZSM-5颗粒掺入PDMS操作示意图

在 Materials Studio 软件中，用 MD 模拟构建分子筛、PDMS 和分子筛 -PDMS 界面的模型，计算 ZSM-5 分子筛和 PDMS 聚合物之间的作用能。结果显示未经改性的分子筛和聚合物间的作用能很低，仅有 −39.3kJ/mol，而经过改性的分子筛与聚合物间的作用能几乎提升了 100 倍，为 −3856.8kJ/mol，这表明接枝 / 涂覆可以有效改善界面相互作用。接枝在分子筛表面的正辛基链可以与 PDMS 发生缠结作用，增强了相间的相互作用。PDMS 薄层应该紧紧地贴附在改性后的分子筛表面。这样，表面改性的 ZSM-5 颗粒类似于含有 ZSM-5 的"PDMS"微粒，其表面性质与 PDMS 相似。因此，改性的分子筛与 PDMS 之间的相互作用和相容性增强，分子筛在聚合物中的分散更均匀。

图 6-3 呈现了以陶瓷为支撑体、不同含量的改性或未改性 ZSM-5 的 PDMS 膜的渗透汽化性能。如图 6-3 所示，即便未改性分子筛在 PDMS 中的含量从 10%（质量分数）提高到 40%（质量分数），复合膜的分离因子依旧在 8 左右，几乎与纯 PDMS/ 陶瓷复合膜的性能（α=7.7）相当。这可能是因为未改性 ZSM-5 掺入的 PDMS 混合基质膜存在无选择作用的缺陷。如图 6-3（b）所示，缺陷还导致总通量略高于表面改性的 ZSM-5 填充膜［沸石负载增加至 20%（质量分数）］。相同的 ZSM-5 含量下，含有经表面改性的 ZSM-5

的 PDMS 混合基质膜的分离因子远高于含未改性粒子的复合膜。该结果表明，表面改性的 ZSM-5 颗粒在 PDMS 基质中的均匀分散对获得高选择性的 PDMS 膜至关重要。

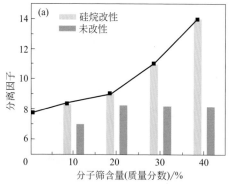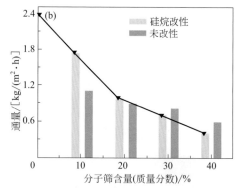

图6-3 ZSM-5含量对ZSM-5/PDMS MMMs渗透汽化（a）分离因子和（b）通量的影响
注：温度为40℃；进料为5%（质量分数）乙醇/水溶液

二、金属有机骨架

与传统分子筛相比，MOF 是一类由有机配体与金属离子或金属簇组成的新型杂化多孔填料，这使它与聚合物之间具有良好的相容性，并可应用丰富的表面官能化手段。目前，已有大量的 MOF 被证实在渗透汽化和气体分离方面具有良好的前景。

Zn(BDC)(TED)$_{0.5}$（BDC 为对苯二甲酸，TED 为三乙烯二胺）的孔隙率高达 61.3%，在 282℃下依旧可以保持稳定，其对烃类和一些醇类物质表现出良好的吸附性能。实验测试和模拟结果表明 Zn(BDC)(TED)$_{0.5}$ 高度疏水（BDC 和 TED 有机配体均疏水，水的吸附量微乎其微），因此具备分离乙醇和水的能力[7]。ZIF-71 也表现出优异的热稳定性和化学稳定性，此外它还是一种超疏水材料[8]。Zn(BDC)(TED)$_{0.5}$ 和 ZIF-71 的掺入可以提高膜对醇的回收能力。

1. ZIF-71/PEBA 混合基质膜

制备 ZIF-71/PEBA 混合基质膜不采用传统的干掺步骤，因此颗粒可以在 PEBA 中均匀分散而不团聚。图 6-4 是含有 25%（质量分数）ZIF-71 的 PEBA 混合基质膜表面和断面 FESEM 照片，可以看到 ZIF-71 颗粒紧紧地嵌在 PEBA 中，没有界面缺陷和团聚现象。断面形貌照片和 EDX 谱图结果显示 ZIF-71 均匀地分散在 PEBA 聚合物基质中。

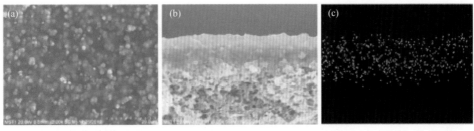

图6-4　25%（质量分数）ZIF-71/PEBA混合基质膜的（a）表面FESEM照片、（b）断面FESEM照片和（c）EDX谱图

　　从图6-5中可以看到不同ZIF-71掺杂量的PEBA混合基质膜从1%(质量分数)正丁醇溶液中回收正丁醇的性能变化。随ZIF-71掺杂量的增加，经膜厚归一化处理的通量呈现出先增大后减小的趋势，其中当掺杂量为20%（质量分数）时通量达到最大值，其分离因子也随之增加，并在掺杂量为25%（质量分数）时分离因子达到最高值22.3。与传统的分离因子和通量间的制约关系不同，在掺杂量为0～20%（质量分数）范围内，该复合膜的分离因子和通量呈现出同步提高的趋势。

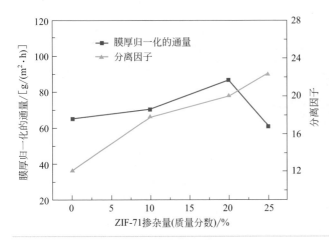

图6-5
ZIF-71掺杂量对ZIF-71/PEBA混合基质膜分离因子和归一化通量的影响
注：测试温度为40℃；原料为1%（质量分数）正丁醇/水溶液

2. MAF-6/PEBA 混合基质膜

　　从以上实验结果可以看出，提高膜的疏水性是增强渗透汽化膜在醇水分离方面性能的有效手段。MAF-6（RHO-[Zn(eim)$_2$]）是一类含有超疏水基团的金属有机骨架材料。与其他MOF材料相比，其合成过程可在室温下进行，方便易得。MAF-6的超疏水性使复合膜表面难以被水分子润湿，且MAF-6的疏水大孔结构可以有效传输乙醇等有机大分子（相对于水而言），将其掺入聚合物膜材料中可

以提高膜的疏水性能。

Liu 等[9] 通过浸渍提拉的方法制得中空纤维陶瓷支撑的 MAF-6/PEBA 混合基质膜。通过 SEM 对制备的 MAF-6 颗粒的形貌进行表征，从图 6-6（a）中可以看出合成的 MAF-6 颗粒的平均粒径约为 200nm。图 6-6（c）和（d）为在相同涂膜液参数、相同的条件下，MAF-6 掺杂量为 0 和 7.5%（质量分数）时制备的复合膜的断面图，可以看出复合膜的分离层厚度基本一致，表明 MAF-6 的引入并未改变 PEBA 材料在中空纤维陶瓷支撑体上的成膜性。图 6-7 为在不同 MAF-6 掺杂量下制备的复合膜的 SEM 图。从图中可以看出，复合膜的表面致密无缺陷，且随着 MAF-6 掺杂量由 0 增加到 10%（质量分数），制备的膜表面粗糙度增加，当 MAF-6 掺杂量低于 7.5%（质量分数）时，其在 PEBA 中均匀分散，而当 MAF-6 掺杂量增大到 10%（质量分数）时，其在 PEBA 中的分散出现团聚现象。

图6-6　SEM形貌图：（a）MAF-6；（b）中空纤维陶瓷支撑体；（c）PEBA复合膜；（d）MAF-6/PEBA混合基质膜

对不同 MAF-6 掺杂量下制备的混合基质膜进行渗透汽化实验，研究在5%（质量分数）的乙醇／水体系中回收乙醇的性能。如图 6-8（b）所示，随着 MAF-6 掺杂量的增加，混合基质膜的通量随之增加，这是由于 MAF-6 对乙醇具有很强的吸附作用。混合基质膜的分离因子随 MAF-6 掺杂量的增加首先呈现出增加的趋势，这是因为 MAF-6 的高疏水性使得在 MAF-6 掺杂量较高时，混合基质膜具有更佳的表面疏水性能［图 6-8（a）］，此外 MAF-6 对乙醇具有高吸附性，因此，随着 MAF-6 掺杂量的增加，混合基质膜表面对乙醇的吸附选择性得到提高，使得更多的乙醇在膜的进料侧进行溶解吸附，从而增大了混合基质膜的分离因子。而当 MAF-6 的掺杂量达到 10%（质量分数）时，混合基质膜的分离因子反而有所下降，这主要是由 MAF-6 的溶胀现象引起的。

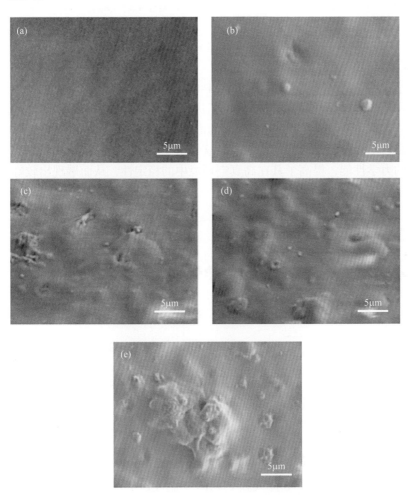

图6-7　不同掺杂量的MAF-6/PEBA混合基质膜的SEM图：（a）0%（质量分数，下同）；（b）2.5%；（c）5%；（d）7.5%；（e）10%

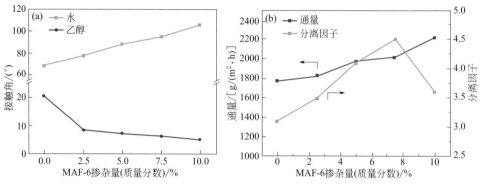

图6-8 （a）不同掺杂量下MAF-6/PEBA混合基质膜接触角的变化情况；（b）不同掺杂量下MAF-6/PEBA混合基质膜分离性能的变化情况

对掺杂量为7.5%（质量分数）的 MAF-6/PEBA 混合基质膜，在40℃的操作温度、5%（质量分数）乙醇的进料浓度下进行连续操作，考察其渗透汽化性能的稳定性。如图6-9所示，在连续200h的渗透汽化操作过程中，混合基质膜的分离因子和通量皆展现出较好的稳定性。这是由于中空纤维陶瓷为混合基质膜提供了优秀的力学性能，提高了其在高真空环境中的稳定性，从而展现出较好的长期稳定性。

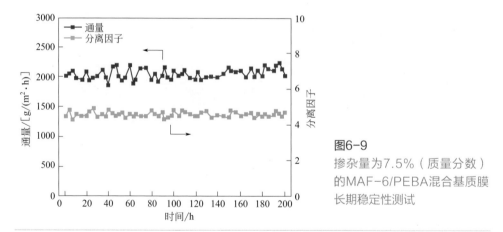

图6-9
掺杂量为7.5%（质量分数）的MAF-6/PEBA混合基质膜长期稳定性测试

3. MAF-6/PDMS 混合基质膜

Li 等[10]也成功将 MAF-6 掺入到 PDMS 中制成以 PVDF 为支撑体、具有优先透醇能力的混合基质膜。为测试该复合膜分离层与支撑层间的机械强度，实验采用纳米压痕技术对含有15%（质量分数）MAF-6 的混合基质膜进行检测，结果表明该复合膜机械强度稳定。为进一步探究 MAF-6 对膜表面性质的影响，对混合基质膜的接触角进行了测试。如图 6-10 所示，随 MAF-6 的掺入，混合基质膜对水分子的接触角发生了明显的变化，当 MAF-6 的掺杂量为 15%（质量分数）时，混合基质膜的水接触角达到 119.8°，膜表面疏水性能优异。此外，混合基质膜的通量也随 MAF-6 掺杂量的提高而增加，这主要是由于 MAF-6 的掺入为分子的传输提供了更多的通道。然而，膜的分离因子在掺杂量不高于15%（质量分数）时有所上升，最大乙醇 / 水分离因子可达 13，当掺杂量超过 15%（质量分数）以后，由于 MAF-6 的团聚行为，膜结构会产生缺陷，分离因子降低。

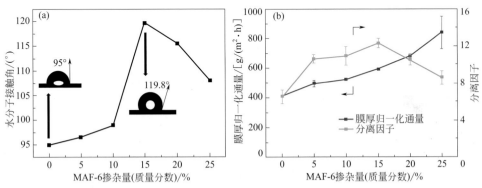

图6-10 （a）不同MAF-6掺杂量的混合基质膜的接触角变化曲线；（b）MAF-6掺杂量对MAF-6/PDMS混合基质膜分离性能的影响

注：操作条件为40℃，5%（质量分数）乙醇/水溶液

4. MOF-801/CS 混合基质膜

MOF-801 是由 $Zr_6O_4(OH)_4(-CO_2)$ 次级结构单元构成的一类金属有机骨架材料，其对水分子具有优异的吸附性能。Li 等[11] 将 MOF-801 掺入到壳聚糖（CS）中，充分利用 MOF-801 的吸水性，构筑水分子快速传递通道，同时曲折的孔道结构增大了乙醇的传质阻力，降低了乙醇透过膜的速率，从而提高了膜在乙醇脱水方面的性能。一般情况下，受溶剂的溶胀作用影响，渗透汽化膜的通量会有一定的降低。由于 MOF-801 与 CS 之间存在氢键作用，MOF-801 的掺入不但提高了混合基质膜的热稳定性，还在一定程度上增强了膜的抗溶胀能力。如图6-11 所示，当 MOF-801 的掺杂量在 2.4%～9.1%（质量分数）之间时，由于两相间的氢键作用，膜表面没有明显的界面缺陷。

如图 6-12 所示，当 MOF-801 掺杂量为 4.8%（质量分数）时，复合膜性能达到最优，其对乙醇的通量为 1113g/(m²·h)，分离因子高达 2098，与纯膜相比分别提高了 11.5% 和 160%，有效克服了制约关系。当 MOF-801 的掺杂量进一步提高时，颗粒团聚现象显著，两相间的缺陷降低了混合基质膜的分离性能。实验还考察了操作温度和原料浓度对分离性能的影响。操作温度会改变膜两侧的推动力、膜结构和分子与膜间的相互作用，进而影响分离性能。高温下，乙醇与膜材料、乙醇与水分子间明显减弱的相互作用力既限制了乙醇在膜表面的吸附，也阻止了乙醇随水分子一起透过膜的过程。另一方面，高温促进水分子在膜中的传输，提高了选择性。实验考察了原料组成对膜性能的影响，随水含量的增加，膜材料所受的溶胀效果更加明显，且乙醇的通量比水提升得更显著，因此膜对水的通量提高而选择性明显降低。为量化证明 MOF-801 的亲水能力，实验过程中采用分子模拟手段计算得到平均每个水分子在该 MOF 材料中可产生 1.43 个氢键，而每个乙醇分子仅可产生 0.62 个氢键。因此，MOF-801 对水的亲和能力远胜于对乙醇的亲和能力。

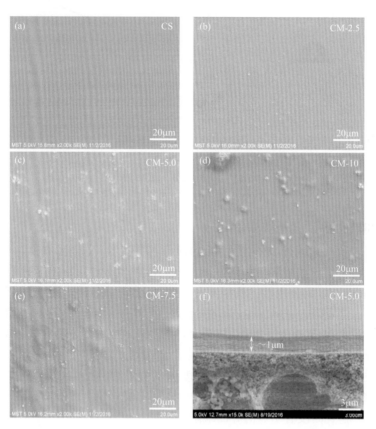

图6-11 （a）～（e）不同掺杂量下混合基质膜的表面SEM；（f）掺杂量为4.8%（质量分数）的断面SEM

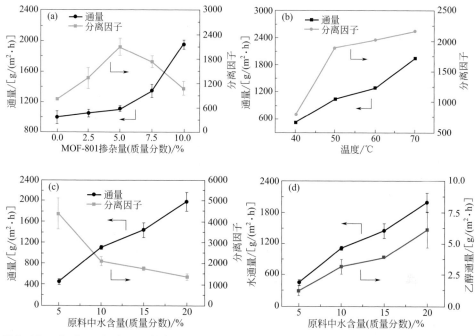

图6-12 （a）、（b）不同掺杂量混合基质膜的渗透汽化性能；（c）、（d）进料浓度对掺杂量为4.8%（质量分数）的混合基质膜分离性能的影响

5. UiO-66/PEBA 混合基质膜

UiO-66 是重要的含锆金属 - 有机骨架化合物，其高度的稳定性在 MOF 材料中非常少见。在完整的 UiO-66 晶体结构中，锆原子中心与 12 个有机配体配位构成高度贯穿的骨架结构。经报道，UiO-66 具有很强的吸附 CO_2 的能力，且能在水溶液中保持高度稳定。烟道气脱除 CO_2 过程涉及水汽，针对该过程 UiO-66 具有较好的应用前景。在温和的反应条件下，UiO-66 表面可接枝不同的基团并表现出相应的特性，Shen 等[12] 在 UiO-66 表面接枝—NH_2 以提高 CO_2 的渗透系数。对含锆混合基质膜进行 CO_2 和 N_2 的分离性能测试，结果发现气体的渗透系数随 UiO-66 和 UiO-66-NH_2 掺杂量的增加而增大（图 6-13），这可能是由于 UiO-66 本身具有较大尺寸的孔道（0.6nm）。当然，若掺入过多的 UiO-66，则复合膜中会出现许多大尺寸缺陷，这一点已从选择性变化情况得到进一步确认。当掺杂量超过 10%（质量分数）时，无选择作用的缺陷会降低复合膜的选择性。但是，在填充颗粒含量均为 10%（质量分数）的情况下，UiO-66-NH_2/PEBA 对 CO_2/N_2 的选择性高于 UiO-66/PEBA，这也印证了—NH_2 对 CO_2 的亲和作用。

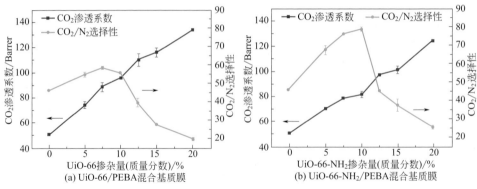

图6-13 Zr-MOF颗粒含量对复合膜CO_2/N_2分离性能的影响

考虑烟道气中含有水汽，因此实验对处于湿态环境中的膜进行了CO_2/N_2分离性能测试，结果如图6-14所示。在湿态下水汽会影响聚合物链段，因此PEBA纯膜和UiO-66-NH_2/PEBA复合膜对CO_2的渗透系数均有所提高，但是复合膜对CO_2的渗透系数更高，表明UiO-66-NH_2可以吸收更多的水分子，进而促进CO_2传输。与纯膜相比，复合膜的选择性更高，且随UiO-66-NH_2掺入而提高。因此，UiO-66-NH_2/PEBA复合膜在湿烟道气碳捕集应用中具有很大潜力。

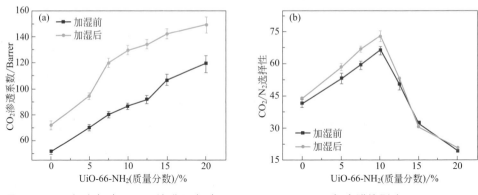

图6-14 湿度对（a）PEBA纯膜和（b）UiO-66-NH_2/PEBA复合膜的影响

6. MOF-801/PEBA 混合基质膜

鉴于 MOF-801 具有与 UiO-66 类似的骨架拓扑结构，Sun 等[13]认为 MOF-801 可能具备捕获 CO_2 的能力。选用 PEBA 作为连续相，采取旋涂法制备用于 CO_2/N_2 分离的 MOF-801/PEBA 混合基质膜。为确定 MOF-801 的 CO_2 吸附能力，实验在 298K 下对 MOF-801 进行了 CO_2 和 N_2 吸附等温线测试。如图 6-15 所示，

MOF-801 上吸收了非常少量的 N_2，同时显示出陡峭的 CO_2 吸附等温线，表明了 MOF-801 对 CO_2 的亲和力。在约 0.1MPa 的压力下，CO_2 和 N_2 的吸附量分别为 30.3cm³/g 和 1.8cm³/g，导致高的 CO_2/N_2 吸附选择性（约为 17）。随着吸附操作压力的升高，CO_2 吸附量显著增加，而 N_2 仅略有变化。该行为表明 MOF-801 骨架中存在 CO_2 气体的特定吸附位点，相较于 N_2，对 CO_2 具有更强的亲和力。以上结果表明，MOF-801 是一种用于 CO_2/N_2 的潜在分离材料。

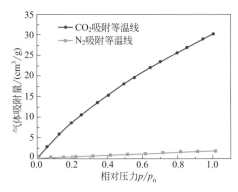

图6-15　298K下MOF-801对CO_2和N_2的吸附等温线

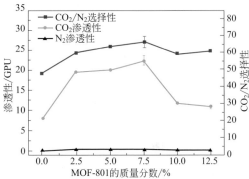

图6-16　MOF-801掺杂量对混合基质膜分离性能的影响

注：操作条件为0.1MPa、20℃下等体积混合气

在 0.1MPa 和 20℃下进行二元气体混合物［CO_2/N_2=50%/50%（体积分数）］渗透测试以研究 MOF-801 掺杂量对 MOF-801/PEBA 混合基质膜实际气体分离性能的影响。如图 6-16 所示，将 MOF-801 结合到 PEBA 中，并逐渐增加 MOF-801 掺杂量至 7.5%（质量分数），PEBA 膜的 CO_2 渗透性和 CO_2/N_2 选择性同时增加。MOF-801 的高度多孔骨架和 CO_2 的优先吸附促进了 CO_2 的扩散，从而提高了 CO_2 的渗透性。虽然上述条件也改善了 N_2 的渗透性，但由于 N_2（3.6Å）的动力学直径大于 CO_2（3.3Å），因此这种增加小于 CO_2 渗透性的增加。CO_2 渗透性从 8.1GPU 增加到 22.4GPU，而 N_2 渗透性仅略有变化。当 MOF 过量［＞7.5%（质量分数）］时，MOF 颗粒的团聚过程中可能发生了填料孔的硬化和堵塞，导致 CO_2 和 N_2 的气体渗透性降低。MOF 掺杂量为 10%（质量分数）和 12.5%（质量分数）时，与 7.5%（质量分数）相比，CO_2/N_2 选择性降低，主要由于颗粒聚集会形成一些非选择性缺陷。另外，MOF 对 CO_2 的优先吸附超过 N_2 可以补偿一些 CO_2/N_2 的渗透选择性，这可以解释在 12.5%（质量分数）的掺杂量下与 10%（质量分数）相比略高的选择性。总体而言，填充 7.5%（质量分数）MOF-801 的 PEBA 混合基质膜实现了最佳性能，CO_2 渗透性为 22.4GPU，CO_2/N_2 选择性为 66。与纯 PEBA 膜相比，膜渗透性和选择性分别提高 75% 和 38%。结果证实，添加纳米多孔亲二氧化

碳的 MOF-801 骨架有效地提高了 PEBA 膜的 CO_2/N_2 分离性能。

　　为进一步认识 MOF-801/PEBA 混合基质膜中增强的气体传输机理，实验详细研究了在 0.3MPa 和 20℃下 CO_2 和 N_2 在膜中的吸附系数和扩散系数。扩散系数 D 由在 MOF-801/PEBA 混合基质膜上的渗透和吸附实验中测量的纯气体渗透系数（P）和吸附系数（S）计算。在此基础上，分别计算 CO_2/N_2 的吸附选择性（α_S）和扩散选择性（α_D）。如图 6-17 所示，随着 MOF-801 掺杂量的增加，气体吸附系数增加而扩散系数减小。MOF-801 具有比 PEBA 更高的气体吸附能力，因此它可以显著提高气体溶解度。并且由于 MOF-801 骨架的亲二氧化碳特性，CO_2 的吸附系数远高于 N_2，从而提高了 PEBA 膜中 CO_2/N_2 的吸附选择性。一些降低扩散的区域可能是由 MOF 孔阻塞或聚合物链的刚性而产生的。尽管如此，MOF-801/PEBA 混合基质膜中的 CO_2/N_2 扩散选择性依然更高。总之，CO_2 比 N_2 的优先吸附，使 MOF-801 提高了 PEBA 膜对 CO_2/N_2 分离的渗透系数和选择性。

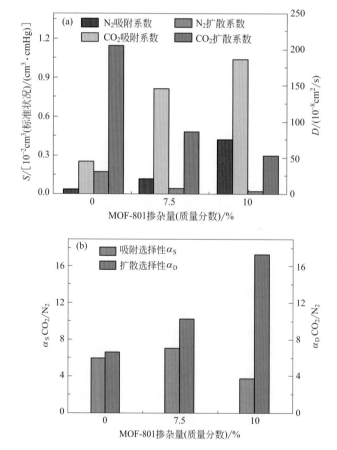

图6-17

不同掺杂量的MOF-801/PEBA混合基质膜的（a）CO_2和N_2吸附系数与扩散系数和（b）CO_2/N_2吸附选择性与扩散选择性

7. ZIF-300/PEBA 混合基质膜

ZIF-300 是以锌为金属中心，2- 甲基咪唑和 5(6)- 溴苯并咪唑为配体的 CHA 型 MOF 材料。因具有优异的 CO_2 吸附性能，ZIF-300 可用于 CO_2/N_2 分离材料的开发。Yuan 等[14] 通过对合成时间的调控成功利用水热反应合成出尺度为 1μm 的 ZIF-300 颗粒，该尺度下的颗粒对 CO_2/N_2 展现出了优异的吸附选择性。120℃ 下不同水热合成时间制备的 ZIF-300 晶体的 SEM 图如图 6-18 所示。

图6-18 120℃下不同水热合成时间制备的ZIF-300晶体的SEM图

在 PEBA 中掺入一定量的 ZIF-300，聚合物的链段堆积情况发生改变，且引入了新的孔道结构，提高了膜对 CO_2 的渗透系数。此外，ZIF-300 的吸附特性也提高了 CO_2/N_2 选择性。当掺杂量达到 30%（质量分数），混合基质膜的 CO_2 渗透系数和选择性均达到最高值，较纯膜分别提高了 59% 和 54%，这一性能超越了 2008 年 Robeson 上限。随掺杂量的进一步提高，填充颗粒和聚合物间的界面缺陷逐渐显现，膜性能降低。

为了更好地理解 ZIF-300 晶体在混合基质膜内的气体传输作用，实验过程中具体研究了 CO_2、N_2 的吸附系数和扩散系数以及 CO_2/N_2 的吸附选择性 (α_S) 和扩散选择性 (α_D)。如图 6-19 所示，在纯 PEBA 膜中，CO_2 的吸附系数和扩散系数均高于 N_2，这是由于 CO_2 具有较高的可压缩性和较小的分子尺寸。通过在 PEBA 膜中引入 ZIF-300 晶体，在 30%（质量分数）和 40%（质量分数）的负载量下，吸附系数增加，扩散系数降低。由于 ZIF-300 晶体的亲 CO_2 特性，对 CO_2 的吸附系数要高于 N_2，从而提高了 ZIF-300/PEBA 膜对 CO_2/N_2 的吸附选择性。综上所述，ZIF-300 相对较大的孔径很难对 CO_2 和 N_2 进行识别，因此，ZIF-300/PEBA 混合基质膜对 CO_2/N_2 的扩散选择性没有提高。低扩散系数可能是由 MOF/

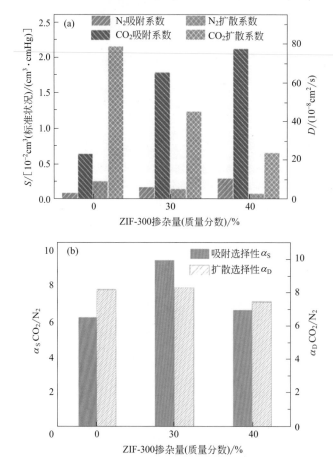

图6-19

不同ZIF-300负载量混合基质膜的（a）吸附系数和扩散系数；（b）吸附选择性和扩散选择性

聚合物间相扩散率的降低和 ZIF-300 通道的不规则堆积造成的。与 30%（质量分数）负载量相比，40%（质量分数）ZIF-300 填充的 PEBA 膜存在界面空隙，导致膜的扩散选择性有所降低。总的来说，吸附/扩散系数法分析证实了前面提出的假设：CO_2 的优先吸附使 ZIF-300 能够极大地提高 PEBA 膜对 CO_2/N_2 分离的渗透系数和选择性。

通过长期气体渗透试验考察膜的结构稳定性。如图 6-20（a）所示，连续运行 100h，30%（质量分数）ZIF-300/PEBA 混合基质膜的 CO_2/N_2 分离性能表现出良好的稳定性，CO_2 的平均渗透系数为 83Barrer，CO_2/N_2 选择性为 84。且当负载达到 30%（质量分数）时，ZIF-300/PEBA 混合基质膜的 CO_2/N_2 分离性能超过 2008 年的 Robeson 上限。

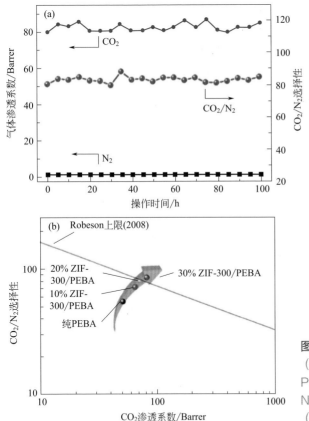

图6-20
（a）30%（质量分数）ZIF-300/PEBA混合基质膜在100h内的CO_2/N_2分离性能（0.4MPa、20℃）；
（b）性能与性能上限比较

8. ZMOF/6FDA 型聚酰亚胺混合基质膜

类沸石型 MOF（ZMOF）是一类与无机沸石材料拓扑结构相似的金属有机

骨架材料，其最大的特点是具备阴离子骨架。因此，可以通过离子交换过程对孔道体系进行调节从而增强对目标体系的分离性能。Liu 等[15]通过优化合成条件和采用循环沉降法得到纳米级 In-PmDc 型 ZMOF，并将其分别掺入 6FDA-DAM、6FDA-DETDA-DABA 和 PDMC 中，探究三种混合基质膜对 CO_2/CH_4 的分离性能。如图 6-21 所示，掺入 20%（质量分数）ZMOF 的 6FDA-DAM 混合基质膜展现出了最好的提升效果并超越 2008 年的 CO_2/CH_4 Robeson 上限。In-PmDc 型 ZMOF 对 CO_2 的亲和作用提高了混合基质膜的 CO_2 吸附性，但是其相对较大的孔道（约 4.5Å）对 CO_2（3.3Å）和 CH_4（3.8Å）并未展现出筛分作用，因此混合基质膜对二者的扩散选择性基本不变。

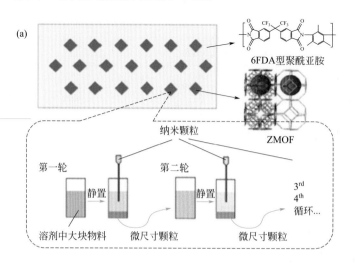

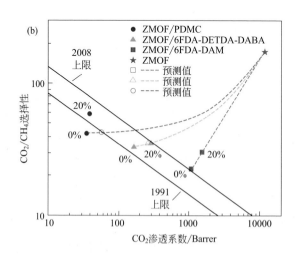

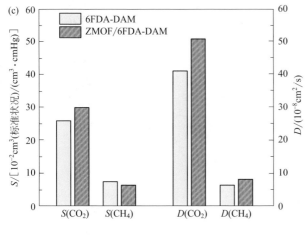

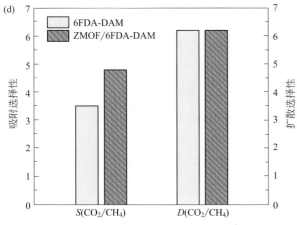

图6-21

（a）含有ZMOF纳米颗粒的6FDA型聚酰亚胺混合基质膜示意图；（b）ZMOF/聚酰亚胺混合基质膜与1991年和2008年性能上限的比较以及Maxwell方程预测值与实验值的对比；（c）纯膜和混合基质膜的气体吸附系数和扩散系数；（d）纯膜和混合基质膜的气体吸附选择性和扩散选择性

注：图（a）中ZMOF纳米颗粒通过对合成颗粒进行循环沉降获得，图（b）中测试使用35 ℃、344.74kPa的CO_2/CH_4等体积混合气

9. LaBTB/聚酰亚胺混合基质膜

LaBTB 是由 La^{3+} 和 H_3BTB［1,3,5- 三（4- 羧基苯基）苯］经配位作用构成的一类金属有机 - 骨架材料。开放的 La^{3+} 位点和均匀的一维孔道（尺寸为6Å）结构使其具有优异的 CO_2/CH_4 分离性能。Hua 等[16] 将 LaBTB 分别掺入 Matrimid® 和 6FDA-DAM 中制备混合基质膜。如图 6-22 所示，实验结果表明 LaBTB/6FDA-DAM 复合膜的性能提升效果更明显，且超越了 2008 年 Robeson 上限。BTB 配体和 La^{3+} 粒子均能与 6FDA-DAM 发生相互作用，因此 LaBTB 颗粒在聚合物基质中分散均匀。此外，该相互作用可以在一定程度上限制聚合物链段的运动，从而达到抗塑化的效果。原位漫反射红外光谱（in-situ diffuse reflectance infrared fourier-transform）结果显示，在分离 CO_2/CH_4 的过程中，混

合基质膜中的 LaBTB 与 CO_2 形成了 $La^{3+} \cdots O = C = O$ 加和物，促进了 CO_2 传输。LaBTB/6FDA-DAM 混合基质膜展现出良好的水稳定性，在 RH=70% 情况下经过 120h 实验，其对 CO_2/CH_4 的分离性能依旧保持稳定。

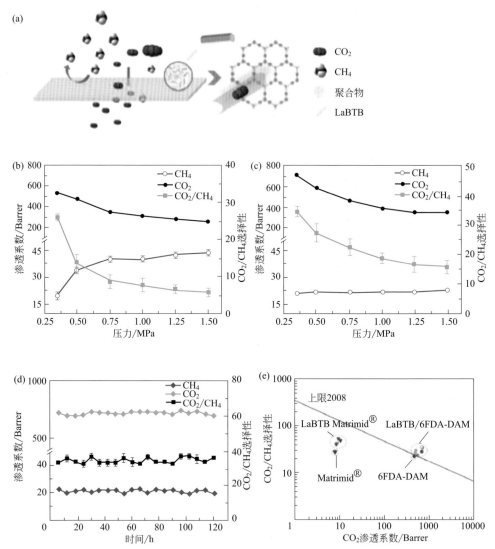

图6-22　（a）含有LaBTB的混合基质膜用于CO_2/CH_4分离示意图；（b）6FDA-DAM纯膜与（c）10%（质量分数）LaBTB/6FDA-DAM在20℃、不同压力下对CO_2/CH_4（1∶1）混合气的分离测试；（d）0.35MPa、25℃的CO_2/CH_4（1∶1）混合气长期稳定性测试；（e）LaBTB/Matrimid®和LaBTB/6FDA-DAM混合基质膜与2008年Robeson上限比较

10.RE-fcu-MOF/ 聚酰亚胺混合基质膜

分子筛分效应是 MOF 材料重要的分离机理，利用不同的金属离子 / 金属簇和有机配体组合可以实现对 MOF 窗口尺寸的精密调控。混合基质膜可以有效将 MOF 的分子筛分性能应用到膜分离过程。Liu 等[17] 分别将两种具有面心立方拓扑结构的 RE-fcu-MOF——Y-fum 和 Eu-naph 掺入到聚合物中，研究它们对膜在 $CO_2/H_2S/CH_4$ 和 $n-C_4H_{10}/i-C_4H_{10}$ 体系中分离效果的影响，如图 6-23 所示。结果表明一系列掺有 Y-fum 的复合膜在两种体系中的分离性能均有所提升，这主要得益于 Y-fum 提高了复合膜对气体的扩散选择性，且气体传输行为符合 Maxwell 方程，因此也可以根据实验结果计算 Y-fum 纯膜的气体渗透系数。与 Y-fum 相比，Eu-naph 的配体更长，其窗口最大尺寸可达 5.0Å（Y-fum 为 4.7Å），但是萘二甲酸配体一般可通过自身的结构转动减小 Eu-naph 窗口的实际尺寸。对扩散系数的计算结果表明，尺寸小于 $i-C_4H_{10}$ 的一系列气体分子在 Y-fum 中的扩散系数比 Eu-naph 高出一个数量级，因此含有 Eu-naph 的混合基质膜依旧可以对气体分子进行尺寸筛分，与含 Y-fum 的混合基质膜相比，其渗透系数较低。

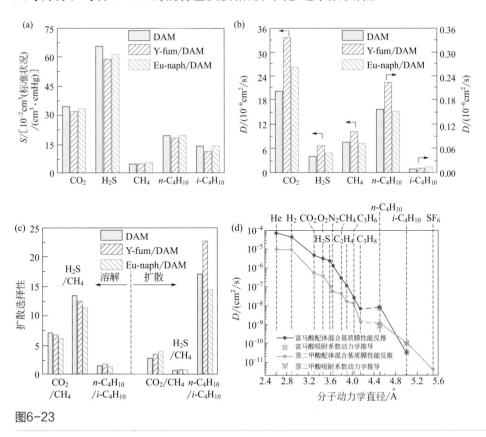

图6-23

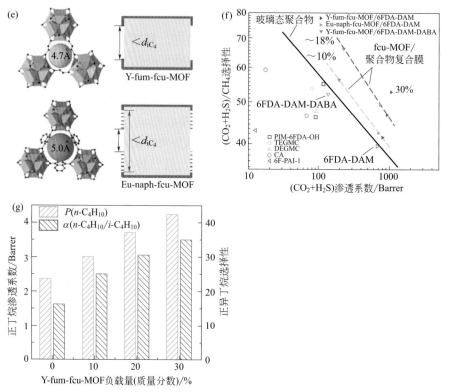

图6-23 各类膜的（a）吸附系数；（b）扩散系数；（c）扩散选择性；（d）不同尺寸的气体分子在Y-fum-MOF中的扩散系数预测值；（e）RE-fcu-MOF中用于气体扩散的三角形窗口；（f）纯6FDA-DAM、6FDA-DAM-DABA、Y-fum-fcu-MOF/6FDA-DAM和Eu-naph-fcu-MOF/6FDA-DAM膜对（CO_2+H_2S）/CH_4混合气的分离性能与文献中其他聚合物材料相关性能的比较；（g）不同MOF含量的Y-fum-fcu-MOF/6FDA-DAM复合膜在0.172MPa、75℃下对50/50 n-C_4H_{10}/i-C_4H_{10}的分离性能

注：图（d）中根据混合基质膜性能计算MOF渗透系数，根据测得的吸附等温线获得吸附系数，利用以上两个数据计算测试条件下的气体在Y-fum中的扩散系数。正异丁烷在Y-fum中的扩散系数还可以通过对晶体进行吸附动力学测试得到。图（e）中对于Y-fum-fcu-MOF，刚性的富马酸配体使孔径保持在约4.7Å。Eu-naph-fcu-MOF中，大体积的萘二甲酸配体因其可旋转性使孔道具有柔性，最大尺寸可达约5.0Å。图（f）中实验进料条件为20/20/60 H_2S/CO_2/CH_4、0.67MPa和35℃。黑实线为由玻璃态聚合物构成的H_2S/CO_2/CH_4体系分离上限，绿色虚线和蓝色虚线分别为约10%（质量分数）和约18%（质量分数）RE-fcu-MOF的复合膜；18%（质量分数）Y-fum-fcu-MOF/6FDA-DAM在5.5MPa、35℃下对20/20/60 H_2S/CO_2/CH_4的分离性能也含在其中

针对CO_2/H_2S/CH_4体系，Liu等[18]还研究了含氟MOF——[Ni[NbOF$_5$](pyz)$_2$]$_n$（NbOFFIVE-1-Ni）、[Ni[AlF$_5$](pyz)$_2$]$_n$（AlFFIVE-1-Ni）和[Cu[SiF$_6$](pyz)$_2$]$_n$（SIFSIX-3-Cu）对膜性能的影响，如图6-24所示。其中，NbOFFIVE-1-Ni和AlFFIVE-1-Ni对三种气体具有相似的吸附性能，SIFSIX-3-Cu的吸附性能略低，这主要与孔道尺寸相关。为提高与6FDA-DAM的界面相互作用，还对

NbOFFIVE-1-Ni 进行氰基改性。气体渗透性测试结果表明 SIFSIX-3-Cu/6FDA-DAM 和 NbOFFIVE-1-Ni/6FDA-DAM 两种混合基质膜的 CO_2 渗透系数有明显提高，而 CO_2/CH_4 分离选择性均低于 6FDA-DAM 纯膜，这是由复合膜两相界面存在的缺陷所致。将经过氰基改性的 NbOFFIVE-1-Ni 掺入到 6FDA-DAM 中，虽然依旧存在分子级别的界面缺陷，但是气体在 MOF 内部以及两相界面处的传递得到加强，膜的渗透系数和选择性均有所提高。NbOFFIVE-1-Ni/6FDA-DAM 和 AlFFIVE-1-Ni/6FDA-DAM 两类混合基质膜的分离性能均超过 Robeson 上限，一方面是由于两类 MOF 的吸附能力强于 6FDA-DAM，另一方面则是因为严整的孔道结构促进了分子的扩散，并展现出优异的分子筛分性质，提高了酸性气体的扩散选择性。

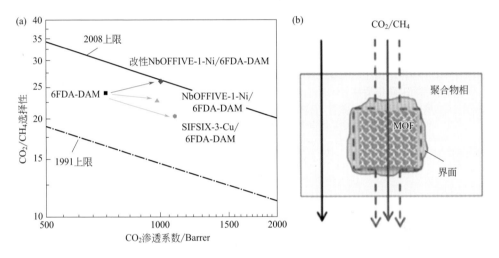

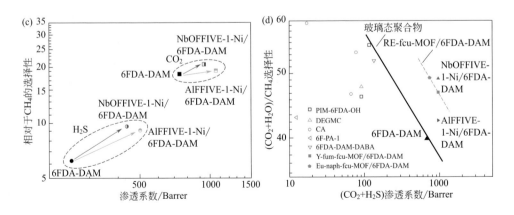

图6-24

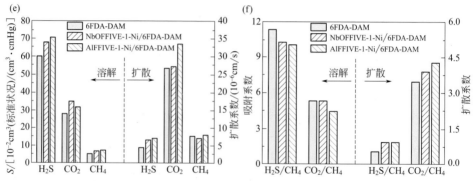

图6-24 （a）6FDA-DAM纯膜、SIFSIX-3-Cu/6FDA-DAM、NbOFFIVE-1-Ni/6FDA-DAM和改性NbOFFIVE-1-Ni/6FDA-DAM混合基质膜对CO_2/CH_4的分离性能；（b）混合基质膜中CO_2/CH_4分离行为示意图；（c）6FDA-DAM纯膜、NbOFFIVE-1-Ni/6FDA-DAM和AlFFIVE-1-Ni/6FDA-DAM混合基质膜对$H_2S/CO_2/CH_4$单组分的分离性能；（d）6FDA-DAM纯膜、NbOFFIVE-1-Ni/6FDA-DAM和AlFFIVE-1-Ni/6FDA-DAM混合基质膜对$H_2S/CO_2/CH_4$混合组分的分离性能及文献报道数据；（e）气体吸附系数和扩散系数；（f）吸附选择性和扩散选择性

注：为获取模拟天然气（总压为0.69MPa的20/20/60 $H_2S/CO_2/CH_4$）中单组分的渗透系数，纯H_2S或CO_2测试压力为0.138 MPa，纯CH_4测试压力为0.414MPa，温度均为35℃。图（a）中操作条件为进料50/50 CO_2/CH_4、0.69MPa、35℃

第三节
二维填料构筑的混合基质膜

　　二维填料指具有微米/亚微米级别侧边尺寸、厚度仅在纳米或亚纳米级别的纳米材料。通常，二维材料高长宽比和高比表面积的特性使混合基质膜在界面或层间形成长程有序孔道，提供了跨膜传质通道。

一、氧化石墨烯（GO）混合基质膜

　　氧化石墨烯是近年来发展最为迅猛的新型二维材料。Geim 等在石墨烯及其衍生物氧化石墨烯的研究方面做出了开创性贡献。高机械强度、良好的化学稳定性、低传质阻力、原子级别的厚度、均匀的孔径分布，促进了新型二维膜材料的发展。当然，要制备出符合工业应用条件的 GO 膜还存在许多挑战，例如：提高膜的机械强度、消除膜的缺陷、控制膜的结构。金万勤等提出了一种在聚合物环境中组装 GO 的制膜方法（如图 6-25 所示）。此方法的关键在于充分利用 GO 和聚合物间的相互作用力，促进 GO 纳米片形成规整的层状结构，这样层间孔道可以产生分子筛分作用。

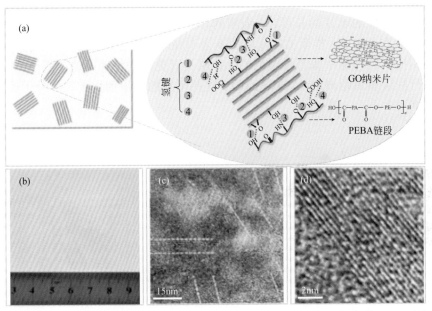

图6-25 （a）基于氢键作用GO纳米片与聚合物进行自组装；（b）含0.1%（质量分数）GO的复合膜；（c）GO-1膜截面TEM；（d）GO-1膜截面TEM放大图

1. GO/PEBA 混合基质膜

GO 纳米片含有丰富的极性基团，如羟基、羰基和羧基，它们的电负性中心是氧原子，这有利于形成氢键，而且 GO 的 O/C 比值越大，氢键的作用越强。因此，金万勤等选择含有—N—H—、H—N—C=O 和 O—C=O 基团的 PEBA 作为聚合物相，并用乙醇/水作溶剂分散 GO 纳米片。

图 6-25（c）为 GO/PEBA 复合膜断面 TEM 照片，从中可以看到复合膜的形貌特征。层状 GO 纳米片的厚度为 6～15nm 且被无定形 PEBA 包围。从图 6-25（d）可以清楚地看到规整排布的层状结构。TEM 结果显示，受氢键作用的影响，GO 层状结构的层间距为 0.7nm，比在溶液环境下形成的 GO 纳米片的层间距（0.79nm）更小，GO 层间距的减小提高了气体筛分作用。考虑到层间距包含 GO 的厚度（0.35nm），如不考虑 GO 厚度，则其层间距约为 0.35nm，这一尺寸与常见工业气体的动力学直径相仿，如 CH_4（0.38nm）、N_2（0.36nm）、CO_2

（0.33nm）和 H_2（0.29nm）。因此，含有 GO 片层的膜为气体分离提供了选择性传输通道。

如图 6-26 所示，在聚合物环境下 GO 纳米片组装堆积的方向是散乱的，除了平行堆积的 GO 纳米片间曲折的通道，倾斜的甚至是垂直的纳米片构筑了较直的和竖立的通道。Giem 等认为 GO 层间通道的有效传输长度为 Lh/d，这里 L 为 GO 纳米片的长度，h 为膜的厚度，d 为层间距。根据 TEM 测试结果［图 6-25（d）］，推断 GO 片层的 h 为 500nm，d 为 0.7nm。与平行堆叠的片层相比，膜样品中垂直堆叠的 GO 片层具有更小的传输距离（等于 L），约是平行片层通道距离的 1/700。因此，这些垂直的通道加快了气体分子透过膜的速度。

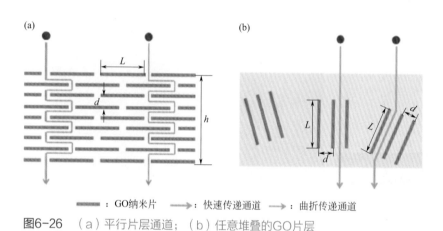

━━━：GO纳米片　　──→：快速传递通道　　⇢⇢⇢：曲折传递通道

图6-26　（a）平行片层通道；（b）任意堆叠的GO片层

如图 6-27 所示，与其他气体相比，GO 膜对 CO_2 的传输速度最快，其他气体在 GO 膜的渗透系数都很低，各气体的渗透系数顺序为 $CO_2 > H_2 > CH_4 > N_2$。增加 GO 纳米片的数量，膜对 CO_2 的渗透系数和选择性均有所提高，这突破了聚合物膜因渗透系数 / 选择性相互制约造成的性能上限。这一变化表明规整的层状 GO 结构为 CO_2 提供了快速选择性通道，在 CO_2/N_2 体系中，膜对 CO_2 的渗透系数达到 100Barrer，二者的分离选择性为 91。如图 6-27（b）所示，GO-1 对 CO_2/N_2 的分离性能超过了已经报道的聚合物材料膜［包括热致重排（TR）聚合物、自具微孔聚合物（PIM）］、无机材料膜（如碳膜、二氧化硅和分子筛）以及混合基质膜的性能上限。此外，还对 CO_2/N_2 体系进行了长达 6000min 的气体渗透测试［图 6-27（c）］，测试结束后膜上未发现任何缺陷，这表明该膜在实际应用条件下也是稳定的。

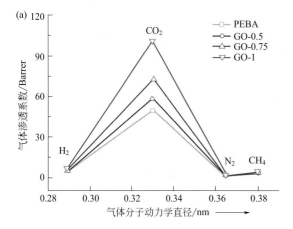

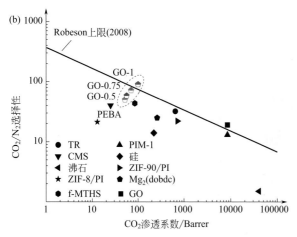

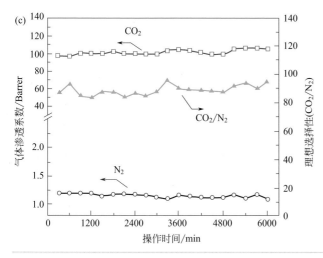

图6-27

不同GO含量的复合膜气
体渗透系数：（a）H$_2$、
CO$_2$、N$_2$和CH$_4$的渗透系
数；（b）PEBA、GO-
0.5、GO-0.75和GO-1对
CO$_2$和N$_2$的分离性能比较；
（c）GO-1对CO$_2$/N$_2$长期
稳定性测试

注：以上实验均在0.3MPa和25℃
下完成，1Barrer=10^{-10}cm^3（标准
状况）·cm/(cm^2·cmHg)

2. GO 物理化学性质对混合基质膜的影响

金万勤等进一步研究了 GO 物理化学性质（GO 含量、GO 横向尺寸和 GO 氧化程度）对气体传输性质的影响。分别将横向尺寸在 100 ～ 200nm、1 ～ 2μm 和 5 ～ 10μm 的 GO 纳米片命名为 GO-S、GO-M 和 GO-L，这些纳米片的厚度均在 1nm 左右。不同的纳米片对聚合物链的运动影响不同，构筑的传输通道的长度也不尽相同。在所得到的膜中，对 CO_2 渗透系数最高的是 GO-M/PEBA，它含有 0.1%（质量分数）的中等横向尺寸 GO（1 ～ 2μm），见图 6-28。该膜对体积比为 1:1 的 CO_2/N_2 的混合气进行分离，CO_2 渗透系数可达 110Barrer，CO_2/N_2 选择性为 80，这一性能超过了性能上限。而且，该 GO/PEBA 混合基质膜经长期测试实验也展现出了良好的稳定性。

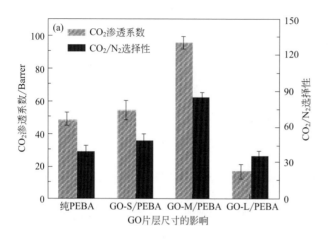

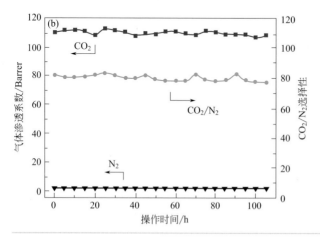

图6-28

（a）GO横向尺寸对CO_2/N_2纯气测试性能的影响；（b）GO-M/PEBA膜对CO_2/N_2体系的长期稳定性测试

注：图（a）中GO含量均为0.1%（质量分数），图（b）中测试湿度为85%，原料气组成为CO_2/N_2=1:1（体积分数）

此外，GO 的氧化程度也会影响 GO 层间通道的气体传输性质[19]。如图 6-29 所示，GO 上的含氧官能团会同时影响层间距和在聚合物环境下的 GO 对 CO_2 分子的吸附能力。

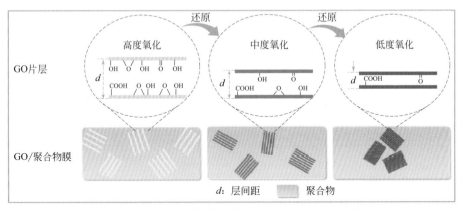

图6-29 不同氧化程度的GO片层微结构与相应的GO/聚合物复合膜

在 180℃下将 GO 粉末分别进行 0h、5h、10h 和 24h 的还原处理，调整 GO 含氧官能团的含量，最终得到 GO 纳米片 O/C 比分别为 0.65、0.55、0.41 和 0.23，以上结果均由 XPS 表征得到［图 6-30（a）］。对 O/C 比为 0.23 和 0.41 的 GO 来说，扣除单层碳原子的厚度 0.34nm，它们的层间距分别为 0.04nm 和 0.27nm，这个间隙任何分子都难以穿过。O/C 比为 0.55 的 GO 的层间距为 0.36nm，这一尺寸落在 CO_2（动力学直径 0.33nm）和 N_2（动力学直径 0.364nm）之间，因此该材料可用于构筑此体系的分离通道。但是 O/C 比为 0.65 的 GO 材料，其片层

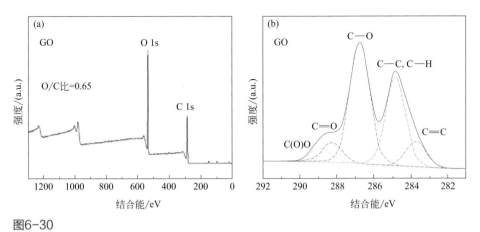

图6-30

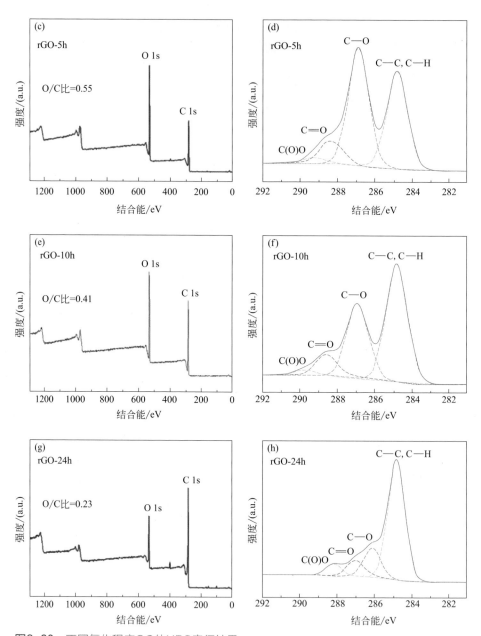

图6-30　不同氧化程度GO的XPS表征结果

注：（a）、（c）、（e）和（g）为C1s的宽谱；（b）、（d）、（f）和（h）为C1s的窄谱

间的尺寸增大到0.5nm，提高了气体的渗透系数，但是对气体分子的扩散几乎起不到选择性作用。GO氧化程度对膜的气体吸附性能具有很大影响。如图6-31（b）

所示，通过测试不同的膜对 CO_2/N_2 的吸附性，发现 CO_2 在氧化程度高的 GO 膜上吸附效果显著，而 N_2 却难以吸附到膜上。这是由于 GO 纳米片上的极性基团（如—COOH 和—OH）与 CO_2 之间存在相互作用。相比之下，GO-0.65 对 CO_2 分子的吸附作用最强，是 PEBA 纯膜的 1.64 倍。可以发现 GO 纳米片赋予了 GO/PEBA 膜优异的 CO_2 吸附性能和传输性能，这对构筑快速的 CO_2 选择性通道具有重要意义。

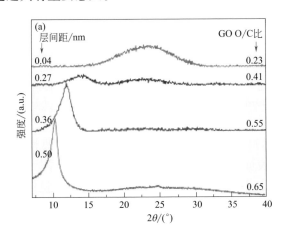

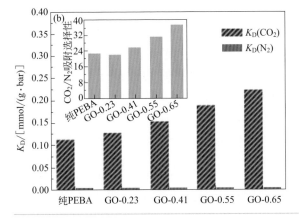

图6-31

（a）不同氧化程度GO的XRD图谱；（b）不同氧化程度GO膜对CO_2和N_2纯气的吸附性能比较

注：图（b）操作温度为25℃，压力为0～0.1MPa。所有膜的吸附行为遵循单位点 Langmuir 模型，K_D 是亨利系数。插图为CO_2/N_2吸附选择性比较

　　如图 6-32 所示，与纯 PEBA 膜相比，GO-0.55 复合膜的 CO_2 渗透系数和选择性均有所提高，同时突破了"制约关系"上限。此外，GO-0.55 对 CO_2/N_2 的分离性能已经超过了当前的许多膜材料，例如：分子筛、二氧化硅、CMS、纯 GO 膜、PIM 以及含有 MOF 的膜，其 CO_2 渗透系数为 97Barrer，CO_2/N_2 选择性为 86，这也是膜材料在 CO_2/N_2 体系的最高分离性能。控制 GO 的氧化程度可以控制 GO 纳米片的尺寸和 CO_2 吸附性能，提高膜对 CO_2 的分离性能，为其更好地推广到实际碳捕集应用奠定了基础。

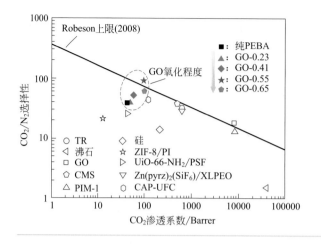

图6-32
实验样品与其他膜对CO_2/N_2的分离性能对比

除层间通道以外，GO材料的高长宽比、高比表面积和易改性等特点使得含有GO的混合基质膜的表面具有连续的传输通道。Jiang等[20]提出采用两性离子GO纳米片构筑水分子快速传输通道，促进水分子跨膜传输。两性离子是含有阴阳离子基团的超亲水材料，它可以提供水分子相互作用位点。经自由基聚合反应，GO表面接枝了大量的SBMA（磺基甜菜碱甲基丙烯酸酯，一种两性离子），接枝量为$1.67SBMA/nm^2$，这种经过改性的PSBMA@GO亲水疏乙醇。海藻酸钠（SA）掺入PSBMA@GO后，水分子传递通道的物理和化学性质均得到优化。其一，二维GO片层加强了水传输通道的连续性；其二，GO表面高含量的两性离子增强了膜的亲水疏乙醇能力。在这二者的协同作用下，该复合膜的通量和水/乙醇分离因子均有所提高。尤其是PSBMA@GO含量为2.5%（质量分数）的复合膜，其通量达到$2140g/(m^2 \cdot h)$（是纯SA膜的1.64倍），水/乙醇分离因子为1370（是纯SA膜的2.5倍）。

为了用GO构筑CO_2传输通道，Wu等[21]利用聚乙二醇（PEG）和聚乙烯亚胺（PEI）对GO纳米片进行修饰，得到PEG-PEI-GO，并将其掺入到PEBA中，从而优化CO_2的多种选择性。首先，二维GO纳米片在聚合物基质和填料间形成了一个大面积、刚性的界面。其次，PEG链段上的EO基团对CO_2有很强的亲和作用，提高了吸附选择性。此外，PEI上的丰富的1°、2°和3°氨基可以跟CO_2发生可逆反应，提高了反应选择性。因此，该混合基质膜对CO_2的渗透系数和选择性都很优异。当PEG-PEI-GO的掺杂量为10%（质量分数）时，复合膜的CO_2渗透系数为1330Barrer，CO_2/CH_4的选择性为45，CO_2/N_2的选择性为120，超过了2008年性能上限。

3. GO/SA 混合基质膜

在渗透汽化分离体系中，聚合物膜吸附特定溶剂分子而产生的溶胀现象会增大高分子链段间的自由体积，导致选择性下降。为了抑制这种现象，研究者开发了一系列聚合物交联方法，包括物理交联、化学交联以及离子作用。将 GO 掺入聚合物可以有效构筑水分子快速传递通道从而提高膜的分离性能。对于 GO 掺杂的聚合物材料，最常见的相互作用力为氢键作用和分子间作用力，通过这些作用能够引导 GO 有序堆叠或者在聚合物基质中均匀分散，但是这些作用力相对较弱，无法满足增强聚合物内部结构的需求。综合考虑聚合物高分子链段的交联以及 GO 于其中的良好掺杂状态，Guan 等 [22] 选用亲水性的海藻酸钠（sodium alginate，SA）作为混合基质膜连续相材料、GO 作为掺杂相填充材料，阳离子则作为介质引导两者的复合。由于 SA 链段可以通过二价阳离子形成螺旋状链段包裹阳离子的交联结构，同时二价阳离子与 GO 也存在较强的相互作用，所以在阳离子介质作用下 GO 可以和 SA 较好地复合并且 SA 内部链段也得到了部分的交联，如图 6-33 所示。另外，作为阳离子介质的 CaLS 含有的 LS^{2-} 还可以起到促进水分子渗透的效果。

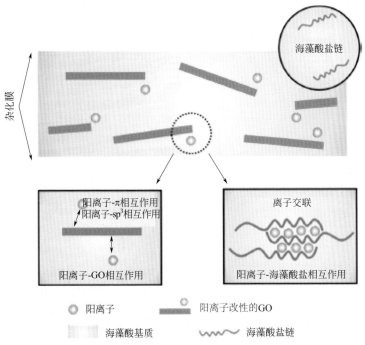

图6-33　基于阳离子介质作用下的GO/SA杂化膜结构示意图

采用 10%（质量分数）水/乙醇进料液在 70℃ 下测试 SA 纯膜和 SA-CG（阳离子修饰的 GO）杂化膜的渗透汽化性能。当 CG 的掺杂量为 1%（质量分数）时，杂化膜的渗透汽化性能达到最优值，其通量为 3200g/(m²·h)，分离因子接近 5600。当掺杂量低于 1%（质量分数）时，膜的通量和分离因子均随着掺杂量的增加而逐渐增大。T_g 的结果虽然表明相比较于纯膜，杂化膜中链段的移动受到了片层的限制，但是掺杂相 CG 片层特殊的亲水性质使得杂化膜的通量比纯膜的高。然而当掺杂量高于 1%（质量分数）时，膜的通量和分离因子又出现了下降。过多的掺杂相填充材料会在聚合物基质中发生严重的团聚现象，导致链段移动大受限制，因而会具有更高的 T_g 值。不同掺杂量下膜的内部结构是不同的。如图 6-34 所示，在较低的掺杂量下（≤1%，质量分数），CG 片层倾

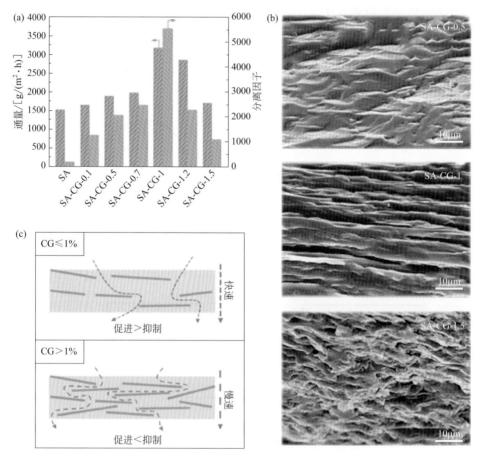

图6-34 （a）SA膜和不同掺杂量下SA-CG膜的分离性能；（b）不同掺杂量下SA-CG膜断面SEM图；（c）不同掺杂量下SA-CG膜内传质通道示意图

向于水平排布在聚合物内部，而当掺杂量过高时（＞1%，质量分数），则会发生明显的片层团聚和卷曲。在这种高掺杂量的情况下，CG片层亲水性表面的优势无法完全展现，使得膜层的水吸附性能也不能达到这种掺杂量下应有的性能。另外，由于片层在膜内均是倾向于水平分散，过多的片层反而会使得膜内的传质通道更为曲折，加上链段移动本身受到高掺杂量片层的较大限制，进一步增加了传质阻力。因此，CG的水优先吸附特性和CG片层限制链段移动或加长传质通道这两个因素便形成了一对效果相反的作用，如图6-34（c）所示。过高掺杂量下片层对传质的限制作用要大于片层促进水传递的贡献作用，导致通量下降。另外在高掺杂量时，片层并不能给予膜层比最优掺杂量下更高的促进传质作用，反而会在膜内的聚合物基质和片层界面处产生非选择性的缺陷，降低了分离因子。

如图6-35（a）所示，对SA-CG-1膜进行长期测试以观察其稳定性，在200h左右的连续测试过程中，70℃下SA-CG-1膜分离10%（质量分数）水/乙醇进料液保持了优异的分离性能，前50h膜通量的下降可能是由于SA高分子链段的移动性。此后，膜通量稳定在2500g/($m^2 \cdot$h)左右，渗透侧水含量达到99.7%（质量分数）以上。和目前报道的基于SA的杂化膜和基于GO的叠层膜的渗透汽化乙醇脱水性能相比，SA-CG膜有着非常出色的表现。

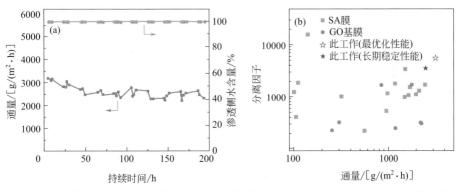

图6-35 （a）SA-CG-1膜长期稳定性测试性能曲线；（b）SA-CG-1膜和文献性能比较图

二、类石墨相氮化碳（g-C_3N_4）混合基质膜

类石墨相氮化碳（g-C_3N_4）是通过范德华力连接而成的层状二维材料。如图6-36所示，g-C_3N_4层间缝隙为气体小分子的快速传输通道，另外，片层表面分布的3.11Å左右的孔形成了具有筛分特性的孔道。g-C_3N_4可以作为二维填充颗

粒掺入到聚合物材料中,提高膜的气体渗透性能。

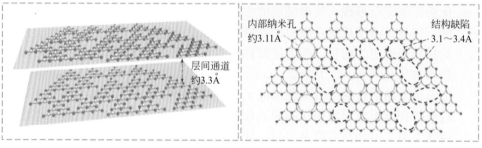

内部纳米孔
约3.11Å

层间通道
约3.3Å

结构缺陷
3.1~3.4Å

图6-36 g-C$_3$N$_4$纳米片结构示意图

Cheng 等[23]分别采用双氰胺(dicyandiamide)和三聚氰胺(melamine)为单体,烧结得到DCN(dicyandiamide-sintered g-C$_3$N$_4$)和MCN(melamine-sintered g-C$_3$N$_4$)两种g-C$_3$N$_4$,并对两类g-C$_3$N$_4$进行热氧化打孔处理,探究不同后处理条件下,g-C$_3$N$_4$掺入到PEBA中对CO$_2$/N$_2$分离性能的影响。结果表明DCN比MCN对CO$_2$的亲和性更好,由其构筑的混合基质膜性能更高。如图6-37所示,经过不同热氧化处理的g-C$_3$N$_4$展现出不同的形貌,其掺入到PEBA中构成的气体传输通道也不尽相同。在2h(DCN-2)、4h(DCN-4)、6h(DCN-6)处理下,g-C$_3$N$_4$分别呈现多层、少层和多孔的形貌,这也导致了各个混合基质膜在分离性能方面的差异。

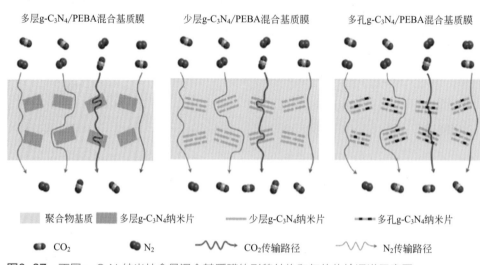

多层g-C$_3$N$_4$/PEBA混合基质膜　　　少层g-C$_3$N$_4$/PEBA混合基质膜　　　多孔g-C$_3$N$_4$/PEBA混合基质膜

聚合物基质　　多层g-C$_3$N$_4$纳米片　　少层g-C$_3$N$_4$纳米片　　多孔g-C$_3$N$_4$纳米片

CO$_2$　　　　N$_2$　　　　CO$_2$传输路径　　　　N$_2$传输路径

图6-37 不同g-C$_3$N$_4$纳米片含量混合基质膜的形貌结构和气体传输通道示意图

加入多层（DCN-2）或少层（DCN-4）的 g-C₃N₄ 都可以提高 CO₂/N₂ 的选择性，如图 6-38 所示。但是相比之下，少层 g-C₃N₄ 厚度薄，传质阻力小，展现出更高的 CO₂ 渗透性。与之相比，经过 6h 热氧化打孔处理得到的多孔 g-C₃N₄ 纳米片的渗透系数最高，但是其分离选择性最低，这可能是由于在处理过程中产生的尺寸过大的孔道降低了气体传输的阻力，但是同时也弱化了纳米片的筛分能力。为进一步分析此类混合基质膜的传质机理，Cheng 等根据溶解-扩散模型分别讨论了吸附和扩散两个过程的变化情况。结果表明，随 g-C₃N₄ 纳米片

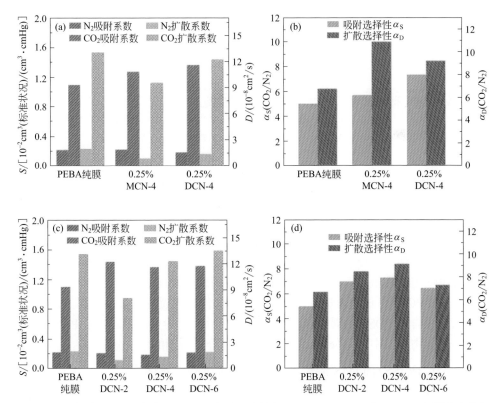

图6-38 （a）PEBA纯膜、0.25%（质量分数）MCN-4/PEBA和0.25%（质量分数）DCN-4/PEBA混合基质膜对CO₂和N₂的吸附系数和扩散系数；（b）PEBA纯膜、0.25%（质量分数）MCN-4/PEBA和0.25%（质量分数）DCN-4/PEBA混合基质膜对CO₂和N₂的吸附选择性和扩散选择性；（c）PEBA纯膜、0.25%（质量分数）DCN-2/PEBA、0.25%（质量分数）DCN-4/PEBA和0.25%（质量分数）DCN-6/PEBA混合基质膜对CO₂和N₂的吸附系数和扩散系数；（d）PEBA纯膜、0.25%（质量分数）DCN-2/PEBA、0.25%（质量分数）DCN-4/PEBA和0.25%（质量分数）DCN-6/PEBA混合基质膜对CO₂和N₂的吸附选择性和扩散选择性

的掺入，膜对 CO_2 的吸附系数以及 CO_2/N_2 吸附选择性均有所提升，这主要得益于 g-C_3N_4 纳米片优异的 CO_2 亲和能力。由于具有出色的筛分能力，膜的扩散选择性也随 g-C_3N_4 的掺入而提高，但是另一方面，g-C_3N_4 也增大了气体扩散通过膜的阻力，因此混合基质膜的扩散系数有所减小。总之，掺入了纳米片的混合基质膜比 PEBA 纯膜具有更高的吸附系数和扩散选择性。相比之下，掺入了 0.25%（质量分数）DCN-4 的混合基质膜展现出最优性能，其 CO_2 渗透性为 33.3GPU，CO_2/N_2 选择性为 67.2。这主要是因为 DCN-4 一方面增强了膜对 CO_2 的吸附系数和吸附选择性，另一方面少层的结构特点降低了气体传输阻力，提高了 CO_2 的渗透性。

第四节
其他纳米颗粒构筑的混合基质膜

一、多面体低聚倍半硅氧烷（POSS）混合基质膜

POSS 是一种具有笼状结构的分子二氧化硅，其内部含有无机硅和氧核（$SiO_{1.5}$），外部含有有机取代基。与常见的纳米颗粒不同，POSS 尺寸很小（2nm）且具有柔性，可以在其顶点处的硅原子接枝其他基团，使其在各种聚合物中的分散更均匀，甚至可以达到分子级分散。由于丰富的官能化特性和优异的聚合物相容性，POSS 已成为渗透汽化、气体分离和渗透等过程的重要材料。Chung 等[24-26]已经在含有 POSS 的混合基质膜方面展开了大量的工作，证实了 POSS 可以在多种聚合物材料中均匀分散，甚至可以达到分子级别的均匀分散。

1. POSS/PDMS 混合基质膜分离正丁醇／水体系

金万勤等将八甲基 -POSS（图 6-39）掺入到 PDMS 中分离正丁醇和水[27]。分子在聚合物膜中的扩散行为主要取决于聚合物链段的构象。对混合基质膜而言，聚合物链的堆积和运动会受到填充颗粒的影响。金万勤等利用径向分布函数（RDF）分别对 PDMS 纯膜和 POSS/PDMS 混合基质膜进行分析，该方法通过对分子间和分子内进行分析得到聚合物链的运动行为。结果表明，POSS 促进 PDMS 链分子间的相互作用［如图 6-40（a）所示］，这也使得链段堆积更加紧密，PDMS 膜的自由体积尺寸更小。此外，为研究 PDMS 和 POSS 在复合膜中的运动情况，金万勤等还计算了 PDMS 链和 POSS 分子中硅、氧两种原子的均方位移和自扩散系数，结果发现 POSS 促进了 PDMS 主链的运动［如图 6-40（b）所示］。同样，

复合膜中 POSS 分子的运动（POSS 在聚合物中的相对运动速率）也随 POSS 掺杂量的增加而加快。

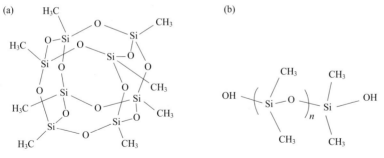

图6-39 （a）八甲基-POSS分子结构；（b）ω-二羟基-PDMS

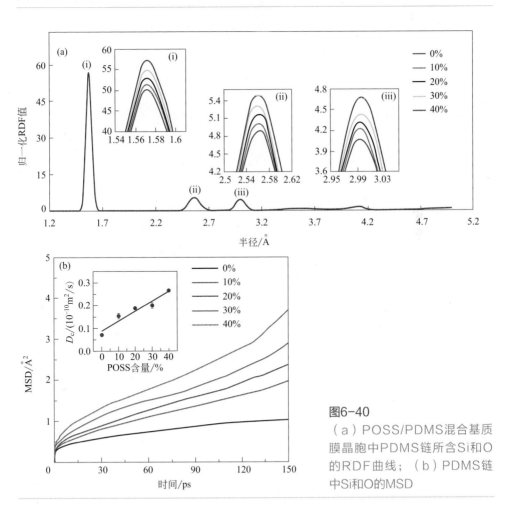

图6-40
（a）POSS/PDMS混合基质膜晶胞中PDMS链所含Si和O的RDF曲线；（b）PDMS链中Si和O的MSD

分子间良好的相互作用有利于 POSS 在 PDMS 中的均匀分散并形成完美的界面形貌。图 6-41 为 POSS/PDMS 的铸膜液和制得的膜，从图中可以清晰看到 POSS 颗粒在铸膜液中分散均匀，所制混合基质膜形貌均一。图 6-41（b）为以陶瓷为支撑体的 POSS/PDMS 混合基质膜的断面 SEM 照片，从图中可以看出均相的、无缺陷的分离层紧密地结合在支撑体上，其厚度大概有 9μm。图 6-41（c）为 TEM 图像，从中可以看到复合膜的界面情况良好，POSS 颗粒紧紧地嵌在 PDMS 中且没有界面孔。从图 6-41（d）放大图中可以看到二者之间具有良好的兼容性，PDMS 链紧密地吸附在 POSS 表面，形成了 1 ～ 2nm 的表面，这个厚度大概有 6 ～ 12 个 PDMS 重复单元结构的长度。

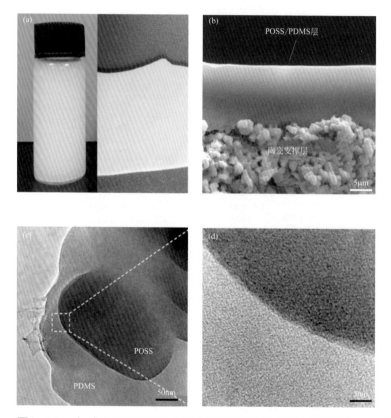

图6-41　（a）POSS/PDMS混合基质膜浸渍铸膜液及平板膜；（b）以陶瓷为支撑体的 POSS/PDMS复合膜断面SEM照片；（c）、（d）40%（质量分数） POSS/PDMS混合基质膜TEM照片

采用正电子湮灭寿命谱表征混合基质膜的自由体积（如图 6-42 所示），

结果表明掺入 POSS 会引起复合膜自由体积的有序变化，当掺入大量的 POSS 后，小尺寸的自由体积数量逐步减少，大尺寸的自由体积数量逐步增多。因此可以通过改变混合基质膜中分子间的相互作用来调整自由体积。经过调整，POSS/PDMS 复合膜含有两类自由体积，大尺寸自由体积直径为 0.746 ～ 0.784nm，小尺寸自由体积直径为 0.334 ～ 0.404nm，正丁醇（动力学直径 0.505nm）和水（动力学直径 0.296nm）可以用这两类自由体积进行有效分离。

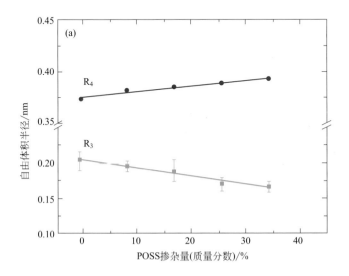

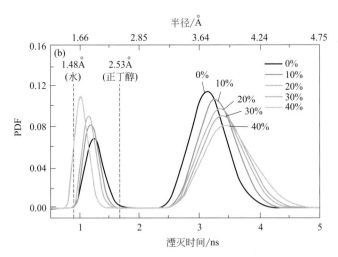

图6-42 （a）POSS掺杂量对POSS/PDMS复合膜自由体积尺寸的影响；（b）POSS/PDMS复合膜自由体积尺寸分布

在 40℃ 下用 POSS/PDMS 混合基质膜对含正丁醇 1%（质量分数）的水溶液进行渗透汽化测试，随 POSS 掺杂量的增多，复合膜对正丁醇的渗透系数和选择性同时提高（如图 6-43 所示）。当 POSS 的掺杂量达到 40%（质量分数）时，复合膜的渗透系数和选择性分别是纯膜的 3.8 倍和 2.2 倍，这一性能突破了传统聚合物膜渗透系数与选择性之间的制约关系限制。通过选取存在较强相互作用的两相材料来提高复合膜的分离性能的策略可以应用到其他膜的制备过程中。

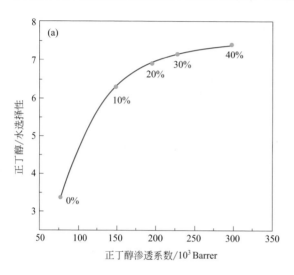

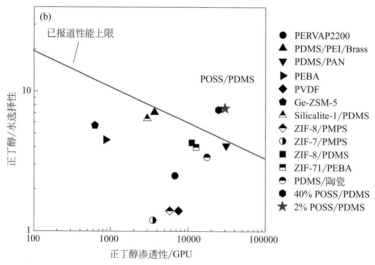

图6-43　（a）POSS/PDMS复合膜对正丁醇的渗透系数和选择性；（b）各类亲有机型PV膜在正丁醇/水分离方面的性能比较

2. 反应掺杂法制备 POSS/PDMS 混合基质膜

POSS 在混合基质膜中的分散情况会对膜的分离性能有显著影响。为了进一步提高 POSS 在 PDMS 膜中的分散情况进而提高该混合基质膜在正丁醇 / 水分离方面的性能，Chen 等 [28] 提出利用反应掺杂法使 POSS 在 PDMS 中以分子形式分散。如图 6-44 所示，首先在铂系催化剂的作用下，POSS 中的—Si—CH═CH$_2$ 与三乙氧基硅烷中的 Si—H 进行加成反应，在乙烯基 -POSS 上接枝了三乙氧硅基［—Si(C$_2$H$_5$O)$_3$］。经过改性的 POSS 可与含有羟基（—OH）的 PDMS 通过缩合反应形成 Si—O—Si 共价键，从而实现 POSS 以分子级别的形式分散。

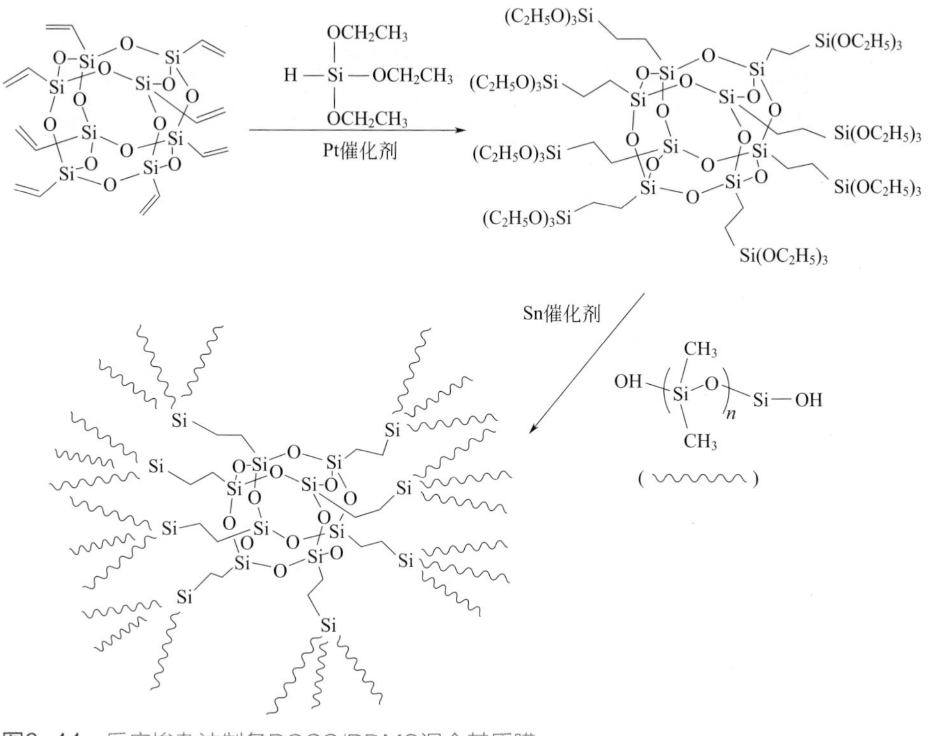

图6-44 反应掺杂法制备POSS/PDMS混合基质膜

将该 POSS/PDMS 铸膜液用滴涂法涂覆到多孔陶瓷管外壁上制成复合膜。与经传统的物理掺杂法制得的混合基质膜不同，在经反应掺杂的 POSS/PDMS 混合基质膜中，POSS 在 PDMS 中具有良好的分散性，这一点也得到了 SEM 和 AFM 结果的证实。如图 6-45 所示，当 POSS 的掺杂量在 2% ～ 6%（质量分数）时，POSS/PDMS 混合基质膜表面光滑，与 PDMS 纯膜无异，这主要得益于 POSS 与 PDMS 之间的化学键使 POSS 在其中以纳米甚至是分子级别分散。随 POSS 掺杂量的提高，复合膜表面呈现出明显的相分离现象，这可能是由于 PDMS 中的羟基已被完全占满，不能再与 POSS 形成共价键，进而 POSS 大量团聚使复合膜形成缺陷。

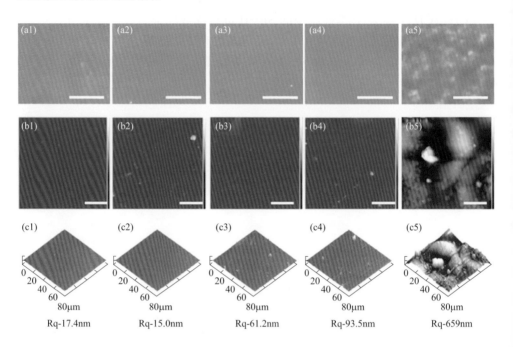

图6-45　POSS/PDMS混合基质膜的（a）SEM；（b）AFM 2D；（c）AFM 3D图

注：POSS的掺杂量分别为：（1）0%（质量分数）；（2）2%（质量分数）；（3）4%（质量分数）；（4）6%（质量分数）；（5）12%（质量分数）

为探究 POSS/PDMS 陶瓷管外膜对正丁醇/水的渗透汽化性能，实验分别对膜的吸附性和扩散性进行研究。如图 6-46（a）所示，作为一种典型的疏水材料，PDMS 对水的接触角大于 90° 而对正丁醇的接触角小于 90°，掺入了 POSS 的 PDMS 混合基质膜在保持疏水性的同时对正丁醇的亲和作用有所加强，提高了对正丁醇的吸附选择性。为探究 POSS/PDMS 混合基质膜对正丁醇和水扩散性的影响，实验采用正电子湮灭寿命谱对复合膜的自由体积进行测定。如图 6-46（b）所示，随 POSS 的掺入，混合基质膜的大尺寸自由体积增大，小尺寸自由体积减小，膜对正丁醇的渗透系数有所提高，而对水分子的截留效果增强，因此膜对正丁醇和水的扩散选择性得到提升。当 POSS 掺杂量为 2%（质量分数）时，此类

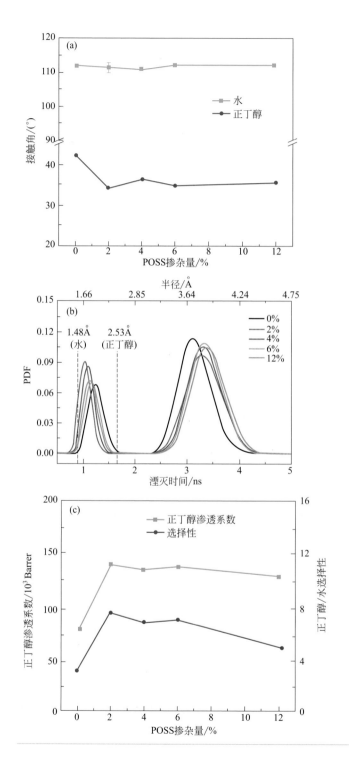

图6-46
（a）不同掺杂量下
POSS/PDMS复合膜对
水和正丁醇的接触角；
（b）POSS/PDMS混
合基质膜自由体积分布
曲线；（c）POSS掺杂
量对POSS/PDMS混合
基质膜对正丁醇/水分离
性能的影响；

注：图（c）进料条件为40℃
下1%（质量分数）的正丁
醇/水溶液

POSS/PDMS 混合基质膜的正丁醇渗透性和正丁醇 / 水分离选择性比纯膜分别提高了 78% 和 124%，这一效果与经物理掺杂得到的 40%（质量分数）POSS 的 PDMS 混合基质膜相当。因此，反应掺杂法可以作为一种有效提高混合基质膜性能的掺杂方法。

二、TiO_2混合基质膜

二氧化钛（TiO_2）因对某些气体（如 CO_2）具有优异的吸附选择性，可作为混合基质膜的填充颗粒。其介孔尺寸的孔道结构提高了混合基质膜中的活性位点数量，促进了气体分子在膜中的扩散过程。为充分利用 TiO_2 在气体传输方面的优势，Zhu 等[29] 将传统的商品化 TiO_2 作为填充物掺杂到 PEBA 聚合物基质中制备 TiO_2/PEBA 混合基质膜，用于 CO_2/N_2 的分离。如图 6-47 所示，为提高混合基质膜对 CO_2 的优先吸附性，采用多巴胺（DA）和聚乙烯亚胺（PEI）通过一步法对 TiO_2 表面进行氨基化修饰。DA 起到了桥联的作用，而 PEI 含有大量的氨基，有助于 CO_2 的分离。

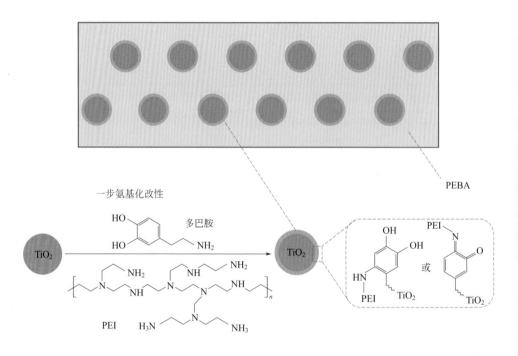

图6-47 经多巴胺/聚乙烯亚胺接枝的TiO_2与PEBA掺杂的混合基质膜示意图

如图 6-48 所示，当未改性的 TiO_2 负载增加到 3%（质量分数）时，混合基质膜的 CO_2 渗透系数和 CO_2/N_2 选择性逐渐增加。随着 TiO_2 负载量的进一步增加，CO_2/N_2 选择性开始呈现降低趋势，CO_2 的渗透系数继续增加。当 TiO_2 负载量上升到 4%（质量分数）时，CO_2/N_2 选择性下降到 45，接近于纯 PEBA 膜的固有选择性，表明可能存在由基质中的纳米颗粒团聚引起的非选择性缺陷。与纯 PEBA 膜相比，TiO_2/PEBA 膜的 CO_2 渗透系数提高 193%，CO_2/N_2 选择性提高 47%，最佳负载量为 3%（质量分数）。

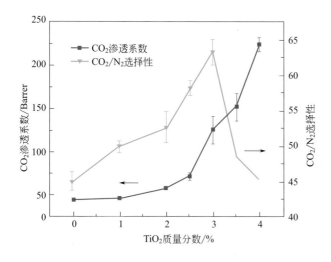

图6-48 未改性TiO_2负载对TiO_2/PEBA混合基质膜CO_2/N_2分离性能的影响
注：纯气体渗透试验在0.3MPa和20℃下进行

实验对掺入了不同改性处理的 TiO_2 混合基质膜进行了研究，主要围绕 DA/PEI 质量比和 PEI 分子量这两个条件进行考察，结果如图 6-49 所示。掺入了改性 TiO_2 的混合基质膜的选择性高于掺入普通 TiO_2 的混合基质膜，这可能是由于改性过程中引入的亚胺基团增强了膜对 CO_2 的吸附能力。此外，通过改变 DA/PEI 比，渗透系数和选择性之间存在一个普遍的权衡，而接枝 PEI 链的长度显著影响了 CO_2/N_2 分离性能。特别是当 PEI 分子量为 10000 时，TiO_2 外表面的长聚合物链可能会增加 CO_2 的扩散阻力，从而降低 CO_2 渗透系数和 CO_2/N_2 选择性。存在一个优化的 DA/PEI 比和 PEI 分子量用于制造胺官能化的 TiO_2/PEBA-MMMs。结果表明，当 PEI 分子量为 1800，DA 与 PEI 质量比为 1:1 时，得到的 DA-PEI-TiO$_2$/PEBA-MMMs 的气体分离性能最好，其 CO$_2$ 渗透系数为 63Barrer，CO$_2$/N$_2$ 选择性为 104。

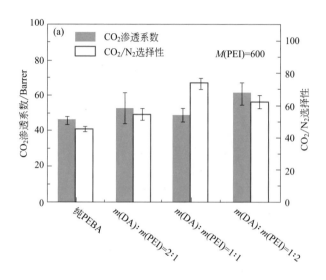

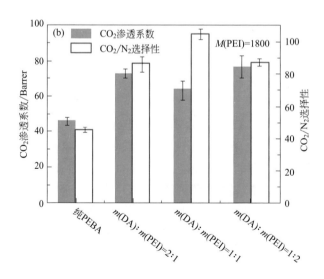

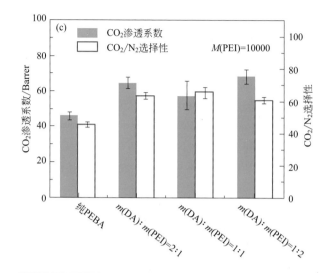

图6-49

DA/PEI质量比和PEI分子量对3%（质量分数）DA-PEI-TiO₂/PEBA-MMMs的CO₂渗透系数和CO₂/N₂选择性的影响；（a）m(PEI)=600；（b）m(PEI)=1800；（c）m(PEI)=10000

注：在0.3MPa和20℃下测量纯气体渗透性能

参考文献

[1] Robeson L M. Correlation of separation factor versus permeability for polymeric membranes[J]. Journal of Membrane Science, 1991, 62(2): 165-185.

[2] Freeman B D. Basis of permeability/selectivity tradeoff relations in polymeric gas separation membranes[J]. Macromolecules, 1999, 32(2): 375-380.

[3] Moore T T, Mahajan R, Vu D Q, et al. Hybrid membrane materials comprising organic polymers with rigid dispersed phases[J]. AIChE Journal, 2004, 50(2): 311-321.

[4] Bouma R H B, Checchetti A, Chidichimo G, et al. Permeation through a heterogeneous membrane: the effect of the dispersed phase[J]. Journal of Membrane Science, 1997, 128(2): 141-149.

[5] Yi S, Su Y, Wan Y. Preparation and characterization of vinyltriethoxysilane (VTES) modified silicalite-1/PDMS hybrid pervaporation membrane and its application in ethanol separation from dilute aqueous solution[J]. Journal of Membrane Science, 2010, 360(1): 341-351.

[6] Liu G, Xiangli F, Wang W, et al. Improved performance of PDMS/ceramic composite pervaporation membranes by ZSM-5 homogeneously dispersed in PDMS via a surface graft/coating approach[J]. Chemical Engineering Journal, 2011, 174(2-3): 495-503.

[7] Liu S, Liu G, Shen J, et al. Fabrication of MOFs/PEBA mixed matrix membranes and their application in bio-

butanol production[J]. Separation and Purification Technology, 2014, 133: 40-47.

[8] Liu S, Liu G, Zhao X, et al. Hydrophobic-ZIF-71 filled PEBA mixed matrix membranes for recovery of biobutanol via pervaporation[J]. Journal of Membrane Science, 2013, 446: 181-188.

[9] Liu Q, Li Y, Li Q, et al. Mixed-matrix hollow fiber composite membranes comprising of PEBA and MOF for pervaporation separation of ethanol/water mixtures[J]. Separation and Purification Technology, 2018, 214: 2-10.

[10] Li Q, Cheng L, Shen J, et al. Improved ethanol recovery through mixed-matrix membrane with hydrophobic MAF-6 as filler[J]. Separation and Purification Technology, 2017, 178: 105-112.

[11] Li Q, Liu Q, Zhao J, et al. High efficient water/ethanol separation by a mixed matrix membrane incorporating MOF filler with high water adsorption capacity[J]. Journal of Membrane Science, 2017, 544: 68-78.

[12] Shen J, Liu G, Huang K, et al. UiO-66-polyether block amide mixed matrix membranes for CO_2 separation[J]. Journal of Membrane Science, 2016, 513: 155-165.

[13] Sun J, Li Q, Chen G, et al. MOF-801 incorporated PEBA mixed-matrix composite membranes for CO_2 capture[J]. Separation and Purification Technology, 2019, 217: 229-239.

[14] Yuan J, Zhu H, Sun J, et al. Novel ZIF-300 mixed-matrix membranes for efficient CO_2 capture[J]. ACS Applied Materials & Interfaces, 2017, 9(44): 38575-38583.

[15] Liu G, Labreche Y, Chernikova V, et al. Zeolite-like MOF nanocrystals incorporated 6FDA-polyimide mixed-matrix membranes for CO_2/CH_4 separation[J]. Journal of Membrane Science, 2018, 565: 186-193.

[16] Hua Y, Wang H, Li Q, et al. Highly efficient CH_4 purification by LaBTB PCP-based mixed matrix membranes[J]. Journal of Materials Chemistry, 2018, 6(2): 599-606.

[17] Liu G, Chernikova V, Liu Y, et al. Mixed matrix formulations with MOF molecular sieving for key energy-intensive separations[J]. Nature Materials, 2018, 17(3): 283-289.

[18] Liu G, Cadiau A, Liu Y, et al. Enabling fluorinated MOF-based membranes for simultaneousremoval of H_2S and CO_2 from natural gas[J]. Angewandte Chemie, 2018, 57(45): 14811-14816.

[19] Shen J, Zhang M, Liu G, et al. Facile tailoring of the two-dimensional graphene oxide channels for gas separation[J]. RSC Advances, 2016, 6(59): 54281-54285.

[20] Zhao J, Zhu Y, He G, et al. Incorporating zwitterionic graphene oxides into sodium alginate membrane for efficient water/alcohol separation[J]. ACS Applied Materials & Interfaces, 2016, 8(3): 2097-2103.

[21] Li X, Cheng Y, Zhang H, et al. Efficient CO_2 capture by functionalized graphene oxide nanosheets as fillers to fabricate multi-permselective mixed matrix membranes[J]. ACS Applied Materials & Interfaces, 2015, 7(9): 5528-5537.

[22] Guan K, Liang F, Zhu H, et al. Incorporating graphene oxide into alginate polymer with a cationic intermediate to strengthen membrane dehydration performance[J]. ACS Applied Materials & Interfaces, 2018, 10(16): 13903-13913.

[23] Cheng L, Song Y, Chen H, et al. g-C_3N_4 nanosheets with tunable affinity and sieving effect endowing polymeric membranes with enhanced CO_2 capture property[J]. Separation and Purification Technology, 2020, 250: 117200.

[24] Chua M L, Shao L, Low B T, et al. Polyetheramine-polyhedral oligomeric silsesquioxane organic-inorganic hybrid membranes for CO_2/H_2 and CO_2/N_2 separation[J]. Journal of Membrane Science, 2011, 385: 40-48.

[25] Fu F, Zhang S, Sun S, et al. POSS-containing delamination-free dual-layer hollow fiber membranes for forward

有机-无机复合分离膜

osmosis and osmotic power generation[J]. Journal of Membrane Science, 2013, 443: 144-155.

[26] Le N L, Wang Y, Chung T, Pebax/POSS mixed matrix membranes for ethanol recovery from aqueous solutions via pervaporation[J]. Journal of Membrane Science, 2011, 379(1): 174-183.

[27] Liu G, Hung W, Shen J, et al. Mixed matrix membranes with molecular-interaction-driven tunable free volumes for efficient bio-fuel recovery[J]. Journal of Materials Chemistry, 2015, 3(8): 4510-4521.

[28] Chen X, Hung W S, Liu G, et al. PDMS mixed - matrix membranes with molecular fillers via reactive incorporation and their application for bio-butanol recovery from aqueous solution[J]. Journal of Polymer Science, 2020.

[29] Zhu H, Yuan J, Zhao J, et al. Enhanced CO_2/N_2 separation performance by using dopamine/ polyethyleneimine-grafted TiO_2 nanoparticles filled PEBA mixed-matrix membranes[J]. Separation and Purification Technology, 2018, 214: 78-86.

第七章

新型表征技术

本章介绍了有机 - 无机复合分离膜的形成、界面结合力、自由体积和分子扩散等的原位表征技术。这些调研开启了研究包含有机无机组分的复合膜独特性质的大门。同时，为了优化复合膜的形成、纳米结构和性能，这些表征也提供了更多有用的信息。此外，新型的表征技术也应被引入到有机 - 无机复合分离膜的新兴领域中。

第一节
概　述

目前被广泛应用的表征技术有扫描电子显微镜（SEM）、原子力显微镜（AFM）、紫外可见吸收光谱（UV-vis）、椭圆偏振技术、X 射线反射技术、扫描角反射技术与傅里叶变换衰减全反射红外光谱法（ATR-FTIR）。这些表征技术为有机 - 无机复合分离膜的制备提供了微观形貌、特殊光学性质等信息，但是大部分的表征技术受限于支撑材料与形状、样品制备不方便以及样品不可逆破坏。复合膜的力学性能往往通过抗拉实验测定，这种技术需要样品的尺寸足够标准，被样品架夹紧而不松动。用来评价膜界面结合力最常用的方法是剥离实验，这种方法目前仅适用于平板膜，而不适用于管式或中空纤维膜。此外，有机 - 无机复合分离膜的传递性能取决于致密分离层的自由体积与微孔，而传统的技术 BET 测量结果难以表征自由体积等。因此，需要开发新型的表征技术用于有机 - 无机复合分离膜的研究。本章将介绍此新兴领域的实例。

第二节
流动电势法：表征层层自组装生长

作为在带电表面构建可控薄膜的一种简单方法，层层自组装（LBL）已经被用于在各种支撑体上沉积聚电解质或者其他大分子。研究发现通过 LBL 在多孔支撑体上沉积聚电解质层制备的复合膜的性能取决于它的形成与表面性质，因此复合膜的表征变得非常重要。表面电荷与电势性质对复合膜的分离性能有重要影响。电动电势是指致密层与扩散层之间的剪切面的电位，它是表征电荷的一项重要指标。测量带电粒子或者膜表面电动电势的电动技术是用于研究带电聚电解质层的一种有效方法[1]。

一、流动电势法的基本原理

流动电势法是一种强有力的电动技术，它可用于各种形状基底的界面表征[2]，也是研究在流动状态下固液表面相互作用的一种有效方法。对于不同的物体，它通常表现为两种方式：一种是沿着与膜表面平行方向的流体流动，即切向流动电势法；另外一种是沿着与膜表面垂直方向的流体流动，即研究膜孔道的流动。第一种形式为平流式流动电位测试（在活化层一侧），一般仅提供有关表面层的明确信息。该方法已经被应用于单一毛细管[3]与平面狭缝[4]等无孔支撑体层的研究，在此基础上薄层的生长还可以使用传统方法来表征。第二种形式是跨膜流动电位测试，该方法提供膜过程中表层支撑孔的流动途径的电荷信息。因此，跨膜流动电位测试可以反映出复合膜整体的电荷性质。跨膜流动电位测试的另外一个优点是在水溶液中进行。聚电解质膜表面的界面性质随溶液环境不同而不同。此外，跨膜流动电位测试作为一种原位技术，在层层自组装过程中任何一步都可以采用且无结构损坏，同时膜表面性质可以通过简单的冲洗恢复。传统表征技术与跨膜流动电势法在表征区域上的区别如图 7-1 所示。

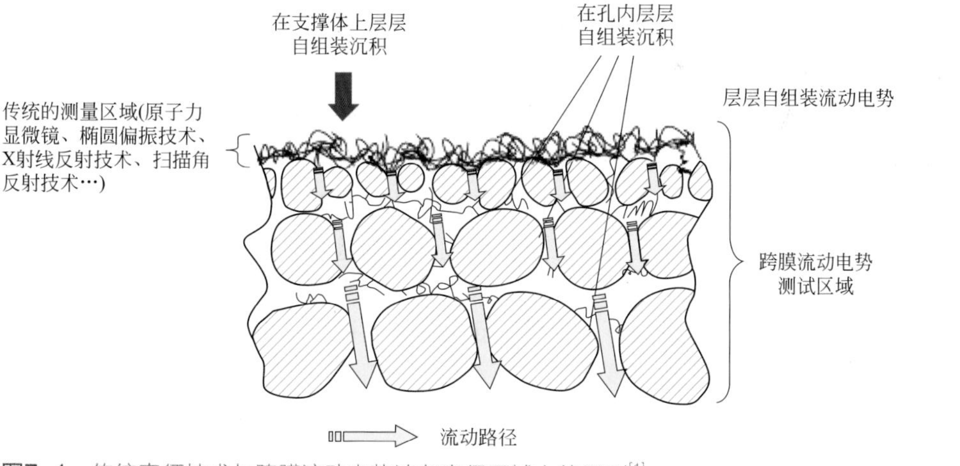

在支撑体上层层
自组装沉积

在孔内层层
自组装沉积

传统的测量区域(原子力显微镜、椭圆偏振技术、X射线反射技术、扫描角反射技术…)

层层自组装流动电势

跨膜流动电势
测试区域

流动路径

图7-1　传统表征技术与跨膜流动电势法在表征区域上的区别[1]

当与水溶液接触时，膜表面便形成了带电荷层。为了保持电中性，相邻溶液中的离子进行重组形成双电层。从带电表面到本体溶液，电势与离子浓度都不同。当液体在外加静水压力作用下通过管道（其管壁带有电荷）时，双电层自由带电荷粒子将沿着溶液流动方向运动，从而产生流动电流 I_s，同时带电荷粒子的运动导致下游积累电荷，形成电场。电场使得电流沿着相反方向流动通过本体溶液，当传导电流 I_c 与流动电流相同时，便形成了稳态模式（$I=I_s+I_c=0$）。此时通道两端的电位差就是流动电势。

Zeta 电位是指致密层与扩散层之间剪切面的电位，通过由圆柱孔推导出的改进 Helmholtz-Smoluchowski（HS）公式可将 Zeta 电势与流动电势联系起来 [2,5]

$$\left(\frac{d\psi_s}{dP}\right)_{I=0} = \frac{\zeta\varepsilon_0\varepsilon_r}{\eta\left(\lambda_0 + 2\lambda_s / r_p\right)} \tag{7-1}$$

$$SP = \left(\frac{d\psi_s}{dP}\right)_{I=0} \tag{7-2}$$

式中 ζ ——Zeta 电位；

ε_0 ——介电常数，8.854×10^{-12} F/m；

η ——电解质溶液的动力黏度；

ε_r ——电解质溶液的相对介电常数；

λ_0 ——盐溶液的电导率；

λ_s ——膜孔表面电导率；

r_p ——孔径。

当 $r_p/\kappa^{-1} \gg 1$ 时，模孔表面电导的影响可以忽略不计，因此可获得经典的 HS 方程 [式（7-3）]，其中 κ^{-1} 是德拜长度。

$$\left(\frac{d\psi_s}{dP}\right)_{I=0} = \frac{\zeta\varepsilon_0\varepsilon_r}{\eta\lambda_0} \tag{7-3}$$

在电动力学测量中，盐浓度和孔径是主要参数 [6]。随着盐浓度的增加，高离子强度导致双电层的压缩。双层长度也被称为德拜长度，由于在较短距离中表面电荷的屏蔽而降低。更多的反离子可以渗入到紧密层，而留在扩散层的较少的反离子可以在压力距离下被代替。正如 HS 方程所示，高的德拜长度会获得较小的流动电势。因此盐浓度越低，流动电势测量的灵敏度越高，并且 κ^{-1} 越大（对于 NaCl 溶液，浓度为 10^{-4}mol/L 时，$\kappa^{-1} \approx 30.4$nm；浓度为 1mmol/L 时，$\kappa^{-1} \approx 9.6$nm）。对于 HS 方程，r_p/κ^{-1} 应当足够大，这意味着孔道内双层没有重叠。

当进行流动电势测试时，发现多于 30 层聚电解质组装制备的复合膜的通量一般非常低。因此，为了避免较小的 r_p，将流动电势测试过程中沉积循环周期限制在 15 以内。合适的盐浓度（1mmol/L）被采纳用于提供较小的 κ^{-1} 与足够的电势测量敏感度。在较宽的 pH 值范围内进行流动电势测量用于研究复合膜的整体 Zeta 电位，这对于理解并且预测膜的过滤性能非常重要。因此，Zeta 电位信号的变化能够用来证明聚电解质多层膜的生长。

跨膜流动电势测量用来表征在多孔陶瓷支撑体上自组装聚电解质膜的表面电位[1]。装置的示意图如图7-2所示，在膜的进料侧与渗透侧分别安置可逆的 Ag/AgCl 电极。在进料侧安装一个精密压力传感器。NaCl 溶液的 pH 值通过盐酸或者氢氧化钠调节。为了与测试溶液达到平衡状态，复合膜在电解质溶液中浸泡过夜。通过增加跨膜压力脉冲 0.005～0.025MPa，测量复合膜两侧

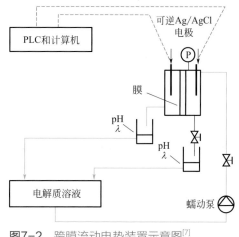

图7-2 跨膜流动电势装置示意图[7]

的电位差变化，进行流动电势的测量。电位的在线数据通过连接 Ag/AgCl 电极的 Simatic S7-200 PLC 收集。所有的测试在室温并且有循环水的条件下进行。

二、流动电势法的应用

金万勤等配制了聚乙烯亚胺（PEI）水溶液、聚丙烯氯化铵（PAH）水溶液以及聚苯乙烯磺酸钠（PSS）水溶液，支撑体在 PEI 水溶液中预先浸泡 30min 后，用去离子水冲洗，然后采用层层自组装方式经过以下步骤：①浸入 PSS 水溶液；②去离子水；③ PAH 水溶液；④去离子水，步骤①～④重复至得到所需层数的 PAH/PSS，最后用去离子水清洗并用氮气吹干。在层层自组装过程之后，在广泛的 pH 值范围内进行流动电势测试，用于研究复合膜整个电位信息的变化。

他们还研究了组装过程中整个膜面的电荷性质（pH=2～10）。在不同支撑体上组装了 10 层 PAH/PSS 的复合膜，Zeta 电势随测试电解质溶液 pH 值的变化情况如图 7-3 所示。

对于支撑体 A，当荷正电的 PAH 作为最上层材料沉积时，等电点从 5.2 增加到 6.3，然而荷负电的 PSS 使得等电点明显地降低为 3.6。相似的结果也可以从图 7-3（b）中看出，当 PAH 作为最上层材料时，支撑体 B 的等电点从 3.5 增加至 4，对于 PSS，等电点则降低为 2.4。在一定的 pH 值下，当荷相反电荷的聚电解质沉积在致密的石英毛细管表面时，在稀释的盐溶液中可以观察到对称电势值变化。然而在这项研究中 Zeta 电势的变化看起来并不像文献中报道的那样明显，这应该是由于沉积条件的不同造成的。首先，使用的陶瓷支撑体不同于致密的基底，因为它们是多孔的介质且具有较大的比表面积与粗糙的膜表面。聚电

解质在陶瓷支撑体上的沉积同时发生在多孔的表面以及孔内部。因此，在支撑体上仍有许多带电位点没被聚电解质覆盖。然而在紧密层的毛细管中剩余的带电位点要少得多。其次，文献中报道的测量是在固定的 pH 值进行的，且数据分析只能得出有关膜表面不完整的信息，在较广泛的 pH 值范围内进行的测量可以获得完整的带电信息。

此外从图 7-3 中还可以发现，Zeta 电势随着 pH 值增加而不断降低，当超过支撑体等电点时，其下降速率变得缓和。此外，由 PSS 引起的等电点变化比 PAH 的要大，这是由于两层聚电解质 pK_a 值不同。作为弱碱的 PAH，在 pH ≈ 3.3 时只有 50% 的电离度。在流动电势表征的大部分 pH 值区域内，PAH 处于部分电离状态，而 PSS 完全电离。因此在此测试条件下，PAH 对反离子转移的影响要小于 PSS。由于 PSS 在较宽的 pH 值范围内完全电离，当 PSS 作为膜的表面材料时，pH 值对 Zeta 电位影响不大。也就是说在较宽的 pH 值区域内，预测 ζ 是一个负值常数。但是只观察到 Zeta 电位在高 pH 值下缓慢下降，这是由于支撑体上剩余的位点产生的影响。

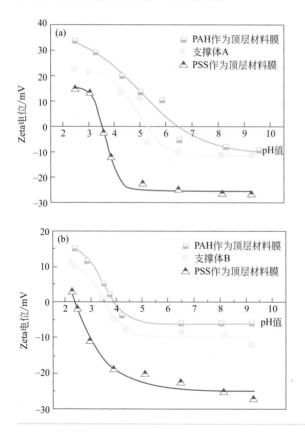

图7-3

不同pH值下，顶层材料对在（a）支撑体A和（b）支撑体B上沉积10层PAH/PSS膜的Zeta电位的影响[8]

注：盐溶液为1mmol/L NaCl

上面讨论的复合膜的整体电信息包括支撑体的影响，这将有助于研究分离应用中复合膜的实际性能，但是也干扰了对自组装膜生长的单独研究。研究者尝试通过数学计算研究聚电解质对 Zeta 电位的影响。复合膜表面化学成分决定了复合膜的整体电性质。Furlong 等 [9] 提出的公式［式（7-4）］被广泛用于计算复合膜的等电点［假设 pH(IEP) 与表面位点浓度成线性关系］

$$pH(IEP)=\sum x_i IEP(i) \qquad (7\text{-}4)$$

式中　x_i——膜材料 i 在膜表面电荷位中所占的摩尔分数。

在复合膜中，多孔支撑体呈现多种氧化物的多层结构。聚电解质沉积在支撑体表面以及孔壁上后，混合表面电荷点形成。理论上讲，氧化物和聚电解质都会对流动电势造成影响，这取决于上述提到的几个方面的竞争，包括不同 pH 值下的带电度、氧化物特征，在不同孔径与厚度的各种层的带电位点的分布。因此很难通过简单的数学方法来获得聚电解质的 Zeta 电位。为了消除上述提到的关于支撑体的影响，很有必要在支撑体等电点对应的 pH 值处使用盐溶液进行流动电势测量。在此 pH 值下，支撑体氧化物的净电荷为 0，支撑体的电荷效应可以忽略，尽管支撑体的压力效应仍然存在，但是这并不影响表面 Zeta 电位的信号。因此，可以用于研究聚电解质层对复合膜的 Zeta 电位的影响。

同时他们对不同顶层材料以及不同组装层数的复合膜的 Zeta 电势变化进行考察。图 7-4 展示了顶层材料与聚电解质的组装层数对在两种支撑体的等电位点时 Zeta 电位变化的影响。结果表明不同的表层材料使复合膜 Zeta 电位呈现正负交替变化，这与文献报道的情况一致。在这使用的盐溶液浓度为 1mmol/L，且 Zeta 电位的数量级与其他人报道的一致。Zeta 电位代表的是膜表面的净电荷密度，决定了后续带相反电荷聚电解质的沉积。为了连续地交替沉积，对于聚阴离子与聚阳离子，表面沉积的每个聚电解质的净电荷应该相同，以便电荷过度补偿可以循环发生。对于支撑体 A 和 B，以 PAH 作为顶层材料的膜的 Zeta 电位绝对值一直低于 PSS 的，这是由于该测试 pH 值与组装过程中的 pH 值不同，在测试的 pH 值下，PAH 部分电离而 PSS 完全电离。

如图 7-4 所示，随着聚电解质组装层数的增加，Zeta 电位的绝对值略有增加，并似乎趋于平稳，因为更多的聚电解质会覆盖剩余电荷位。在沉积的过程中，聚电解质层的缺陷逐渐自我修复。因此，在这个 pH 值下，聚电解质的活性位点造成 Zeta 电位的绝对值升高。

以上结果表明跨膜流动电势测量对于研究在多孔陶瓷支撑体上通过层层自组装生长聚电解质是一种有效的方式。在支撑体上层层自组装 PAH/PSS 膜后，等电点发生变化。当荷正电的 PAH 作为顶层材料时，复合膜的等电点将变大；当荷负电的 PSS 作为顶层材料时，复合膜等电点将变小。在消除了支撑体的影响后，复合膜的整体电势符号随着顶层材料的电荷性而发生周期性的交替变化，验证了聚电解质层的成功生长。随着聚电解质沉积层数的增加，Zeta 电位略有增加。

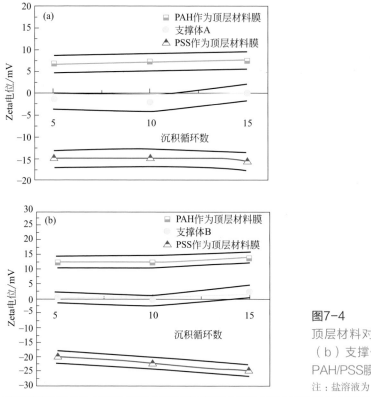

图7-4

顶层材料对在（a）支撑体A和（b）支撑体B上沉积不同层数PAH/PSS膜的Zeta 电位的影响[1]

注：盐溶液为 1mmol/L NaCl

第三节
纳米压痕技术：研究界面结合力

复合膜的实用性与稳定性受到实际应用过程中磨损与静摩擦力的限制[10]，因此机械强度与界面结合性质在复合膜的构建过程中扮演着重要角色。除了尽量减少接触产生磨损外，膜过程中活化层的溶胀也是一个需要考虑的重要因素。尽管复合膜结构稳定性已经被很好地认知，但是直接测量复合膜的力学性能与界面结合力仍然是一个挑战。与传统的拉伸和剥离试验相比，纳米压痕技术可以运用电磁力和电容深度来测量材料在纳米尺度上的弹塑性[11]。作为纳米压痕的辅助手段，纳米划痕测试使样品垂直于划痕探针，通过界面剪切力的积累引起的薄膜分层来确定界面结合强度。纳米压痕/划痕技术提供了一种简单、准确、通用和快速的方法来评估小体积样品的界面结合力与机械强度。基于纳米压痕/划痕技术，金万勤等开发了一种有效的表征方法来测量各种复合膜的界面结合力[12,13]。

一、纳米压痕技术的基本原理

纳米测试（NanoTest[TM]，Micro Materials，英国）系统具有高分辨率的微纳米尺寸范围的力学性能分析能力。纳米测试实验的示意图如图7-5所示。基本的仪器测试平台包括高/低载荷压头、电子控制单元、电机控制单元以及附带测试软件的计算机。

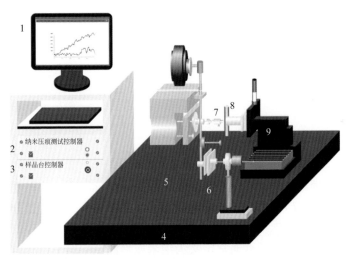

图7-5 纳米压痕仪器示意图[13]
1—附带测试软件的计算机；2—NTX控制器；3—样品台控制器；4—低载荷压头；5—低载荷磁铁；6—低负荷摆锤；7—压头；8—质量平衡杆；9—阻尼板

复合膜的硬度和弹性模量使用如图7-6（a）所示的纳米压痕仪测量。纳米压痕试验采用连续刚度测试（CSM）技术记录Berkovich金刚石的实时载荷和压入深度，在载荷控制模式下进行。实验参数设置：压痕负荷为0.5mN，初始载荷为0.03mN，加载与卸载时间为20s，最大载荷时的保载时间为20s，卸载至90%时保载60s以消除热漂移，每个复合膜样品均测30个点。

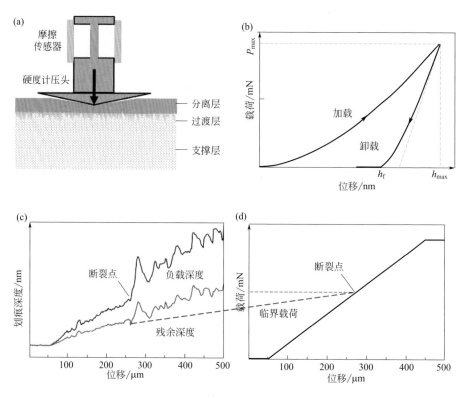

图7-6 （a）复合膜纳米压痕测试原理图；（b）典型纳米压痕曲线——载荷-位移曲线；（c）划痕深度-位移曲线；（d）划痕载荷-位移曲线[13]

注：图（b）中h_f是最终压痕深度，h_{max}是最大压痕深度，P_{max}是最大载荷

　　纳米压痕技术的原理如图 7-6（b）所示。用 Oliver 和 Pharr 法来计算复合膜的弹性模量（E）和硬度（H），用加载 - 卸载曲线进行分析计算[14]。通过分析加载 - 卸载曲线得到最大载荷（P_{max}）、压痕深度（h）、接触刚度（S）等参数，计算得到材料的硬度及弹性模量。硬度通常定义为纳米压痕测试中的平均压力，可以通过下面的公式计算

$$H = \frac{P_{max}}{A_c} \tag{7-5}$$

式中　P_{max}——最大载荷，mN，直接通过载荷 - 位移曲线获得；

　　　A_c——压头与材料的投影接触面积，nm^2。

　　卸载曲线开始部分的斜率可以用来表示材料的缩减模量（M_r），计算公式如下

$$S = \frac{dP}{dh} = \beta \frac{2}{\sqrt{\Pi}} M_r \sqrt{A_c} \qquad (7-6)$$

式中　S——接触刚度；

　dP/dh——卸载曲线初始处的斜率；

　　P——压头载荷；

　　β——基于压痕压头几何形状的校正因子；

　　M_r——纳米压痕仪的缩减模量。

因此，材料的 E_s 可以用以下公式进行计算

$$\frac{1}{M_r} = \frac{1-v_s^2}{E_s} + \frac{1-v_i^2}{E_i} \qquad (7-7)$$

式中　E_s——测试样品的弹性模量，GPa；

　　v_s——测试样品的泊松比；

　　E_i——压头的弹性模量，1141GPa；

　　v_i——压头的泊松比，0.07。

压头是刚性材料，其弹性模量接近无限大，因而材料的弹性模量 E_s 与缩减模量 M_r 值非常接近，缩减模量表示如下

$$\frac{1}{M_r} = \frac{1-v_s^2}{E_s} \qquad (7-8)$$

纳米划痕技术可以记录划痕载荷、压入深度、摩擦力及摩擦系数等参数与划痕位移的关系。划痕实验必须将样品沿着 Z 方向移动一定的距离。划痕实验采用锥角 60°、尖端曲率半径 5μm、抛光深度 20μm 的圆锥形压头，划痕数据一般通过三步测试获得：①预扫描；②线性增加载荷扫描；③后低负荷扫描。预扫描即使用小载荷（0.05mN 的力，无磨损发生），获得表面粗糙度。在第二步扫描过程中，载荷在 0～20mm 采用的是 0.05mN，在扫描结束时（500mm），以 2.5mN/s 的速率将载荷提升到最大负载 70mN。最后的扫描中以 0.05mN 的载荷获得复合膜形貌。每个样品进行 3 次划痕实验。在数据分析过程中，软件上的数据已经对形貌、样品斜率以及仪器自身参数进行校正，确保在划痕负载下显示的是真实的深度数据。

在划痕之前，复合膜测试的初始表面轮廓通过预扫描复合膜的表面获得，同时也可以获得复合膜的表面粗糙度。在划痕过程中，通过深度感应系统对表面轮廓进行记录。在倾斜划痕以后，复合膜的表面轮廓通过后划痕再一次记录。在划痕之后，可以获得弹性恢复。因此，在划痕深度 - 位移曲线中，负载深度与残余深度分别用来描述倾斜划痕测试与后划痕测试。负载深度可以认为是总

形变而残余深度表示塑性形变，两者之差可以认为是弹性形变。活化层与支撑体之间的界面结合强度可以通过临界载荷来评价，当膜从支撑体上剥离时，划痕深度 - 位移曲线中存在明显的不连续性［图 7-6（c）、（d）］，此时对应的加载载荷即为临界载荷。此外，界面结合失效处通过 SEM 表征复合膜的划痕形貌验证。

二、纳米压痕技术的应用

纳米压痕 / 划痕技术可以用来研究聚二甲基硅氧烷（PDMS）/ 陶瓷复合膜的力学与界面结合性能 [7]。前期详细研究了聚合物溶液的黏度和陶瓷支撑体的粗糙度对 PDMS/ 陶瓷复合膜力学和结合性能的影响 [12]。

1. 陶瓷支撑体粗糙度对 PDMS/ 陶瓷复合膜界面结合性的影响

首先讨论陶瓷支撑体粗糙度对制备的无缺陷膜和 PDMS/ 陶瓷复合膜界面结合性能的影响。陶瓷支撑体的粗糙度利用 600 目砂纸打磨来调控。通过控制打磨时间得到不同粗糙度水平的陶瓷支撑体，其粗糙度通过表面粗糙度仪测定。不同表面的粗糙度用算术平均粗糙度 Ra 值来表示。如图 7-7 所示，发现打磨时间可以有效地改变陶瓷支撑体的粗糙度。

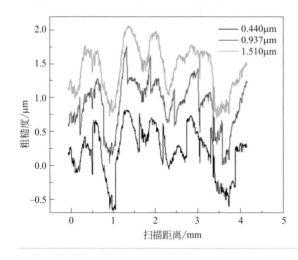

图7-7
三根打磨后的陶瓷支撑体的粗糙度测试结果[12]

还观察了打磨和未打磨陶瓷支撑体的表面和断面形貌（图 7-8）。通过 SEM 结果（图中没有列出）可以发现，在打磨支撑体上制备 PDMS/ 陶瓷膜有很好的重复性，表面无缺陷，这是由于打磨降低了陶瓷表面的缺陷程度，提高了聚合物 / 陶瓷复合膜的完整性。利用泡压和气体传递测量了打磨前后支撑体的孔径分布，发现陶瓷支撑体的孔径从未打磨时的 0.2μm 增加到打磨后的 0.43μm。

图7-8 陶瓷支撑体表面和断面SEM图：（a）未打磨支撑体表面；（b）粗糙度为0.440μm 的打磨支撑体表面；（c）未打磨支撑体断面；（d）打磨支撑体断面[12]

　　然后将相同黏度的聚合物溶液涂覆在不同粗糙度的支撑体上，图 7-9 表示的分别是 7.5%（质量分数）PDMS 在未打磨和打磨支撑体上面浸涂 1min 后复合膜表面的 SEM 图。如图 7-9（a）所示，支撑体表面没有完全被 PDMS 层覆盖，这是由于陶瓷支撑体表面粗糙度太大，使得 PDMS 层不能完全覆盖。相比之下，图 7-8（b）所示的 PDMS 膜表面形貌完整，无缺陷。通过 SEM 分析可以得到如下结论：陶瓷支撑体经过合适的预处理以降低粗糙度是获得高质量（超薄、无缺陷）聚合物/陶瓷复合膜的重要条件。所以，在调控界面结合力的同时，应先保证在支撑体表面沉积一层薄的无缺陷的分离层。

　　为了研究复合膜的临界负载量，金万勤等采用纳米划痕技术，对相同条件下不同陶瓷支撑体粗糙度上制备的 PDMS/陶瓷复合膜进行了测试。如表 7-1 所示，当陶瓷支撑体粗糙度从 0.440μm 增加到 1.510μm 时，PDMS/陶瓷复合膜的临界负载量从 27.6mN 增加到 50.7mN。这是由于随着粗糙度的增加，固定表面亲水性会增强，进而导致 PDMS 涂层溶液与陶瓷支撑体之间的化学势增加[15]。结果也进一步显示高极性、高表面能基底具有较好的结合强度[16,17]。

图7-9　PDMS/陶瓷复合膜在未打磨和打磨支撑体上的SEM图：（a）PDMS涂在未打磨支撑体上；（b）PDMS涂在打磨后粗糙度为0.937μm的支撑体上[12]

表7-1　表面破坏的临界载荷与陶瓷支撑体表面粗糙度的关系

粗糙度/μm	临界负载量/mN	临界负载量下的穿透深度/nm
0.440	27.6±3.3	6753.3±27
0.937	35.5±4.7	5845.2±19
1.510	50.7±5.1	6922.8±23

2. PDMS 溶液黏度对 PDMS/ 陶瓷复合膜界面结合性的影响

同时金万勤等也考察了 PDMS 溶液黏度对复合膜力学性能的影响。PDMS 溶液的黏度可以通过交联时间控制。如图 7-10（a）所示，溶液的黏度随着交联时间的增加而变大。特别是在交联 8h 之后黏度显著地增加。聚合物溶液的黏度反映了聚合物链分子间的相互作用，影响最终复合膜分离层膜表面的完整性。采用纳米划痕技术考察了不同交联条件下的载荷 - 位移曲线［图 7-10（b）］。尽管 PDMS 溶液黏度不同，PDMS 分离层的弹性模量基本上保持在 90MPa 左右，这是由于弹性模量是材料的内在性质。表 7-2 给出了根据 Oliver 和 Pharr 法计算得到的弹性模量和硬度数据，包括相应的标准偏差值。标准偏差表明 PDMS 黏度对力学性能的影响不显著，PDMS 分离层计算所得的弹性模量和硬度随着 PDMS 溶液黏度的增加几乎没有改变。

表7-2　PDMS分离层弹性模量和硬度与PDMS溶液黏度的关系

黏度/mPa·s	弹性模量/MPa	硬度/MPa
1.28	86±10	15±2.9
1.48	91±8	13±2.1
2.22	98±11	13±1.9

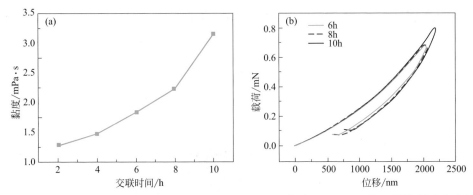

图7-10 （a）PDMS溶液黏度与交联时间的关系；（b）不同预聚时间下制备的陶瓷支撑体上PDMS分离层的载荷-位移曲线[12]

PDMS 分离层与陶瓷支撑体的界面结合机理可以分为三个方面：吸附、化学交联与机械结合。首先，陶瓷支撑体比 PDMS 溶液具有更高的表面能，因此涂覆的 PDMS 层可以黏附在陶瓷支撑体上。其次，陶瓷支撑体上的—OH 官能团与 PDMS 的氧原子之间存在氢键。最后陶瓷孔径在陶瓷支撑体与 PDMS 层之间形成镶嵌结构。界面结合的原位表征表明机械结合在 PDMS 分离层与多孔陶瓷支撑体之间的黏附力占主导地位。

分离层的完整性与传质阻力和膜层厚度息息相关，合适的膜层厚度能够使复合膜具有更高的机械强度和界面结合力。因此，金万勤等系统地研究了膜层厚度对复合膜力学性能、界面结合力与分离性能的影响。多孔陶瓷支撑体被用作支撑体，其优异的刚度可以有效提高 PDMS 膜的力学性能。为了满足实际应用需要，管式和中空纤维陶瓷支撑体被用于制备复合膜。

PDMS 膜层厚度通常由铸膜液的黏度控制，而铸膜液的黏度是由交联时间决定的。随着时间的延长，由于交联反应，铸膜液的黏度将逐渐增加。通常，随着铸膜液黏度的增加，膜层厚度也逐渐增加，过渡层厚度逐渐减小。在实验中，管式陶瓷支撑体上制备的 PDMS 膜层厚度为 $(3\pm0.5)\mu m$、$(6\pm0.8)\mu m$、$(9\pm0.6)\mu m$、$(11\pm1.1)\mu m$ 和 $(14\pm1.3)\mu m$，在中空纤维陶瓷支撑体上的厚度为 $(3.5\pm0.2)\mu m$、$(5\pm0.7)\mu m$、$(7\pm1)\mu m$、$(9\pm0.5)\mu m$ 和 $(12\pm1.7)\mu m$。图 7-11 是具有不同厚度的 PDMS 复合膜的断面 SEM 图。从图中可以看出，PDMS 层均匀地覆盖在多孔陶瓷支撑体上。随着 PDMS 厚度的增加，由于铸膜液黏度的影响，PDMS 溶液在支撑体上的孔渗程度将有所限制。

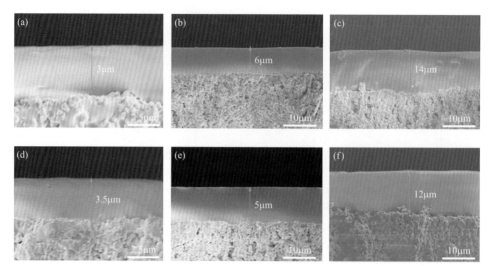

图7-11　不同PDMS层厚度的复合膜断面SEM 图：（a）～（c）管式陶瓷支撑体；（d）～（f）中空纤维陶瓷支撑体[13]

陶瓷支撑体上涂覆的 PDMS 膜的力学性能通过深度感应纳米压痕试验来测量，其载荷 - 深度曲线如图 7-12（a）和（b）所示。从图中可以看出 PDMS 膜层的压痕深度随着其厚度的增加而增加。每个样品的硬度和弹性模量可以根据 Oliver 和 Pharr 法与式（7-5）、式（7-8）计算而得。如图 7-12（c）和（d）所示，随着 PDMS 膜层厚度的增加，PDMS/ 陶瓷支撑体复合膜的硬度和缩减模量逐渐降低。理论上来讲，硬度与弹性模量是材料的本征性质。然而由于支撑体的影响，制备的复合膜的力学性能与厚度的关系出现了异常现象。陶瓷支撑体的硬度可以明显增强 PDMS 层的机械强度。而且，陶瓷支撑体的支撑作用随着 PDMS 膜层厚度的增加而逐渐减弱。此外，管式陶瓷支撑体上沉积的 PDMS 膜层的硬度与缩减模量比中空纤维陶瓷支撑体上的略高。这可能是由于管式陶瓷支撑体的机械强度比中空纤维陶瓷支撑体要高。同样的，当 PDMS 层厚度大于 9μm 时，支撑体的影响可以忽略。除了获得单一的机械强度值外，为了验证 PDMS 涂覆层的均一性，测试较大膜区域硬度与弹性模量的分布是很有用的。

图 7-13 是 PDMS/ 陶瓷复合膜的硬度与缩减模量分布。从图中可以看出，力学性能参数在膜径向及轴向上均匀分布。管式陶瓷与中空纤维支撑的 PDMS 复合膜硬度和缩减模量的标准偏差分别是 0.34MPa、0.60MPa 和 1.59MPa、0.97MPa。结果表明，在陶瓷支撑体上完整连续的 PDMS 膜层成功形成。

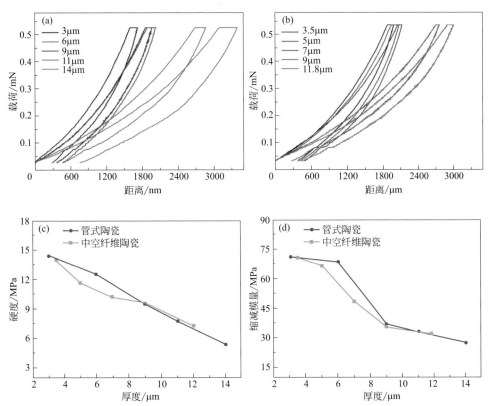

图7-12 PDMS（a）管式陶瓷支撑体和（b）中空纤维陶瓷支撑体复合膜的载荷-位移曲线；膜层厚度对（c）硬度和（d）缩减模量的影响[13]

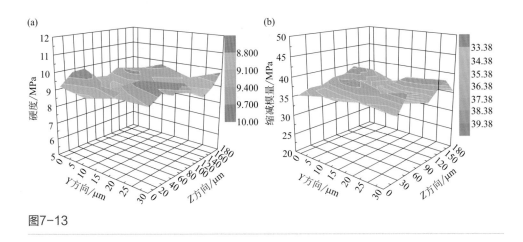

图7-13

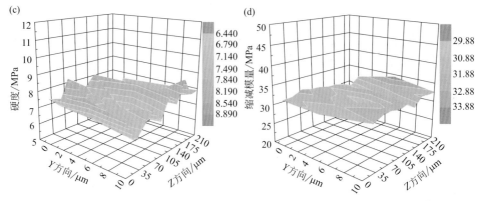

图7-13 PDMS 复合膜分布图[13]

注：（a）、（c）硬度；（b）、（d）缩减模量；（a）、（b）管式陶瓷支撑体（压痕面积为40μm×200μm，PDMS层厚度为9μm）；（c）、（d）中空纤维陶瓷支撑体（压痕面积为10μm×200μm，PDMS层厚度为12μm）

陶瓷支撑体支撑的 PDMS 膜层的界面结合力通过纳米划痕技术进行测量。图 7-14 是 PDMS/ 陶瓷复合膜的划痕测试结果，从中可以看出 PDMS- 陶瓷界面的临界载荷。在划痕曲线［图 7-14（a）］和摩擦曲线［图 7-14（b）］中可以发现两个明显的过渡点：①在划痕位移为 121μm 时，膜层边缘开始开裂（L_{c1}=15.9mN）；②在划痕位移为 337μm 时，膜层完全破裂（L_{c2}=50.5mN）。这些过渡点可以通过划痕形貌的 SEM 表征来验证。在划痕位移前 121μm，弹性接触下 PDMS 膜层完全恢复且无明显划痕。当划痕位移超过 121μm 时，可以观察到负载深度和残余深度曲线的波动，表明开始形成裂缝。随着载荷的增加，PDMS 膜层继续破裂直至从陶瓷支撑体上剥离，在划痕位移为 337μm 时，划痕深度曲线出现更大的波动。从图 7-14（c）的电镜图中可以看出在 L_{c2} 之后，多孔陶瓷支撑体出现暴露。因此，PDMS 膜层破裂时的临界载荷（L_{c2}）表示 PDMS 膜层与陶瓷支撑体间的界面结合强度，也就是 PDMS 复合膜的界面结合力。在 L_{c2} 之后，膜层完全移除后，划痕痕迹变宽且膜层破坏程度明显增大。

具有不同 PDMS 层厚度的 PDMS/ 陶瓷复合膜的划痕曲线如图 7-15 所示。随着 PDMS 层厚度的增加，膜层破裂时对应的划痕位移逐渐增加。这意味着较厚的 PDMS 膜具有更高的临界载荷，因为外加负载随着划痕位移线性增加。此外，在一些划痕曲线中［图 7-15（a）和（d）～（f）］残余深度曲线与负载深度曲线不重合，表明划痕测试后 PDMS 层存在一定的弹性恢复。这种现象出现在膜层较薄的 PDMS 膜［图 7-15（a）和（b）］和中空纤维负载的 PDMS 膜［图 7-15（d）～（f）］中。这是由于 PDMS 层与陶瓷支撑体之间过渡层的存在。当在 PDMS 膜上施加载荷时，PDMS 层发生变形迫使更多的聚合物链段渗入刚性陶瓷支撑体的孔隙中。一旦外加载荷移除，渗入支撑体的聚合物将提供一个推动力促使 PDMS 膜层恢复自身形变。因此，复合膜的界面层的形成有利于膜层的弹性恢复。从图 7-11 的界面形貌可以看出，涂覆溶液的低黏度将会导致膜层较薄，更多的 PDMS 将会渗入支撑体孔内。因此弹性恢复在复合膜膜层较薄时更易发生。

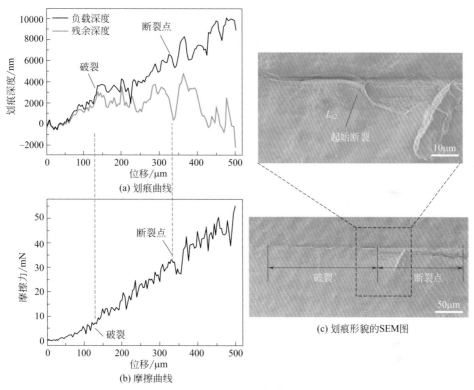

图7-14 PDMS/陶瓷复合膜纳米划痕的典型结果[13]

注：PDMS 膜层厚度为 12μm

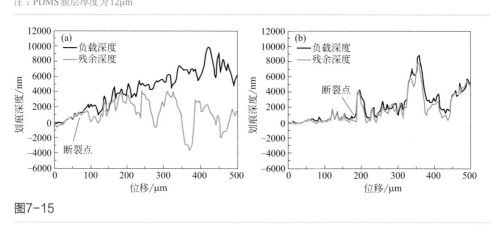

图7-15

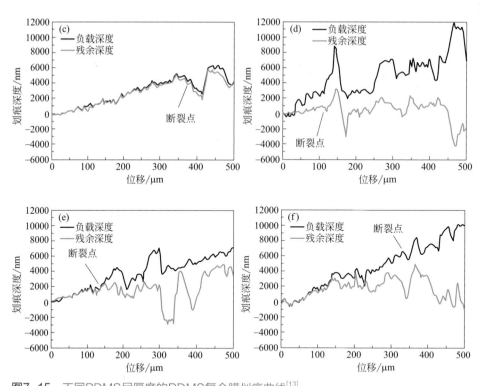

图7-15　不同PDMS层厚度的PDMS复合膜划痕曲线[13]

注：（a）～（c）管式；（d）～（f）中空纤维陶瓷支撑体；（a）3μm；（b）6μm；（c）14μm；（d）3.5μm；（e）5μm；（f）12μm

　　图 7-16 展示的是 PDMS 膜层厚度对复合膜临界载荷的影响。从中可以发现界面结合力与 PDMS 复合膜的活化层厚度成正比。随着 PDMS 膜层厚度从 3μm 增加到 14μm，复合膜的临界载荷从 10mN 线性增加到 50mN。研究发现临界载荷与压头半径和膜层厚度有关。在本实验中，复合膜都采用相同的球形压头。因此，出现这种结果的原因是随着膜层厚度的增加，PDMS 层的内应力增加，导致需要更大的临界载荷穿透复合膜。需要注意的是，膜层厚度并不是一直对复合膜的界面结合力产生积极的效应。活化层太厚，会形成更高的应力。因此，厚的分离层不能与支撑体同时偏移，迫使复合膜分层的驱动力显著增加。为了验证这一点，制备了厚度较大的 PDMS 复合膜并且测量其界面结合力。如图 7-16 所示，较厚的 PDMS 复合膜的临界载荷要远远低于薄的复合膜。需要指出的是，较厚的 PDMS 膜层中存在较大的应力，使临界断裂应力较低。较厚的 PDMS 复合膜通量较低，不适合于实际应用。

　　陶瓷支撑的 PDMS 复合膜的力学性能与界面结合性能通过原位纳米压痕 / 划

痕技术来测量。结果表明陶瓷支撑体将增强复合膜的机械强度，同时 PDMS/ 陶瓷复合膜的过渡层能促进 PDMS 层的弹性恢复。在合适的范围 3 ～ 14μm，通过增加 PDMS 层的厚度，复合膜的界面结合力可以从 10mN 明显增加至 50mN。可以预测，纳米压痕 / 划痕技术能作为通用的方法用于表征和优化复合膜的力学性能和界面结合性能。

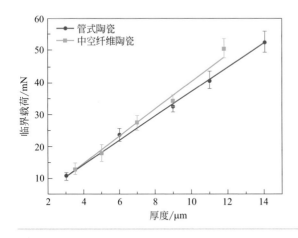

图7-16
PDMS膜层厚度对复合膜临界载荷的影响[13]

3. 其他新型膜的界面结合性能

除了聚合物 / 陶瓷复合膜外，纳米压痕 / 划痕技术可以用于研究其他新型膜的力学和界面结合性能，比如混合基质膜[18]、二维材料石墨烯膜[19-21] 和三维材料金属有机骨架膜[22]。金万勤等通过纳米压痕 / 划痕技术测量了具有二维传质通道的 GO 膜的力学性能。此外他们也对比了施加机械外力前与后 GO 叠层膜的机械强度与界面结合力。通常而言，由于弹性和刚度的结合，高度规整层状结构的 GO 膜展现出良好的力学性能。然而，疏松堆积的层状结构会导致力学性能降低甚至会造成膜结构的断裂。从图 7-17（a）可以看出，外力场驱动组装 GO 叠层膜（EFDA-GO）的硬度是原始 GO 膜的1.3倍，此外相比于原始 GO 膜，其弹性模量也增加了约 45%。当引入分子间作用力后，GO 膜可以沿着外加载荷的方向抵抗外部应力，从而展现出自修复能力。同时，在局部弯曲试验中，由于 GO 纳米片与纳米片之间的加固作用，EFDA-GO 膜变得更加柔韧，可以承受更多的形变。EFDA-GO 膜的界面结合力为 41.36mN［图 7-17（c）］，远高于原始 GO 膜。假设在引入聚合物链段以后，平面方向的刚度增强，因此 GO 层很难被划开。优异的界面结合力归功于多孔支撑体的毛细作用力，GO 与 Al_2O_3 支撑体间的氢键和化学键作用力以及荷正电 PEI 与荷负电 Al_2O_3 表面之间的静电吸引力。如图 7-17（d）所示，划痕测试后，原始 GO 膜暴露出支撑体层而 EFDA-

GO 膜却没有。值得指出的是金万勤等制备的 EFDA-GO 复合膜特别适合实际应用和长期连续操作。可以预料的是纳米压痕 / 划痕技术是一种用于表征和优化复合膜力学和界面结合性能的通用方法。

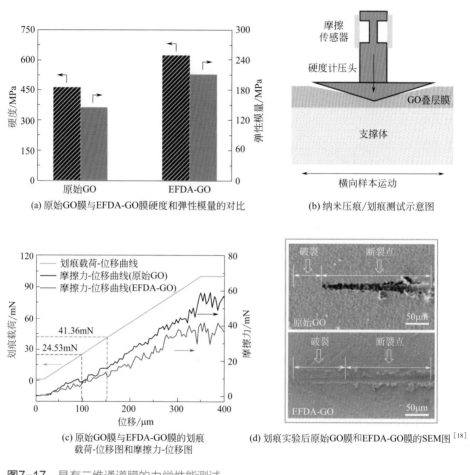

(a) 原始GO膜与EFDA-GO膜硬度和弹性模量的对比

(b) 纳米压痕/划痕测试示意图

(c) 原始GO膜与EFDA-GO膜的划痕载荷-位移图和摩擦力-位移图

(d) 划痕实验后原始GO膜和EFDA-GO膜的SEM图[18]

图7-17 具有二维通道膜的力学性能测试

结果表明超薄聚合物层可以增加膜的机械稳定性以降低膜的物理损坏。如图 7-18（c）所示，CS@GO 复合膜在划痕位移为 233.7mm 处发生破损，大于原始 GO 膜。在这些区域会出现支撑体暴露现象。载荷 - 位移曲线［图 7-18(a)、(b)］表明 CS@GO 复合膜的临界载荷为 27.53mN，高于原始 GO 膜的临界载荷。增强的界面结合力进一步证明了亲水 CS 聚合物紧紧沉积在 GO 膜上。金万勤等制备的 CS@GO 膜具有较好的机械稳定性，有利于实际的错流分离。

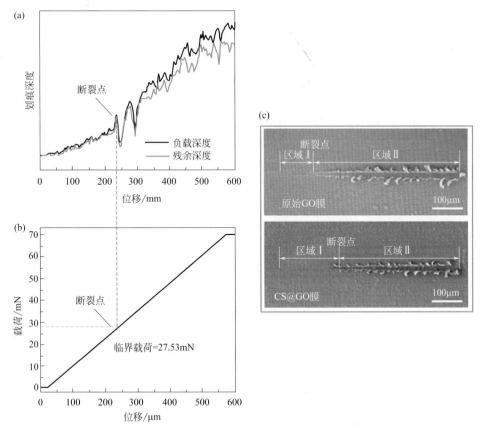

图7-18 （a）CS@GO膜的划痕深度-位移曲线；（b）CS@GO膜的载荷-位移曲线；（c）CS@GO膜和原始GO膜界面破裂后的SEM图[21]

第四节
正电子湮灭寿命谱：表征膜的自由体积

近年来，正电子湮灭寿命谱（PALS）技术已经被证明是一种用于分析膜的自由体积尺寸分布的先进技术[23-26]。Jean 及其同事已经分别在密苏里大学堪萨斯分校[27]、台湾中原大学[7]和新加坡国立大学[8]搭建了正电子湮灭寿命谱的三种慢电子束。该表征技术的示意图如图 7-19 所示。

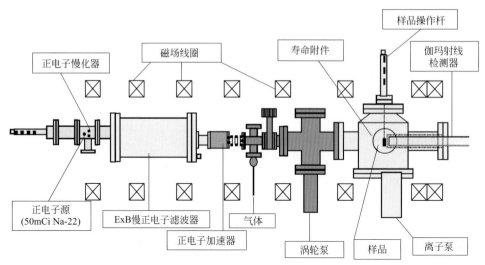

图7-19 检测自由体积和孔深剖面的单能（0～30keV）慢正电子束的多普勒展宽谱仪(DBES)和正电子湮灭寿命(PALS)光谱仪的示意图

一、正电子湮灭寿命谱的基本原理

通常，两种正电子湮灭实验方法用于表征膜结构：正电子湮灭寿命谱（PALS）和多普勒展宽谱仪（DBES）。PALS 测量一定深度下的自由体积（孔隙）尺寸分布，而 DBES 根据膜表面深度对自由体积（孔隙）剖面进行定性分析[28]。关于慢正电子束和数据分析，更多细节可以在文献中发现[29]。

基于无限深势阱模型的半经验方程式可以用来计算与 o-Ps 寿命相关的平均自由体积空穴半径

$$\tau = \frac{1}{2}\left[1 - \frac{R}{R_0} + \frac{1}{2\pi}\sin\left(\frac{2\pi R}{R_0}\right)\right]^{-1} \tag{7-9}$$

式中　τ——o-Ps 寿命，ns；

　　R——平均自由体积空穴半径，Å；

　　R_0——$R + \Delta R$；

　　ΔR——实验电子层厚度为 1.66Å。

据报道，该公式适用于 o-Ps 寿命小于 20ns 或者空穴半径小于 1nm 的情况[30]。得到的原始 PALS 光谱数据用基于连续衰减函数的 MELT 软件和基于离散函数的有限分析的 PATFIT 软件进行分析[28]。通常，MELT 软件反映的是有关孔径尺寸及分布的信息，PATFIT 软件提供有关 o-Ps 平均寿命与强度（I）的信息。

假设腔体为球形，相对分数自由体积可以通过以下公式计算[31]

$$FFV = \sum_i 0.0018 I_i \left(\frac{4}{3} \pi R_i^3 \right)$$ （7-10）

式中　I_i——I_3 或者 I_4，o-Ps 的强度，%；

　　R_i——R_3 或者 R_4，平均自由体积空穴半径，Å。

对于 DBES，在不同正电子入射能量下测量膜样品的若干光谱数据。此外，慢正电子束的入射能量（E_+）通过以下公式与正电子穿透深度（Z）关联起来[29]

$$Z = \frac{40}{\rho} E_+^{1.6}$$ （7-11）

式中　Z——正电子穿透深度，nm；

　　E_+——慢正电子束的入射能量，keV；

　　ρ——样品的密度。

三个参数 S、R 和 W 通过 DBES 获得。参数 R 指能谱 3γ 与 2γ 的湮灭比率，其反映的是大孔（nm 到 μm）信息，在此 o-Ps 经历 3γ 能谱湮灭；S 是 o-Ps 2γ 辐射（拾取淬灭）自由体积（Å 到 nm）。W 参数反映正电子湮灭发生的化学环境的信息。

二、正电子湮灭寿命谱的应用

正电子湮灭寿命谱可以应用于混合基质膜自由体积的研究。引入填充物后，聚合物膜的自由体积将会发生改变。在此介绍金万勤等在前期利用 PALS 技术分析混合基质膜自由体积性质以及 MOF 膜微观结构的工作[18,32-34]。PALS 表征是在台湾中原大学膜技术研发中心完成的。首先介绍 GO/PEBA 混合基质膜[18]。通常，o-Ps 寿命越长，通道尺寸越大。如图 7-20 所示，GO-1［膜中 GO 的含量为 0.1%（质量分数）］膜的寿命分布明显变窄，同时 o-Ps 寿命 τ_3 降低，o-Ps 强度 I_3 明显增强，这表明分子筛分能力的增强以及通道数量的增多。在引入 0.1%（质量分数）的 GO 后，由于 GO 与聚合物 PEBA 之间形成丰富的氢键，纯 PEBA 膜的通道尺寸和数量逐渐减少。这也可以从随着 GO 含量的增加，PEBA 的玻璃化转变温度逐渐上升的现象推测。此外，GO 叠层结构存在大量的通道，根据增强的 o-Ps 的强度（图 7-20 插入的表格）可以推测，插入 GO 后 PEBA 膜内的通道要比纯 PEBA 膜更多。因此 PALS 技术证实了 GO 气体传输通道的存在，展现了分子筛分效应，气体可以选择性扩散通过膜。

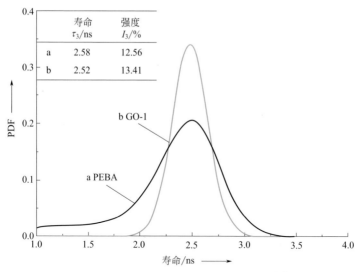

	寿命 τ_3/ns	强度 I_3/%
a	2.58	12.56
b	2.52	13.41

图7-20 纯PEBA膜和GO-1膜的正电子湮灭寿命谱[15]

关于笼型倍半硅氧烷（POSS）/PDMS 混合基质膜[29,34]，金万勤等采用 PALS 技术表征了 POSS/PDMS 混合基质膜的自由体积大小以及分布，采用八乙烯基-POSS（$C_{16}H_{24}O_{12}Si_8$, OctaVinyl POSS®, OL1160）作为填充物。正电子寿命 τ_3 和 τ_4 由 o-Ps 湮灭产生。在聚合物材料中，湮灭寿命为 1 ~ 5ns，这是由分子中电子拾取淬灭产生的。根据式（7-9），正电子寿命可以用来计算自由体积空穴半径 R。如表 7-3 与图 6-46（b）所示，正电子在 PDMS 膜和 POSS 分子中的湮灭时间呈现双峰分布，其对应的自由体积空穴半径为 R_3 与 R_4，分别为 0.202nm、0.373nm 和 0.221nm、0.356nm，其结果与文献报道的一致[18,19]。他们通过物理共混方式将 POSS 分子填充到聚合物 PDMS 中制备混合基质膜，柔性笼状结构的 POSS 分子具有分子传输的扩散通道，它的自由体积空穴半径 R_4 为 0.356nm。需要注意的是 POSS 的 o-Ps 湮灭强度低于 PDMS，这可能是由于 PALS 数据严重依赖于材料的物理化学性质。尽管它们具有相似的化学元素和官能团（如 Si—O—Si，—CH₃），但是结构不同。POSS 具有由单个 Si—O—Si 单元构建的笼状结构，而 PDMS 具有由多个 Si—O 重复单元构建的相互交联网络。这会导致不同的自由体积元素，也就是正电子湮灭的寿命以及强度。POSS 中多数正电子湮灭归因于较短的寿命（τ_1，τ_2）。此外还发现掺杂后，PDMS 膜的小自由体积空穴半径 R_3 减小，其对应的自由体积分布也相应向左偏移；然而大自由体积空穴半径 R_4 增大，其对应的自由体积分布向右偏移。猜测 R_3 减小是由于 POSS 分子与 PDMS 分子链之间存在交联作用，而 R_4 增大则可能是由于 POSS 分子的自由体积贡献。

表7-3　POSS、PDMS和POSS/PDMS-MMMs的正电子湮灭测试结果[34]

样品	τ_3/ns	τ_4/ns	I_3/%	I_4/%	R_3/Å	R_4/Å
PDMS	1.241± 0.101	3.135± 0.024	10.633± 0.976	40.088± 1.049	2.020± 0.134	3.727± 0.011
POSS/PDMS (2%，质量分数)	1.026± 0.109	3.314± 0.023	9.036± 0.683	34.390± 0.738	1.986± 0.147	3.842± 0.010
POSS/PDMS (4%，质量分数)	1.092± 0.056	3.325± 0.015	11.034± 0.826	37.193± 3.774	1.646± 0.094	3.849± 0.006
POSS/PDMS (12%，质量分数)	1.126± 0.059	3.371± 0.015	12.868± 0.758	39.415± 2.057	1.750± 0.093	3.878± 0.006
Vinyl-POSS	1.388± 0.111	2.888± 0.082	21.969± 0.740	23.065± 2.217	2.210± 0.129	3.560± 0.040

　　POSS/PDMS 混合基质膜的自由体积特性恰好适用于选择性透过大分子的渗透汽化过程：小自由体积空穴半径 R_3 的减小将阻碍小分子的扩散；同时大自由体积空穴半径 R_4 的增大将利于大分子的扩散。根据 Cohen 和 Turnbull[35] 描述的聚合物膜的自由体积 V 与渗透组分在膜中的扩散系数 D 之间的关系

$$D = A\exp\left(\frac{-\gamma V^*}{V_f}\right) \tag{7-12}$$

$$\alpha_{D_{i/j}} = \frac{D_i}{D_j} = \exp\left(\frac{\gamma_j V_j^* - \gamma_i V_i^*}{V_f}\right) \tag{7-13}$$

式中　A——指前因子，与温度相关；

　　　γ——自由体积校正因子；

　　　V^*——能容纳渗透分子的最小自由体积（与渗透组分的尺寸密切相关）；

　　　V_f——可供渗透分子透过的平均自由体积；

　　$\alpha_{D_{i/j}}$——扩散选择性；

　　i，j——渗透组分 i 和 j。

　　由式（7-12）可知，随着聚合物膜自由体积的增加，渗透组分的扩散系数增大，即增大膜的渗透性；在式（7-13）中，在渗透组分 j 的分子尺寸大于组分 i 的情况下，通常 $\gamma_j V_j^* > \gamma_i V_i^*$，此时 $\alpha_{D_{i/j}} > 1$，即分子尺寸较小的分子优先透过膜；但 $\alpha_{D_{i/j}}$ 随着 V_f 的增大而减小，逐渐趋向于 1，即增大膜的自由体积有利

于降低膜对小分子的扩散选择性（分子筛分能力），即有利于大分子在膜中的选择性透过。

例如，向 PDMS 中掺入一定量的 POSS 颗粒，随掺杂量的提升，混合基质膜中小尺寸自由体积数量逐步减少，大体积自由体积数量逐步增多。最终，POSS/PDMS 混合基质膜中的大尺寸自由体积空穴直径为 0.746 ～ 0.784nm，小尺寸自由体积空穴直径为 0.334 ～ 0.404nm，正丁醇（动力学直径 0.505nm）和水（动力学直径 0.296nm）可以得到有效分离。

此外还考察了含有不同官能团的 POSS 对 PDMS 混合基质膜分离性能的影响。将八甲基 -POSS 颗粒作为填充物制备了 PDMS 混合基质膜。同时采用正电子湮灭寿命谱考察了膜的自由体积。与之前的结果类似，正电子在 PDMS 膜中的湮灭时间呈现双峰分布，即 PDMS 膜的自由体积大小分布在两个范围内。从 POSS/PDMS 混合基质膜的 PALS 分析结果中可以发现，POSS 的加入导致膜自由体积的规律性变化。如表 7-4 和图 6-42（b）所示，随着 POSS 含量的增加，小自由体积空穴半径 R_3 逐渐减小，向小尺寸方向偏移，然而大自由体积空穴半径 R_4 逐渐增大，向着大尺寸方向偏移。此外，小自由体积强度 I_3 增加而大自由体积强度 I_4 减小，这可能是由于 PDMS 链段对 POSS 的局部孔阻塞造成的。如图 7-21 所示，R_3 和 R_4 与 POSS 含量存在线性关系且随着混合基质膜中 POSS 含量的变化而变化。当 POSS 含量为 40%（质量分数）时，R_3 减小为 0.167nm，R_4 增加至 0.392nm。尽管 POSS 的本征自由体积半径小于纯 PDMS 膜的，在引入 POSS 后，PDMS 膜的大自由体积空穴半径明显增大（例如 R_4 从 0.373nm 增加至 0.392nm）。结果表明混合基质膜的自由体积可从两方

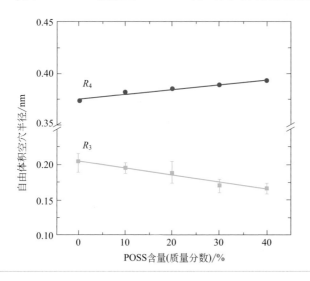

图7-21
POSS含量对POSS/PDMS混合基质膜自由体积尺寸的影响[29]

面通过分子作用力进行细微调控：① PDMS 分子链内部相互作用力的增加，降低了小自由体积空穴半径 R_3；② PDMS 链段运动性的增强，增加了大自由体积空穴半径 R_4。

表7-4　PDMS膜、POSS/PDMS混合基质膜与POSS颗粒的正电子湮灭结果

样品	τ_3/ns	τ_4/ns	I_3/%	I_4/%	R_3/Å	R_4/Å
PDMS	1.241± 0.101	3.135± 0.024	10.633± 0.976	40.088± 1.049	2.020± 0.134	3.727± 0.011
POSS/PDMS （10%，质量分数）	1.191± 0.053	3.278± 0.019	12.851± 0.377	38.145± 1.865	1.951± 0.074	3.819± 0.008
POSS/PDMS （20%，质量分数）	1.149± 0.100	3.343± 0.030	14.562± 0.094	33.949± 1.137	1.891± 0.144	3.860± 0.012
POSS/PDMS （30%，质量分数）	1.019± 0.069	3.385± 0.028	18.452± 0.211	30.473± 1.861	1.692± 0.112	3.886± 0.011
POSS/PDMS （40%，质量分数）	1.007± 0.047	3.441± 0.028	20.227± 0.950	27.505± 1.949	1.672± 0.077	3.921± 0.011
POSS	—	2.978± 0.083	—	4.991± 0.231	—	3.622± 0.039

　　以上结果表明简单物理掺杂纳米尺寸的 POSS 颗粒可以对聚合物链段堆积与运动性实现分子级别的精密调控，因为聚合物自由体积空穴半径的变化范围仅为 0.02～0.035nm。对于面向分子尺度分离的致密聚合物而言，渗透组分尺寸即使相差 0.02nm 也能造成聚合物膜通量发生巨大的变化。例如，尽管 O_2 和 N_2 的分子动力学直径仅相差 0.018nm，强尺寸筛分聚合物膜对 O_2 和 N_2 的选择性高达 8。PALS 技术结果表明，POSS 的掺杂增强了 PDMS 链段内部分子作用力，同时也改善了 PDMS 链段的运动性。因此，在 PDMS 混合基质膜中，小自由体积空穴半径减小而大自由体积空穴半径增加。自由体积的可调控性有利于大尺寸分子通过聚合物膜。

　　此外 PALS 还可以用来研究 MOF 纯膜的孔道结构[33]。孔径以及孔径分布采用正电子湮灭寿命谱进行分析，而从膜表面沿深度方向至膜内部的孔轮廓结构则采用多普勒能带光谱研究。金万勤等采用水热生长方式在陶瓷片上制备出 ZIF-300 膜，为了研究其形成以及分离机理，采用正电子湮灭寿命谱对不同合

成温度条件下 ZIF-300 膜的结构进行了分析。如图 7-22 所示，寿命分布图谱采用 MELT 程序分别在 2keV 和 5keV 条件下得到。如表 4-2 所示，不同温度条件下合成的 ZIF-300 膜具有不同的自由体积。当合成温度从 80℃提高到 120℃时，自由体积半径从 3.553Å 下降到 3.117Å，这表明较高的合成温度有利于 ZIF-300 晶体的生长。然而，进一步提高合成温度至 140℃时，其自由体积会大幅增加（2keV），意味着此时 ZIF-300 膜结构已经破坏，说明过高的合成温度不利于连续膜层的形成。同样的自由体积变化趋势也能在 5keV 条件下测试的结果中发现（表 4-3）。

采用 PALS 技术进一步表征 ZIF-300 分离层的微观结构，如图 7-23 所示，采用正电子正面轰击 ZIF-300 膜表面。多普勒能带光谱中参数 S 可以分析其孔的结构。有趣的是，ZIF-300 分离层为非对称的结构 [图 7-23（a）]。从 S-E 图谱中发现，ZIF-300 膜的三个区域可以清晰地辨别：（Ⅰ）膜表面和 ZIF-300 致密层（区域Ⅰ）、（Ⅱ）过渡层（ZIF-300+ 晶种层，区域Ⅱ）、（Ⅲ）晶种层（区域Ⅲ）。由于正电子从膜表面反射回来，参数 S 呈现出相对较小的值。当正电子渗透到 MOF 的孔洞中，绝大多数的正电子将湮灭在里面，从而导致参数 S 的大幅度下降，当正电子穿射到过渡层，参数 S 以较小的幅度下降，这是由于自由体积的稳定增加。当正电子穿透到晶种层，参数 S 随着深度的增加继续呈现大幅度下降的趋势，这是由于晶种层密度较小，正电子穿越晶种层没有阻力，限制了正电子束的产生，无法得到反馈。通过 PALS 技术，金万勤等证实了 ZIF-300 膜呈现明显的非对称结构且其具有分子传输通道，展现了分子筛分效应，染料分子等可以选择性通过 MOF 膜。

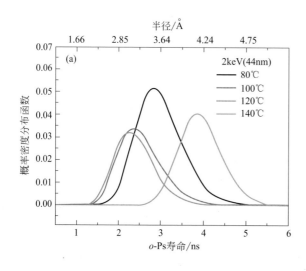

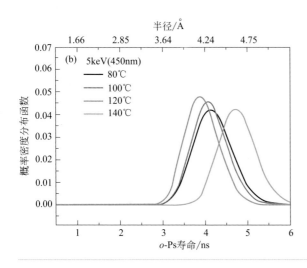

图7-22 （a）2keV (44nm)和（b）5keV(450nm)条件下o-Ps分布[33]

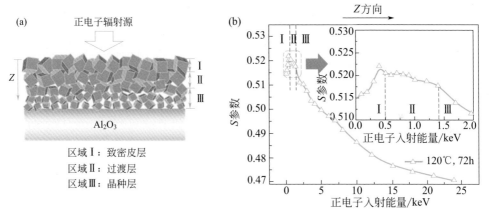

图7-23 （a）正电子穿越ZIF-300膜层图解；（b）参数S与正电子能量和深度的图[33]

参考文献

[1] Chen Y, Xiangli F, Jin W, et al. Streaming potential characterization of LBL membranes on porous ceramic supports[J]. AIChE Journal, 2007, 53:969-977.

[2] Fievet P, Szymczyk A, Labbez C, et al. Determining the zeta potential of porous membranes using electrolyte conductivity inside pores[J]. Journal of Colloid and Interface Science, 2001, 235: 383-390.

[3] Ladam G, Schaad P, Voegel J C, et al. In situ determination of the structural properties of initially deposited polyelectrolyte multilayers[J]. Langmuir, 2000,16:1249-1255.

[4] Chan Y H M, Schweiss R, Werner C, et al. Electrokinetic characterization of oligo-and poly(ethylene glycol)-terminated self-assembled monolayers on gold and glass surfaces[J]. Langmuir, 2003,19:7380-7385.

[5] Wilmer O, Thomas L C, Donald A M, Electrokinetic flow in a narrow cylindrical capillary[J]. Journal of Physical Chemistry, 1980, 84: 867-869.

[6] Szymczyk A, Fievet P, Reggiani J C, et al. Characterisation of surface properties of ceramic membranes by streaming and membrane potentials[J]. Journal of Membrane Science, 1998,146:277-284.

[7] Hung W S, Lo C H, Cheng M L, et al. Polymeric membrane studied using slow positron beam[J]. Applied Surface Science, 2008, 255: 201-204.

[8] Jean Y C, Hongmin C, Sui Z, et al. Characterizing free volumes and layer structures in polymeric membranes using slow positron annihilation spectroscopy[J]. Journal of Physics: Conference Series, 2011, 262: 012027.

[9] Furlong D N, Freeman P A, Lau A C M. The adsorption of soluble silica at solid-aqueous solution interfaces[J]. Journal of Colloid and Interface Science, 1981, 80: 20-31.

[10] Saha R, Nix W D. Effects of the substrate on the determination of thin film mechanical properties by nanoindentation[J]. Acta Materialia, 2002,50: 23-38.

[11] Fischer-Cripps A C. Critical review of analysis and interpretation of nanoindentation test data [J]. Surface and Coatings Technology, 2006, 200:4153-4165.

[12] Wei W, Xia S, Liu G, et al. Interfacial adhesion between polymer separation layer and ceramic support for composite membrane[J]. AIChE Journal, 2010, 56:1584-1592.

[13] Hang Y, Liu G, Huang K, et al. Mechanical properties and interfacial adhesion of composite membranes probed by in-situ nano-indentation/scratch technique[J]. Journal of Membrane Science, 2015, 494: 205-215.

[14] Oliver W C, Pharr G M. Measurement of hardness and elastic modulus by instrumented indentation: advances in understanding and refinements to methodology[J]. Journal of Materials Research, 2004, 19: 3-20.

[15] Wenzel R N. Resistance of solid surfaces to wetting by water[J]. Industrial & Engineering Chemistry, 1936, 28: 988-994.

[16] Mirabedini S M, Rahimi H, Hamedifar S, et al. Microwave irradiation of polypropylene surface: a study on wettability and adhesion[J]. International Journal of Adhesion and Adhesives, 2004, 24: 163-170.

[17] Lugscheider E, Bobzin K. The influence on surface free energy of PVD-coatings[J]. Surface & Coatings Technology, 2001, 142-144: 755-760.

[18] Shen J, Liu G, Huang K, et al. Membranes with fast and selective gas-transport channels of laminar graphene oxide for efficient CO_2 capture[J]. Angewandte Chemie International Edition, 2015, 54:578-582.

[19] Huang K, Liu G, Lou Y, et al. A graphene oxide membrane with highly selective molecular separation of aqueous organic solution[J]. Angewandte Chemie International Edition, 2014,53: 6929-6932.

[20] Shen J, Liu G, Huang K, et al. Subnanometer two-dimensional graphene oxide channels for ultrafast gas sieving[J]. ACS Nano, 2016, 10:3398-3409.

[21] Huang K, Liu G, Shen J, et al. High efficiency water-transport channels using the synergistic effect of a hydrophilic polymer and graphene oxide laminates[J]. Advanced Functional Materials, 2015, 25:5809-5815.

[22] Li Q, Liu G, Huang K, et al. Preparation and characterization of $Ni_2(mal)_2(bpy)$ homochiral MOF membrane[J]. Asia-Pacific Journal of Chemical Engineering, 2016, 11:60-69.

[23] Jean Y C, Van Horn J D, Hung W S, et al. Perspective of positron annihilation spectroscopy in polymers[J].

Macromolecules, 2013, 46: 7133-7145.

[24] Hung W S, De Guzman M, Huang S H, et al. Characterizing free volumes and layer structures in asymmetric thin-film polymeric membranes in the wet condition using the variable monoenergy slow positron beam[J]. Macromolecules, 2010, 43: 6127-6134.

[25] Alentiev A Y, Bondarenko G N, Kostina Y V, et al. PIM-1/MIL-101 hybrid composite membrane material: transport properties and free volume[J]. Petroleum Chemistry, 2014, 54:477-481.

[26] Shi G M, Chen H M, Jean Y C, et al. Sorption, swelling, and free volume of polybenzimidazole (PBI) and PBI/ zeolitic imidazolate framework (ZIF-8) nano-composite membranes for pervaporation[J]. Polymer, 2013, 54: 774-783.

[27] Zhang R, Cao H, Chen H M, et al. Development of positron annihilation spectroscopy to test accelerated weathering of protective polymer coatings[J]. Radiation Physics and Chemistry, 2000, 58:639-644.

[28] Ma X, Wang H, Wang H, et al. Pore structure characterization of supported polycrystalline zeolite membranes by positron annihilation spectroscopy[J]. Journal of Membrane Science, 2015, 477:41-48.

[29] Chen H, Hung W S, Lo C H, et al. Free-volume depth profile of polymeric membranes studied by positron annihilation spectroscopy: layer structure from interfacial polymerization[J]. Macromolecules, 2007, 40: 7542-7557.

[30] Ito K, Nakanishi H, Ujihira Y. Extension of the equation for the annihilation lifetime of ortho-positronium at a cavity larger than 1nm in radius[J]. The Journal of Physical Chemistry B, 1999,103:4555-4558.

[31] Shantarovich V P, Kevdina I B, Yampolskii Y P, et al. Positron annihilation lifetime study of high and low free volume glassy polymers: effects of free volume sizes on the permeability and permselectivity[J]. Macromolecules, 2000, 33:7453-7466.

[32] Liu G P, Hung W S, Shen J, et al. Mixed matrix membranes with molecular-interaction-driven tunable free volumes for efficient bio-fuel recovery[J]. Journal of Materials Chemistry A, 2015, 3:4510-4521.

[33] Yuan J W, Hung W S, Zhu H P, et al. Fabrication of ZIF-300 membrane and its application for efficient removal of heavy metal ions from wastewater[J]. Journal of Membrane Science, 2019, 572: 20-27.

[34] Chen X, Hung W S, Liu G P, et al. PDMS mixed-matrix membranes with molecular fillers via reactive incorporation and their application for bio-butanol recovery from aqueous solution[J]. Journal of Polymer Science, 2020,58(18): 2634-2643.

[35] Cohen M H, Turnbull D. Molecular transport in liquids and glasses[J]. Journal of Chemical Physics, 1959, 31:1164-1169.

第八章
膜的大规模制备与工业应用

第一节
概　述

　　前几章的研究已经揭示了有机-无机复合分离膜在分子分离层面上（渗透汽化和气体分离）展现出非常高的性能。为了实现工业应用的目标，就必须加大规模化制造和产业化的力度。目前，亲水的渗透汽化膜如聚乙烯醇（PVA）膜、NaA分子筛膜等已经可以实现大规模制造并成功商业化，在溶剂脱水等相关领域占据了一定的市场。然而，由于疏水渗透汽化膜的大规模制备工艺尚不成熟，实际应用领域还未开拓，目前国内外关于疏水渗透汽化膜的工业应用报道较少。此外，尽管实验室规模的混合基质膜具有良好的分离性和稳定性，但是距离发展成为工业上可以大规模使用的分离单元还很遥远。本章综述了有机-无机复合分离膜的放大制备及产业化进展。讲述了成功建立聚合物/陶瓷复合膜生产线的理论和实际过程及相关工业应用。聚二甲基硅氧烷（PDMS）/陶瓷复合膜产品目前已应用于生物燃料生产和VOC分离回收，通过优化聚合物/陶瓷复合膜的制备条件和生产线，可以进一步提高产品性能和制备效率。同时，该放大经验将应用于其他类型的有机-无机复合分离膜的商业化，将来也可探索更多的分离体系，以扩大有机-无机复合分离膜的应用范围。

第二节
聚合物/陶瓷复合膜的放大制备

一、聚合物/陶瓷复合膜的制备与放大

　　聚合物/陶瓷复合膜是指在宏观尺度为厘米级别的多孔陶瓷片表面沉积聚合物层所制备的膜。与传统的平板膜不同，金万勤等通过优化实验，使用陶瓷管（ZrO_2/Al_2O_3，孔径约200nm）代替圆片作为支撑，得到的复合膜具有相同的分离性能，陶瓷管易于放大的特性标志着聚合物/陶瓷复合膜的放大制备的开端。制备管式膜时，开始使用的膜管长度为7cm，内径为8mm，外径为12mm，有效膜

面积为 21cm²。聚合物溶液通过浸渍提拉法沉积在陶瓷管外表面。此外，还设计了基于管式陶瓷复合膜的配套组件，用于测试聚合物/陶瓷复合膜的分离性能。众所周知，管式膜的合理放大途径是增加膜管长度，同时提高膜组件的填料密度，为此金万勤等开发了一系列长度为 7～80cm 不等的管状聚合物/陶瓷复合膜，如图 8-1 所示。此外，还开发了用于工业使用的高填料密度的管式膜组件。通过优化陶瓷管的表面、聚合物涂层溶液的性能，结合浸涂技术，在陶瓷支撑体上形成一层薄的（约 5μm）无缺陷的聚合物分离层，其具有良好的界面结合性能。同时，对膜组件的流体流动过程进行了组件结构的优化，使得膜分离传质过程总是处于高效的传质、传热状态。

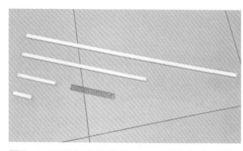
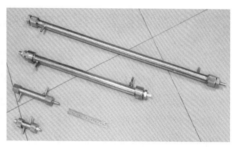

图8-1　不同长度的管式PDMS/陶瓷复合膜（7cm、16cm、50cm和80cm）及其渗透汽化组件

此处以 PDMS/陶瓷复合膜为例来阐述放大制备的详细过程。随着膜管长增加到 80cm，膜面积提高到短陶瓷膜管面积的 14 倍，即 294cm²，通过优化膜的制备条件和膜组件的设计，使膜的分离性能与原短膜管（7cm）相当。即使是最长的 PDMS/陶瓷复合膜（80cm），分离乙醇/水混合物体系时总通量也能保持在 1.35kg/(m²·h)，分离因子为 8.0，渗透侧乙醇的质量分数达到 30%。与已经商品化的 PDMS 膜及文献报道的疏水膜相比，具有很大的竞争力。更重要的是，在实验室制备的 80cm 长的陶瓷膜管可以实现大规模生产并在工业中使用。

聚合物/陶瓷复合膜的放大制备是与九思高科技有限公司合作完成的。首先，实现了大规模生产孔径结构和表面性能可控的 100cm 陶瓷管支撑体，为复合膜的制备奠定了坚实的基础。随后，又设计了一种自动浸涂的生产线，使聚合物分离层能够均匀地沉积在陶瓷管表面。此外，陶瓷支撑体的预处理、聚合物溶液的制备、复合膜的干燥等工艺流程也一同进行了优化改进。2012 年，九思高科技有限公司成功建成年产 1000m² 聚合物/陶瓷复合膜的生产线。图 8-2 就展示了可以大规模制备的长度为 100cm 的聚合物/陶瓷复合膜和填充膜面积为 1m² 的膜组件。

图8-2　长度为100cm的聚合物/管式陶瓷复合膜（内径8mm、外径12mm）和组件（1m²）

二、聚合物/陶瓷复合膜的性能测试

通过渗透汽化分离乙醇／水混合物测试了陶瓷复合膜的长期稳定性。测试结果如图8-3所示，大规模生产的PDMS/陶瓷复合膜在55天内测试渗透汽化时表现出稳定的性能。总通量约为1.3kg/(m²·h)，分离因子约为8.0，渗透液中乙醇质量分数为30%［乙醇进料浓度为5%（质量分数），操作温度为40℃］。这一性能与实验室制备的80cm膜相同，甚至非常接近早期制备的短膜管（7cm）。实验结果验证了聚合物／陶瓷复合膜大规模工业化制备的可行性。此外，金万勤等和九思高科技有限公司合作建立了聚合物／陶瓷复合膜的质量检测单元。它由初步缺陷检查和标准性能测试两部分组成。通过对数百种实际分离用膜产品的评价，研究了该生产线的重现性。如图8-4所示，近200根批量生产的PDMS/陶瓷复合膜的分离性能非常接近，都保持了高稳定的通量和分离因子，进一步证实了该生产线大规模制备聚合物／陶瓷复合膜的可行性。

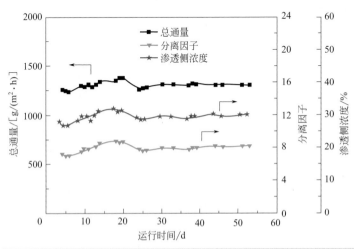

图8-3
PDMS/陶瓷复合膜（100cm）在40℃下渗透汽化分离5%(质量分数)乙醇/水混合物的长期稳定性

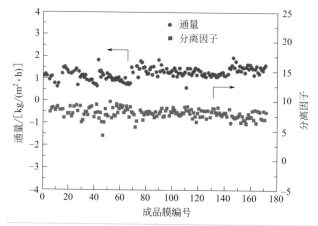

图8-4
PDMS/陶瓷复合膜在40℃下渗透汽化分离5%(质量分数)乙醇/水混合物的产品再现性

三、聚合物/陶瓷复合内膜的制备

PDMS/陶瓷复合外膜在放大制备过程中已经较为成熟，考虑到工业应用，具有内表面分离层的PDMS复合膜更能在装填过程中很好地保护分离层免受物理损伤。此外，内膜涂覆技术也可以扩展到多通道复合膜的开发，因为它可以提供额外的装填密度和机械强度，为大规模应用提供了巨大潜力。金万勤等利用已经成熟的涂膜技术，成功在陶瓷管内表面上涂覆得到薄且无缺陷的PDMS分离层。制备得到的内膜膜管长度约为15cm，膜的厚度约为5μm，分离层和支撑层界面结合力高，PDMS层表面致密且无缺陷。在37℃下，分离1.5%（质量分数）丁醇/水溶液，膜通量为1050.1g/(m² · h)，分离因子为26.0。

事实上在内膜的制备过程中发现，过渡层厚度的增加会增加传输阻力，从而降低膜通量，但是过薄的分离层会使膜层中存在缺陷，并且界面黏附力不足。通过长期优化聚合物溶液涂覆工艺条件后，金万勤等能制备80cm长的PDMS/陶瓷复合内膜，其具有良好的醇/水分离性能。在37℃下，分离1.5%（质量分数）丁醇/水溶液时，总通量为719g/(m² · h)，丁醇/水分离因子为22.1。同样操作温度下，分离5%（质量分数）乙醇/水溶液时，总通量为750g/(m² · h)，乙醇/水分离因子为8.0。

在放大制备了PDMS/陶瓷复合内膜后，金万勤等还开发了四通道PDMS/中空纤维复合内膜和十九通道PDMS/陶瓷复合内膜，如图8-5和图8-6所示。其中40cm长的四通道PDMS/中空纤维复合内膜的孔结构位于纤维的外壁侧和内腔的内壁侧，海绵孔结构位于中空纤维横截面的中间区域，其总厚度约为300μm。指状孔结构具有较高的孔隙率和较低的传质阻力，海绵孔结构为聚合物溶液的涂覆

和薄膜的形成提供了相对致密且光滑的内表面，使得膜的性能较好，其通量为
847.1g/(m² · h)，乙醇／水分离因子为7.8。

图8-5　四通道PDMS/中空纤维复合内膜的形貌：（a）数码照片；（b）中空纤维支撑体内
表面；（c）断面和（d）断面局部放大的SEM图

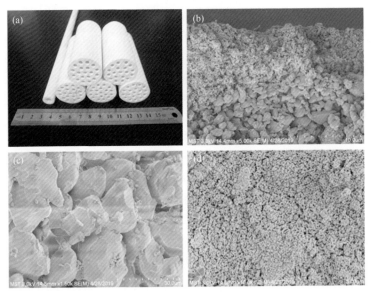

图8-6　十九通道PDMS/陶瓷复合内膜的形貌：（a）数码照片；（b）断面；（c）外表面
和（d）内表面的SEM图

而十九通道 PDMS/ 陶瓷复合内膜分离层厚度不均一，且孔渗现象严重。可能的原因是陶瓷载体自身的孔道较多，在静态涂覆和错流过程中无法做到铸膜液受力均衡。在 40℃下，分离 5%（质量分数）乙醇/ 水体系时，通量为 731.7g/(m² · h)，分离因子为 8.6。相同操作温度下，分离 1%（质量分数）丁醇/ 水体系时，通量为 708.6g/(m² · h)，分离因子为 24.5。相比于自制的管式 PDMS/ 陶瓷复合内膜和四通道 PDMS/ 中空纤维复合内膜而言，十九通道 PDMS/ 陶瓷复合内膜的分离性能略低。

此外，金万勤等还考察了 PDMS 透醇内膜的长期稳定性。如图 8-7 所示，在长达 200h 的连续分离过程中，管式 PDMS/ 陶瓷复合内膜性能稳定，平均膜通量为 1020.3g/(m² · h)，丁醇/ 水分离因子为 23.9，表明该管式内膜在丁醇稀溶液分离过程中具有良好的应用前景。

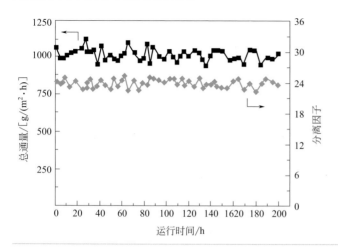

图8-7
管式PDMS/陶瓷复合内膜分离1.5%(质量分数)丁醇/水混合物时的渗透汽化稳定性

第三节
聚合物/陶瓷复合膜膜组件的优化设计

一、聚合物/陶瓷复合膜膜组件的传质效率模拟与优化

尽管中空纤维复合膜具有许多优秀的特性，对膜材料和制备方法有大量的基础研究，但在渗透汽化工艺中还没有得到具体的工业化应用。高性能中空纤维

集成模块化是阻碍其应用的主要挑战之一。为了将其推向工业化应用阶段，渗透汽化中空纤维膜组件的设计与应用需要进一步深入研究。金万勤等对应用于水处理和气体分离的中空纤维膜组件进行了大量的理论和实验研究以优化流动几何结构，使中空纤维组件的浓度极化最小化，从而提高传质效率。

为了开发高传质效率的膜组件，金万勤等采用计算流体力学（CFD）技术对不同结构的中空纤维组件进行了流场模拟[1]。研究发现，填料密度和截面布置对中空纤维膜的分离性能有显著影响。中空纤维膜的一个显著的优点是具有较高的填料密度。因此通过在膜组件中加入不同数量的中空纤维膜，研究了填料密度对膜组件性能的影响。根据 CFD 模拟结果（图 8-8），低填料密度的膜组件中液体分布良好。但是，当填料密度极高时，观察到明显的浓度极化现象。金万勤等基于 CFD 模拟结果，制备了不同填料密度的中空纤维模块，并在 40℃下，正丁醇为 1%（质量分数）的正丁醇/水混合物中进行分离测试。

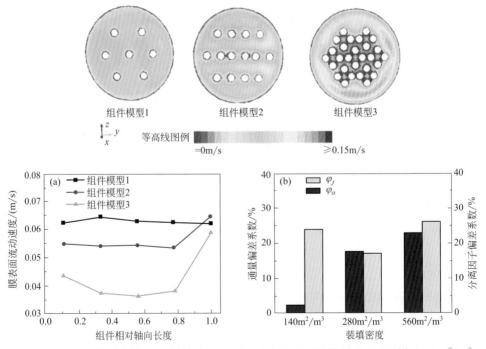

图8-8 用CFD模拟方法预测组件模型1、2、3（中空纤维填料密度分别为140m²/m³、280m²/m³和560m²/m³）的x轴运动速度（m/s）、通量偏差系数和分离因子偏差系数

为了表征中空纤维膜与膜组件之间的性能差异，将通量 φ_J 和分离因子 φ_α 的偏差系数分别定义为 $(J_0-J_1)/J_0 \times 100\%$ 和 $(\alpha_0-\alpha_1)/\alpha_0 \times 100\%$（$J_0$ 为中空纤维膜的平均通量，J_1 为膜组件的通量；α_0 为中空纤维膜的平均分离因子，α_1 为膜组件

的分离因子）。如图 8-9 所示，随着填料密度的增加，通量减小，而高、低填料密度下的分离因子几乎相同。

除填料密度外，膜组件的截面布置也是膜组件设计的一个重要参数。通过在膜组件中填充相同数量的中空纤维膜以控制相同的填料密度，研究了不同截面布局的膜组件以优化其结构。发现通过增加模块中的中空纤维束可以改善进料速度的分布（图 8-9）。将 1 束纤维分成 4 束甚至 7 束，使中空纤维的膜面积更多地与进料进行接触，膜表面大部分区域的流动分布得到显著增强。通常，膜组件的性能主要取决于填料密度，随着填料密度的增加，膜组件的性能降低。PDMS 膜组件的截面布局优化是设计高性能、高填充密度（$> 500 \text{m}^2/\text{m}^3$）中空纤维组件的有力工具，通过使用更小尺寸的中空纤维，该值有望进一步提高。

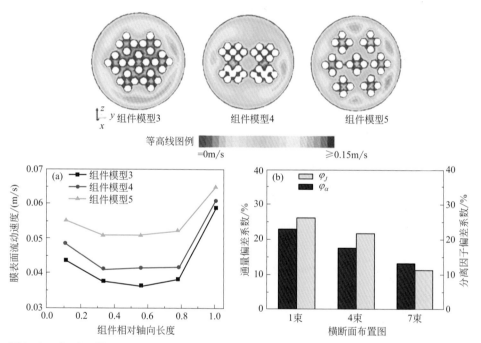

图8-9　分别用模型1、4和7的中空纤维束在组件3～5中通过CFD模拟预测x轴运动速度（m/s）、通量偏差系数和分离因子偏差系数

二、聚合物/陶瓷复合膜膜组件的分离性能测试

图 8-10 显示了中空纤维膜组件在 40℃的 ABE 发酵液 [0.6%（质量分数）丙酮、1.2%（质量分数）正丁醇和 0.2%（质量分数）乙醇] 中的长期稳定性，

进料流量为124L/h。发现膜的通量和分离因子在120h连续操作内保持稳定。由于ABE进料浓度的波动，造成了一些性能上的偏差，但该组件在ABE发酵液分离中仍表现出较高的性能，总平均通量为1kg/(m²·h)，丙酮分离因子为28.6，正丁醇分离因子为22.2，乙醇分离因子为6.4。与文献相比，金万勤等制备的中空纤维膜组件的分离性能比聚合物膜甚至混合基质膜都有更高的通量和分离因子。这主要归功于中空纤维陶瓷基板的低传输阻力和薄而无缺陷的PDMS分离层。此外，优化设计的高填料密度（560m²/m³）的中空纤维膜组件基本上与PDMS/中空纤维陶瓷膜的渗透汽化性能相同。结果表明，陶瓷负载PDMS复合膜中空纤维膜组件在生物丁醇生产中具有广阔的应用前景。

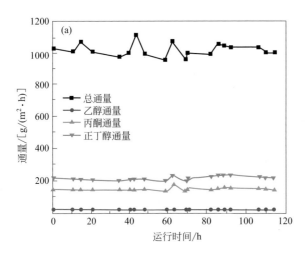

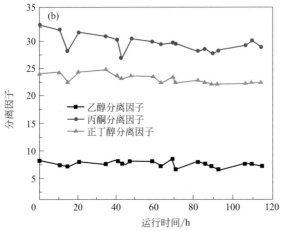

图8-10　中空纤维膜组件的长期稳定性：（a）通量和（b）分离因子

对于管式PDMS/陶瓷复合膜，通过优化填料结构、流体流动和加热方式，也可有效地将膜面积从 1m^2 放大到 8m^2。渗透汽化中试装置（图8-11）是通过组装几个膜组件并将进料和收集装置与中央控制系统集成而建立的。值得一提的是，整个装置的设计不仅要考虑如何使膜的性能最大化，还要考虑如何节约资金投入。

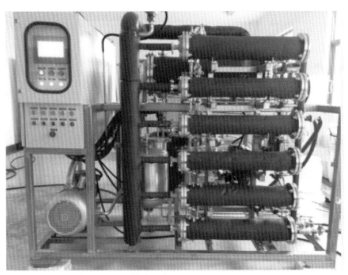

图8-11 渗透汽化与蒸汽渗透工业用聚合物/陶瓷复合膜中试装置

第四节
渗透汽化在葡萄酒生产过程中的应用

红酒作为常见的酒精饮料之一，主要由葡萄发酵而成。葡萄酒含有10%～15%（体积分数）的酒精、糖、单宁和酸。通过研究发现，将葡萄酒中的乙醇含量降低后，葡萄酒的口感营养价值变化不大。为了生产此类葡萄酒，在实际生产过程中，通过精馏降低葡萄酒中乙醇的含量，且不破坏葡萄酒种的营养物质，仍然保留葡萄酒的风味。因此，对葡萄酒进行脱醇处理是一个受到广泛研究的问题。

金万勤等利用PDMS-PAN复合膜，通过三级渗透汽化系统有效地将葡萄酒中的色素、单宁和残糖从醇溶性香气成分中分离出来，并且能进一步浓缩香气成分和乙醇[2]。具体流程如图 8-12 所示，整个过程由两级渗透汽化膜组成，每级系统都有进料罐、循环泵、换热器、膜、真空泵、冷凝器和渗透罐。

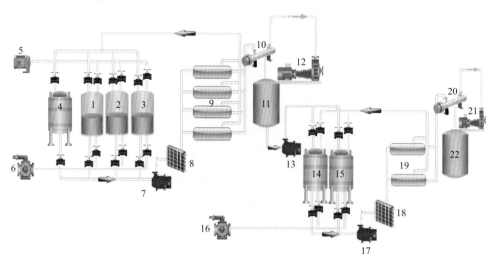

图8-12　渗透汽化脱除中试装置示意图

1—进料罐Ⅰ；2—进料罐Ⅱ；3—进料罐Ⅲ；4—清洗罐；5—进料泵；6—输送泵Ⅰ；7—进料循环泵；8—换热器；9—膜组件；10—冷凝器；11—渗透罐；12—真空泵；13—输送泵Ⅱ；14—二级进料罐Ⅰ；15—二级进料罐Ⅱ；16—二级再生液输送泵；17—二级进料循环泵；18—换热器；19—膜组件；20—冷凝器；21—真空泵；22—二级渗透罐

一级系统设有三个进料罐，每个进料罐容积为 3m³。在使用进料罐Ⅰ进行渗透汽化操作时，进料罐Ⅱ排放上一批的残余物，而进料罐Ⅲ储存新鲜红酒原料。此时，来自Ⅱ号罐的残余物将与来自Ⅲ号罐的原料进行热交换，并将热量传递给原料以期降低能耗，且实现连续作业。第一级渗透液体被泵送至第二级系统的进料罐。二级系统有两个容积为 1m³ 的进料罐。当其中一个进料罐运行时，另一个进料罐接收来自一级系统的渗透液。此外，一级系统配有清洗槽。每批次原料渗透汽化工艺完成后，系统将用清洗剂对进料罐进行冲洗。同时，每个一级进料罐配有一个气动阀和一个单向阀使得进料中的红酒不与空气接触，以防止氧化。真空泵出口处安装二级冷凝器，出口气体在大气压下再次冷凝。这是因为，乙醇和芳香蒸气在 -15℃ 和 0.1MPa 下容易冷凝成液相，从而最大限度保证零排放和尽可能回收乙醇和芳香蒸气。具体的实物图如图 8-13 所示。

图8-13 红酒分离的渗透汽化设备装置图:(a)、(c)第一级系统;(b)、(d)第二级系统

通过对渗透汽化膜性能的测试发现,如图 8-14 所示,随着时间的推移,纯水的通量保持在 500g/(m² · h) 左右,而乙醇 / 水溶液的通量则明显降低。在乙醇 / 水分离的渗透汽化过程起始阶段,通量达到 1500g/(m² · h),然后下降并趋于稳定。当乙醇浓度低于 0.5%(体积分数)时,通量相当于纯水通量。当乙醇含量为 12.5%(体积分数)时,其初始通量略低于乙醇 / 水溶液。虽然红酒的挥发性有机物含量高于乙醇 / 水溶液,但非挥发性成分迅速污染膜表面,导致膜通量降低。渗透汽化过程中,通量迅速下降。连续运行 8h 后,通量降至 500g/(m²·h)。此外,当红葡萄酒的酒精含量降至 0.5%(体积分数)时,通量下降至 350g/(m²·h),远低于乙醇 / 水溶液。因此,为了保持良好的分离效率,每批试验结束后都需要用纯水或乙醇 / 水对膜系统进行清洗。由于二级膜系统的进料是一级膜系统的渗透液,因此不挥发固体含量低,可大大降低膜污染。图 8-14(b)显示,当分离30%(体积分数)乙醇 / 水溶液时,通量的下降趋势相似。进料液经二级膜系统

处理后，酒精含量降至 0.5% 以下。二级膜系统不需要清洗，因为进料中几乎没有污染物质。由上可知，经两级膜系统处理后，原料红葡萄酒的酒精含量降至 0.5%（体积分数）以下，达到了无酒精葡萄酒的标准。此外，第一级渗透液和第二级渗透液中的酒精含量分别为 28%（体积分数）和 50%（体积分数）。另外，由图 8-15 可知，通过 200 天的长期稳定性测试，两级系统运行非常稳定，处理能力波动小，两级系统的分离因子变化较小，成品酒均能达到无酒精葡萄酒的标准。

通过该方法制备得到的无酒精葡萄酒不仅能满足酒厂的质量要求，还可获得更多的芳香物质，生产出的葡萄酒比传统蒸馏酒具有更好的气味和口感，还可以进一步研究使无酒精葡萄酒口感更加均衡。同时，该流程可以进一步调整整个渗透汽化膜系统的投资和运行成本，以促进渗透汽化膜系统在葡萄酒行业的快速发展。

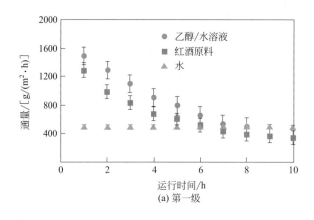

(a) 第一级

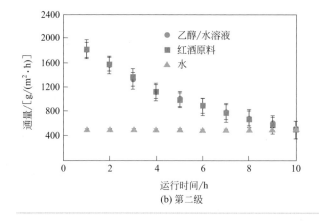

(b) 第二级

图8-14

（a）第一级系统；（b）第二级系统对水、乙醇/水溶液和红酒原料的渗透汽化性能

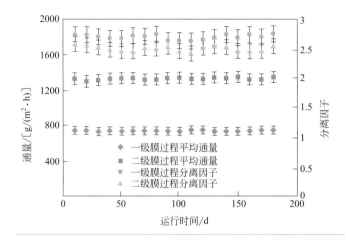

图8-15
渗透汽化系统处理红酒进料
液长期稳定性

第五节
生物燃料生产工艺中的应用

一、聚合物/陶瓷复合膜提纯乙醇的小试测试

前几节展示了聚合物/陶瓷复合膜在生物燃料生产中的巨大应用潜力。为了生产生物燃料，金万勤等开发了生物乙醇耦合过程，其中有两种渗透汽化膜。首先，采用疏水膜去除发酵罐中生物质转化的乙醇，这是因为乙醇对微生物生长有抑制作用，去除乙醇可以提高发酵效率。发酵液中乙醇浓度为5%～15%（质量分数），通过疏水膜后乙醇可富集到20%～60%（质量分数）。其次，将亲水膜放置在传统蒸馏装置之后，用于将乙醇从共沸物浓度净化到最终需要的浓度［例如，乙醇浓度提高到99.8%（质量分数）用于生物燃料的生产］。

图 8-16 是疏水渗透汽化发酵耦合过程的实验室装置。它包括发酵单元、渗透汽化单元和控制单元三部分。这种耦合技术的一个关键点是发酵的生产率和渗透汽化的处理率相匹配。一般情况下，膜的面积取决于发酵罐的容积。如何控制膜的生物污染是实施该技术的另一个重要问题。在发酵液进入疏水膜组件之前，需要进行预处理，以将微生物保留在发酵罐中，避免它们在膜表面吸附。从长远来看，为了降低投资成本和提高工艺效率，仍需研发抗生物污染的渗透汽化膜。

图8-16　疏水渗透汽化发酵耦合过程的实验室装置

　　大量生产的 PDMS/ 陶瓷复合膜已用于从以木薯为原料的工业发酵罐中提纯生物乙醇。中试设备如图 8-17 所示。发酵罐的体积为 500L，渗透汽化单元的膜面积为 $3.8m^2$。图 8-18 显示了渗透汽化装置在 40℃下连续运行 1000 天期间的分离性能。发酵液中的乙醇质量分数约为 9%（质量分数），采用两级系统收集 PDMS/ 陶瓷复合膜的渗透液。实验结果表明，该膜在连续、实际的渗透汽化过程中表现出稳定的分离性能。总通量大于 $1.2kg/(m^2 \cdot h)$，整体的渗透比例大于 72%，稳定性和分离性都具有工业应用的潜力，也为工业化打下了基础。

图8-17　生物燃料渗透汽化发酵耦合工艺中试装置

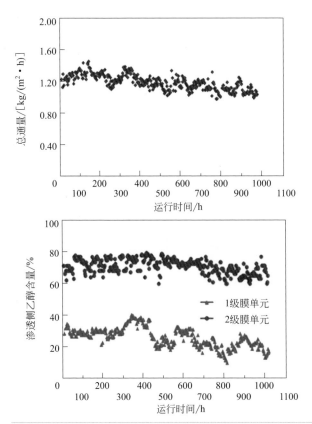

图8-18
PDMS/陶瓷复合膜在乙醇发酵液长期连续分离中的分离性能

二、聚合物/陶瓷复合膜分离乙醇的中试应用

在实验室小试和中试的基础上，金万勤等与陕西中粮集团进行了相关的工业放大合作。陈化水稻发酵醪塔中来的醪糟经卧式螺旋卸料沉降离心机（离心直径为 0.5μm ～ 2mm）分离后得到含有干物质约 4%（质量分数）的酒糟液，再经过板框过滤机和转鼓真空过滤机分离后，酒糟液中固体含量仍在 1% ～ 2%（质量分数）。通过陶瓷纳滤膜过滤后通入渗透汽化模块进行提纯。

根据工艺流程图（如图 8-19 所示），首先将发酵罐中的发酵液经过预处理得到澄清液，经隔膜泵 4 引入中试设备的原料罐 1 中，经板式换热器 7 加热至 40℃后进入膜分离系统中，膜分离系统由 8 个渗透汽化管式膜组件串联构成，通过原料泵 6 控制一定的进料流量，膜渗透侧压力维持在 4 ～ 6kPa。原料中的低浓度乙醇经膜组件 9 由膜上游侧渗透至膜下游侧，膜上游侧为乙醇含量为 10%（质量分数）的发酵醪液（过滤后的澄清液体），且渗透过程中渗透组分被膜的下游侧以压缩加冷凝的方式液化，从而形成膜上下游两侧的压差，渗透组分以蒸气的形式被真空泵机组 8 压缩后进入冷凝器 3，冷凝下来的较高浓度的乙醇液体被收集到产品罐 2 中。整个膜分离过程是内部循环的过程，渗余液经原料泵 6 循环回流至原料罐 1 中。

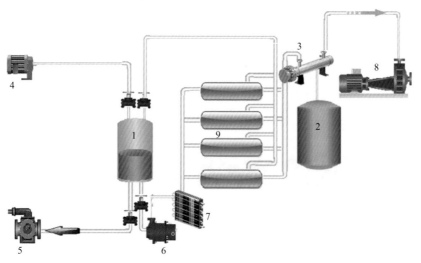

图8-19　透醇膜生产燃料乙醇工艺流程图
1—原料罐；2—产品罐；3—冷凝器；4—隔膜泵；5—渗余泵；6—原料泵；7—板式换热器；8—真空泵机组；9—膜组件

管式 PDMS/陶瓷复合外膜中试透醇设备于 2019 年 11 月开机调试，进料流量达到 600L/h，运行稳定。第一级分离过程累计操作时间为 100h，PDMS 膜分离性能结果如图 8-20（a）所示。进料乙醇浓度约为 10%（质量分数），渗透侧乙醇浓度为 28.8%（质量分数），膜总通量为 1.0kg/(m² · h)，分离因子约为 3.6。在 PDMS 外膜组件中，随着乙醇不断被移除，进料液中乙醇浓度降低，膜性能呈现下降趋势。将第一级中收集的乙醇溶液产品作为第二级分离过程的进料液。第二级膜分离性能如图 8-20（b）所示，PDMS 膜平稳运行 100h。进料乙醇浓度约为 25%（质量分数），产品中乙醇浓度为 60.4%（质量分数），膜总通量为 1.4kg/(m² · h)，分离因子为 4.6。相比于第一级分离过程，随着进料液中乙醇浓度降低，整体膜性能逐渐下降。因分离体系进料液中乙醇浓度变高［从 10%（质量分数）到 25%（质量分数）］，PDMS 膜溶胀程度增加，从而提高了膜的通量。随后，将第二级中收集的渗透产物作为第三级膜分离过程的进料液。如图 8-20（c）所示，第三级 PDMS 透醇膜在 100h 的分离过程中表现出了高通量。进料乙醇浓度约为 55%（质量分数），渗透侧产品浓度为 78.6%（质量分数），膜总通量为 2.3kg/

(m² · h)，分离因子为 3.0。此时，在高浓度乙醇溶液中，PDMS 膜溶胀加剧使得聚合物 PDMS 的自由体积增大，进而导致膜通量大幅度增加。另外，水分子（动力学直径 2.96Å）的扩散速率优于乙醇分子（动力学直径 4.30Å），导致分离因子降低。用管式 PDMS/ 陶瓷复合外膜分别对含乙醇 10%（质量分数）、25%（质量分数）和 55%（质量分数）的进料液进行分离，因醪液过滤后的澄清液中依旧含有一些其他物质（如杂醇油、醛、酸和酯等），使得乙醇 / 水分离因子低于 PDMS 膜的本征性能。

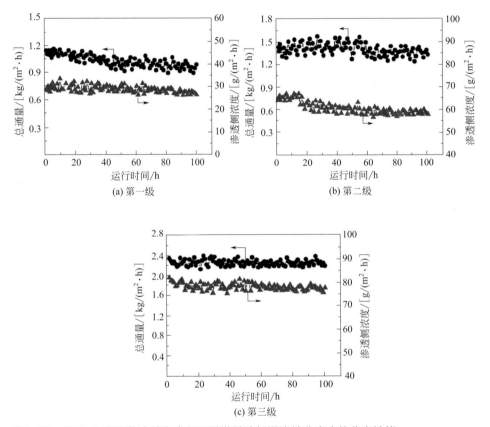

图8-20 PDMS/陶瓷复合膜在多级乙醇发酵液长期连续分离中的分离性能

在渗透汽化膜分离效果较好的基础上，金万勤等提出了一种新型燃料乙醇生产工艺，如图 8-21 所示。以中粮集团广西分公司为例，先使醪塔出来的高固含量的醪液通过卧式螺旋卸料沉降离心机（0.5μm ～ 2mm），分离成含干物质 30%（质量分数）的湿糟渣和含干物质约 4%（质量分数）的酒精清液。其中酒精清液分别经过板框过滤机、转鼓真空过滤机等设备的分离。最后，通过陶瓷纳滤膜进行膜组件进料的预处理，进一步降低料液中的固含量。然后将澄清液［含10%～15%（质量分数）乙醇］作为进料液，经过三级PDMS透醇膜组件可以将乙醇浓度浓缩到约80%（质量分数），作为分子筛膜脱水过程的原料。该分离过程分离得到的燃料乙醇溶液品相好，符合生产标准，且整个过程不产生额外污染，较为绿色环保，在工业过程中表现出较大的潜力。

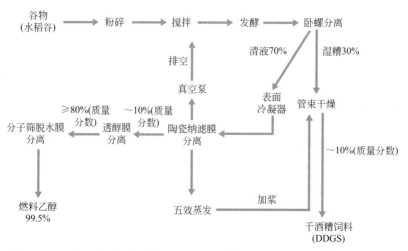

图8-21 基于渗透汽化膜的新型燃料乙醇生产工艺

第六节
分离回收VOC工艺中的应用

一、聚合物/陶瓷复合膜分离VOC性能测试

挥发性有机化合物（VOC）是以蒸气形式存在于大气中的有机化合物。这些有机蒸气部分来自人类活动，如工业过程、交通工具排放等。这些逸出的挥发性有机物不仅会造成许多环境问题，如导致平流层臭氧的损耗、光化学烟雾的形成和全球温室效应的增强，而且还会对人和动物造成危害，有致癌、致畸的风险。因此国家制定了许多针对挥发性有机物排放的政策，许多技术可用于控制挥发性有机物的排放，主要的技术可分为两大类：一类是工艺的改进和设备的改造，另

一类则是末端处理[3]。虽然前者从根源上解决了挥发性有机物的排放，效率更高，但通常难以实现，限制了其应用面。因而，挥发性有机物的末端处理成为了工程师和研究人员的重要研究方向，常见的技术有膜回收技术、活性炭吸附技术、催化氧化技术、焚烧技术等。其中，基于膜的分离技术，如蒸气渗透（VP）被认为是一种控制VOC排放的有效分离方法，因为它除了具有高选择性外，还同时具有降低VOC排放和回收这些有机化合物以供回用的双重优势。其操作成本低，设备简单，操作方便，无需再生步骤。一般认为硅橡胶是最适用于从气体中分离回收有机蒸气的材料[4]。目前最常见的渗透汽化膜的疏水材料仍然是PDMS[5]。由于VOC蒸气通常是废气中的次要成分，从节能的角度来看，基于橡胶聚合物的具有高VOC渗透性和低空气或氮气渗透性的膜在回收废气中的VOC方面是经济有效的[6]。

蒸气渗透的机理与渗透汽化相似：VOC首先吸附在膜表面，在膜中扩散，最后从膜渗透侧解吸出来。VOC对PDMS聚合物的亲和力越高，膜对该VOC的分离性能越好。利用溶解度参数可以评价VOC与PDMS聚合物之间的亲和力。根据溶解度参数理论，VOC与膜之间的溶解度参数越接近，该VOC通过膜的通量越大，如图8-22所示。渗透性的顺序为：正庚烷＞环己烷＞正己烷。对于环己烷，其渗透性的变化程度大于正己烷的渗透性。这是因为较低的分子动力学直径会导致较高的渗透性变化程度。环己烷的分子量比正己烷的分子量小，随着进料浓度的增加，其渗透性比正己烷更敏感。

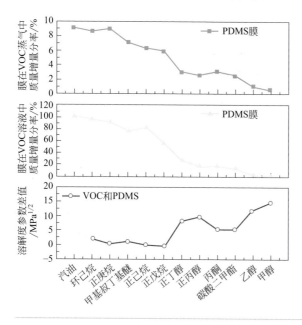

图8-22

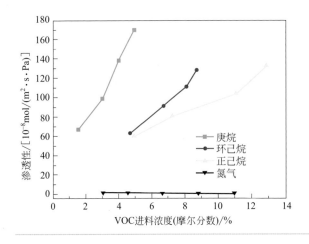

图8-22
VOC对膜膨胀和渗透性的
影响

为了测试实验条件下的膜性能，使用80cm长的管式膜分离环己烷/氮气混合物，其性能如图8-23所示。当环己烷进料浓度为8.1×10^{-3}mol/L时，截留侧环己烷浓度降至5.09×10^{-3}mol/L，单级膜VOC去除率约为37%，浓缩因子大于16，分离性能较好。

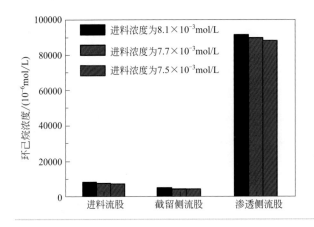

图8-23
PDMS/陶瓷复合膜分离环
己烷/氮气的性能

在蒸气渗透过程中，影响膜性能的因素有两个：一是膜材料，二是跨膜驱动力[7]。膜材料的因素已经被广泛研究[8,9]。然而，驱动力的影响却很少被关注。膜两侧的压力差的影响如图8-24所示。随着分压的增加，环己烷的渗透性减小，氮气的渗透性相应增加，导致膜对环己烷的选择性降低。这是因为随着膜两侧压力的增加，驱动力也增加了。由于氮气较低的分子动力学直径，更多的氮分子被膜挤压，从而导致较高的渗透性。氮分子占据PDMS膜的自由体积，阻碍了环己烷的渗透，导致环己烷的渗透性减小。因此，通量的变化程度随着进料压力的增加而逐渐减小，如图 8-25 所示。采用膜分离技术从废气中分离 VOC 时，提高进料压力不利于提高膜的分离性能，特别是选择性。

工业膜的稳定性是影响其应用的主要因素。因此，金万勤等对 PDMS/陶瓷复合膜分离庚烷/氮气混合物的稳定性进行了研究，如图 8-26 所示。实验结果表明膜在 100 天连续过程中分离性能稳定。

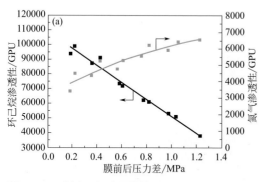
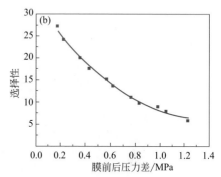

图8-24 进料压力对膜性能的影响

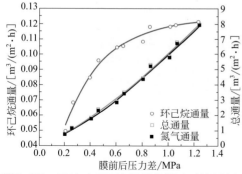

图8-25 压差对环己烷通量的影响（渗透侧压力恒定）

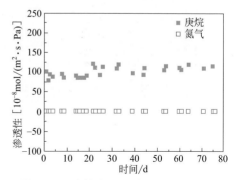

图8-26 庚烷/氮气混合物分离过程中的膜稳定性

在前期的实验研究中，将含有 VOC 的气体流股送入管式膜中，其对环己烷的最大去除率可达 37%，表明该膜在环己烷和氮气的分离中具有很大的应用潜力。因此，如图 8-27 所示，建立了一个中试装置，主要有两个目的：第一，测试应使用多少根膜使得截留侧 VOC 浓度低于 VOC 排放限值；第二，测试这个过程和更大规模的工业生产中膜组件的表现。其原理图如图 8-28 所示，基于回收/再利用工艺，VOC 被膜富集后，通过冷凝液化回收，再利用或出售以降低成本。首先将含有高浓度 VOC 的废气引入冷凝器，以使一部分 VOC 液化。然后未冷凝的含有低浓度的 VOC 气流送入膜组件进行富集，最后在真空泵的辅助下将富含 VOC 的气体从膜中解吸出来。这些富含 VOC 的气体循环到冷凝器中液化回收。通过整个工艺，可以将废气流中的挥发性有机物从氮气或空气中分离出来，收集在冷凝器中，符合回收利用政策。此外，截留侧流股中 VOC 通过若干级膜组件可将浓度降低至排放限值以下，直接排放到大气中。

图8-27　VOC从氮气流中分离的蒸气渗透中试装置（PDMS/陶瓷复合膜）

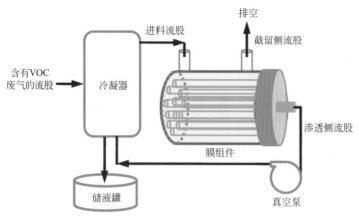

图8-28　膜法VOC回收原理图

二、聚合物/陶瓷复合膜分离VOC放大测试

为了测试中试装置的处理性能，以环己烷/氮气混合物为研究对象，采用不同的膜过程进行分离性能和效率的研究。如图 8-29（a）所示，气体流股中的 VOC 浓度约为 2×10^{-2}mol/L。当它进入冷凝器后，气体流股中 VOC 的浓度降低到约 8×10^{-3}mol/L。当传热面积足够大时，在 1.1MPa、10℃的条件下，根据气液平衡，VOC 在气体中的浓度几乎是恒定的。冷凝后，浓度约为 8×10^{-3}mol/L 的气体流股进入膜组件。实验结果表明，膜级数越多，截留侧浓度越低。采用两级膜系统时，截留侧浓度约为 2.4×10^{-3}mol/L；采用四级膜系统时，截留侧浓度降至 8.5×10^{-4}mol/L 左右。更多级数的膜降低了截留侧浓度，然而，更多级数的膜过程也意味着更多的膜面积。因此，在实际应用中，膜面积和膜级数应该基于生产需求和经济需求进行优化，得到最优解[10]。

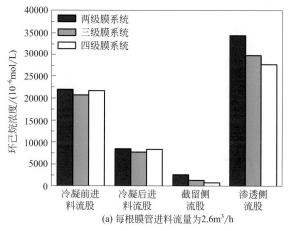

(a) 每根膜管进料流量为2.6m³/h

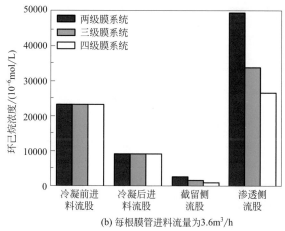

(b) 每根膜管进料流量为3.6m³/h

图8-29
不同级数膜系统的分离性能

进料流量对膜分离性能有一定的影响，因为随着进料流量的增加，气流在膜组件中的停留时间缩短，VOC 在膜表面吸附的机会减少，使得截留侧 VOC 的浓度上升。如图 8-29（b）所示，使用四级膜系统，当进料流量从 $2.6m^3/h$ 增加到 $3.6m^3/h$ 时，截留侧浓度从 $8.5×10^{-4}mol/L$ 上升到 $1.1×10^{-3}mol/L$ 左右。尽管较低的进料流量会提高 VOC 的去除率，但膜的使用面积也随之增加了。

三、膜分离与其他技术处理效果对比

在 VOC 处理技术中，常见的有膜技术、吸收技术、吸附技术和冷凝技术四种回收技术。其中，只有膜技术和冷凝技术不需要再生步骤，操作比其他两种技术简单。因此，用 Aspen Plus 对膜技术和冷凝技术进行模拟，结果如图 8-30 所示。随着温度的降低，环己烷饱和浓度相应降低，当温度为 −50℃ 左右时，环己烷浓度降至 $1.0×10^{-3}mol/L$ 左右。然而，在这个温度下，环己烷已经被冻结，因为环己烷的冰点仅为 6.5℃，这使冷凝液无法在一个冷凝器中连续运行，需要两台冷凝器切换操作。而对于膜分离技术，可以克服冷凝过程中存在的缺点，在环己烷冰点以上回收环己烷，使过程更容易连续运行，无需切换操作。

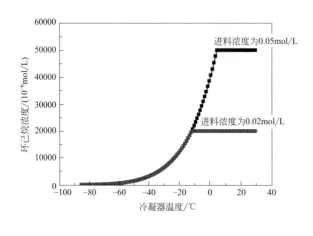

图8-30
温度对汽液平衡的影响

如图 8-31 所示，进料浓度控制在 $5×10^{-2}mol/L$ 左右，在 0.3MPa 进料压力、10℃冷凝后，将环己烷浓度约 $2.5×10^{-2}mol/L$ 的环己烷废气流引入十级膜分离系统。经过膜处理后，截留侧的浓度降至 $2.0×10^{-3}mol/L$，将这部分气体引入额外十级膜系统处理后，最终剩余浓度降至 $9×10^{-5}mol/L$，达到排放限值。而对于冷凝过程，达到排放限值所需的温度约为 −80℃，这是非常低的温度，也意味着非常巨大的能耗。在小试和中试的基础上，进行了最终的工业实践。由于不同行业产生的 VOC 种类不同，进料状况不同，工艺要求不同，需要设计不同的工艺来满足特殊的要求。因此本节简要介绍了三种不同工业上的膜技术应用：化工行业、医药行业和涂布印刷行业。

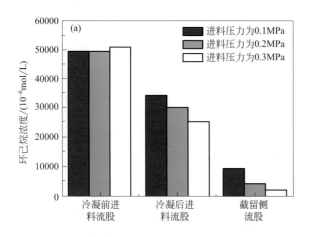

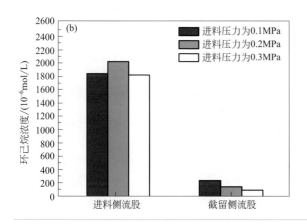

图8-31
不同进料压力下十级膜的膜性能

1. 化工行业的 VOC 回收实例

丙酮是一种工业上常用的化学品，常用于化工产品、塑料的生产，也是医药工业中常见的溶剂。据统计，2010 年丙酮全球产量约 670 万吨，而中国拥有世界第三大的丙酮生产能力。丙酮易挥发、易燃，对人体健康和环境有害。根据《工作场所有害因素职业接触限值》（GBZ2—2019），丙酮的排放限值为 300mg/m³。通过冷凝工艺达成这个排放标准时需要将气体温度降低至 −84℃左右，过低的冷凝温度导致高的回收能耗。而用活性炭吸附工艺时，丙酮在吸附过程中会产生大量的热量，这在工业过程中是非常危险的。因此，基于膜的 VOC 回收技术将是一种适用于废气中回收利用丙酮的工艺。为了回收丙酮，将冷凝过程与膜系统耦合，实际的流程和装置照片如图 8-32 所示。首先将进料流量为 300m³/h、进料浓度约为 0.8kg/m³ 的废丙酮气体引入温度为 −18℃ 的冷凝器，通过冷凝回收大部分丙酮。剩余的低浓度的丙酮废气流股进入膜组件。基于溶解 - 扩散模型，丙酮的溶解度参数更接近 PDMS 聚合物的溶解度参数，更容易被膜吸附、扩散和渗透。此时大部分丙酮透过 PDMS 膜，截留侧的丙酮浓度显著下降，这部分废气达到排放的标准，排入大气中。渗透侧中富含丙酮的蒸气循环到冷凝器中收集和再利用。在该系统中，利用膜的富集作用，在 −18℃ 时就可以通过冷凝器收集液态丙酮，能耗较低。在此基础上，丙酮的回收率可达到 95% 以上，膜处理后的截留侧流股中丙酮浓度小于 260mg/m³，也达到了排放限值。

图8-32　基于PDMS/陶瓷复合膜技术回收丙酮的工艺装置

2. 医药行业的 VOC 回收实例

正己烷是一种重要的溶剂，在医药工业中用作溶剂提取医药中间体。通常采用干燥工艺获得纯化的干燥中间体，由于正己烷易蒸发的特性，该过程不可避免地产生富含正己烷的废气流股，并且其浓度在室温下几乎饱和。内蒙古某厂生产线上的正己烷废气流股，其流量约为 800m³/h，采用吸附技术回收这部分环己烷，回收率非常低，仅为 40%，造成了大量的资源浪费和环境污染。此外，还需要额外的工艺从吸附剂中脱附回收吸收的正己烷，一方面使回收过程较复杂，另一方面所得正己烷的纯度差，颜色通常是黑色而不是透明的。为了回收更多的、品质更好的正己烷，设计了一种冷凝器 - 膜耦合的回收系统，如图 8-33 所示。采用 $-30^\circ\mathrm{C}$ 冷凝温度将正己烷蒸气液化并收集，剩余的正己烷含量低的流股进入膜组件进行分离。正己烷优先透过膜，并在渗透侧被冷凝成液体收集。而膜截留侧的气体中正己烷浓度较低，一般符合排放标准，可以直接排放到大气中。该工艺可回收 90% 以上的正己烷蒸气，每天可以回收 2.5t 以上的正己烷液体，远高于吸收工艺（约 1.4t）。此外，收集到的正己烷液体透明，且纯度高、品质好，可直接回用，无需进一步纯化。

图8-33

基于PDMS/陶瓷复合膜技术回收正己烷的工艺装置

3. 涂布印刷行业的 VOC 回收实例

在涂布印刷行业中，VOC 废气流股的特点是流量大、VOC 浓度低，其流量一般在 3000 ~ 100000m³/h 之间，而 VOC 浓度在 1×10^{-3} ~ 5×10^{-3} mol/L 之间。尽管这些高流量的气流中 VOC 浓度低，但它们占挥发性有机化合物排放总量的很大一部分。对这些废物流的处理有多种方法，如吸附法、催化焚烧法等。如果气流清洁且无微粒，则可以使用活性炭吸附。然而，超过 50% 的含 VOC 的废气还含有气溶胶和亚微米颗粒物，这些颗粒物可能会污染碳吸附床。此外，碳吸附床的蒸气再生也会产生二次污染，如排放工业废水等。如果废气流中的 VOC 含量较低，则可采用催化焚烧。如果废气流中的 VOC 含量较高，且其回收对降低生产成本具有重要意义,那么膜法回收技术将是一种较好的选择。虽然膜技术回收 VOC 的效果较好,但当废气流量较大时,需要更多的膜面积,投资成本较高,这在一定程度上限制了其应用。为了减少膜的使用面积,金万勤等设计了一种基于膜的涂布印刷工业尾气回收的内循环新工艺。吹扫气体通过烘箱将 VOC 蒸气带到膜系统中。根据溶解-扩散模型,膜选择性地优先透过 VOC,从而达到回收 VOC 的目的。低 VOC 浓度的截留侧气体回到烘箱中带走 VOC 蒸气,渗透侧中富含 VOC 的蒸气在冷凝器中冷凝回收再利用,无法冷凝的低 VOC 浓度的蒸气也回到烘箱中继续上述循环。该系统最大的优点是其内部循环过程,这意味着没有挥发性有机化合物气体排到大气中。当系统稳定运行时,烘箱中蒸发的 VOC 可以完全冷凝并收集在冷凝器中。所以这是一项真正的零排放技术。此外,所使用的循环气流是热的,这种热能可以在烘箱的循环中进行利用,表明可以使用较少的能量用于加热。由于采用了内循环工艺,可减少约 60% 的鼓风量。图 8-34 就是从废气中分离 VOC 的基于内循环的膜技术工业装置。在这个过程中,鼓风空气量从没有膜系统的约 3000m³/h 减少到约 1000m³/h,意味着膜的使用面积大大减少。此外,回收质量高的有机溶剂 40kg/h 以上,显著提高了经济效益和环境效益。

图8-34
基于PDMS/陶瓷复合膜技术的回收VOC单元

参考文献

[1]   Liu D, Liu G, Meng L, et al. Hollow fiber modules with ceramic-supported PDMS composite membranes for pervaporation recovery of bio-butanol[J]. Separation and Purification Technology, 2015, 146:24-32.

[2]   Sun X, Dang G, Ding X, et al. Production of alcohol-free wine and grape spirit by pervaporation membrane technology[J]. Food and Bioproducts Processing, 2020, 123:262-273.

[3]   Khan F I, Kr G A. Removal of volatile organic compounds from polluted air[J]. Journal of Loss Prevention in the Process Industries, 2000, 13(6): 527-545.

[4]   Feng X, Sourirajan S, Tezel F H, et al. Separation of volatile organic compound/nitrogen mixtures by polymeric membranes[J]. Industrial & Engineering Chemistry Research, 1993, 32 (3): 533-539.

[5]   Rebollar-Pérezg, Carretier E, Lesage N, et al. Vapour permeation of VOC emitted from petroleum activities: application for low concentrations[J]. Journal of Industrial and Engineering Chemistry, 2012, 18 (4):1339-1352.

[6]   Guizard C, Boutevin B, Guida F, et al. VOC vapour transport properties of new membranes based on cross-linked fluorinated elastomers[J]. Separation and Purification Technology, 2001,   22:23-30.

[7]   Baker R W. Gas separation in membrane technology and applications [M]. Newark: John Wiley & Sons Ltd, 2004:301-353.

[8]   Li J, Zhong J, Huang W, et al. Study on the development of ZIF-8 membranes for gasoline vapor recovery[J]. Industrial & Engineering Chemistry Research, 2014, 53(9): 3662-3668.

[9]   Shi Y, Burns C M, Feng X. Poly(dimethyl siloxane) thin film composite membranes for propylene separation from nitrogen[J]. Journal of Membrane Science, 2006, 282 (1-2) : 115-123.

[10]   Wang X, Daniels R, Baker R. Recovery of VOCs from high-volume, low-VOC-concentration air streams[J]. AIChE Journal, 2001, 47(5) : 1094-1100.

索引